ubu

ESTRADA PARA LUGAR NENHUM
O QUE O VALE DO SILÍCIO NÃO ENTENDE SOBRE O FUTURO DOS TRANSPORTES

Paris Marx

TRADUÇÃO HUMBERTO DO AMARAL

- 9   Introdução
- 18   1. Como o automóvel mudou a mobilidade
- 55   2. Entendendo a visão de mundo do Vale do Silício
- 90   3. O greenwashing do carro elétrico
- 123   4. O ataque da Uber contra as cidades e o trabalho
- 157   5. Carros autônomos que não entregam resultados
- 191   6. Construindo ruas novas para os carros
- 218   7. A chegada da disputa pelas calçadas
- 245   8. Os verdadeiros futuros que a indústria de tecnologia está construindo
- 273   9. Rumo a um futuro melhor para os transportes
- 308   Conclusão

- 316   *Agradecimentos*
- 317   *Sobre o autor*

Para Jacques e Christina

INTRODUÇÃO

Eu vi o futuro.
De 30 de abril de 1939 a 27 de outubro de 1940, 5 milhões de pessoas passaram pela exposição *Futurama*, montada pela General Motors para a Feira Mundial de Nova York. Ao saírem, cada uma delas recebeu um broche em que essas quatro palavras estavam inscritas – e acreditaram nelas.

Recém-saídas das profundezas da Grande Depressão, as pessoas haviam perdido as esperanças no futuro. A pobreza era uma realidade generalizada, e, quando colocar comida na mesa era uma luta diária, não havia tempo para pensar em visões grandiosas para uma sociedade transformada. A Feira Mundial, e em particular a exposição *Futurama*, foi uma tentativa de mudar isso.

Ao cruzar as portas do pavilhão da General Motors, os convidados adentravam o mundo de 1960 – um mundo de riquezas e oportunidades além da imaginação. Esse era um mundo em que amplas vias expressas cortavam cidades salpicadas de grandes arranha-céus e cercadas de amplos parques. Os cortiços haviam sido derrubados para abrir caminho para o futuro, e os pedestres usavam novas passarelas elevadas que permitiam que se deslocassem sem desacelerar o tráfego de veículos.

As vias expressas se estendiam para fora de cidades resplandecentes, rumo a uma vastidão suburbana em que cada família tinha uma casa repleta de todo tipo de novos bens de consumo e eletrodomésticos que se tornariam disponíveis para as pessoas nos anos 1960. Conforme essas novas vizinhanças avançavam em direção aos entornos rurais, era possível ver uma paisagem agrícola transformada pela mecanização e pela aplicação de novas técnicas científicas – e essa viagem inteira podia ser feita sem que fosse necessário dirigir manualmente em momento algum, já que os veículos eram controlados por emissores de sinais de rádio embutidos nas estradas.

Como seria de esperar, os visitantes ficaram maravilhados com o mundo que estava em exibição. Mas a quem essa visão do futuro realmente servia? A General Motors e as outras companhias na Feira Mundial não perguntaram à população dos Estados Unidos que tipo de vida ela gostaria de viver. Em vez disso, algo sonhado internamente servia a um conjunto diferente de objetivos – algo que, com a ajuda de suas exposições grandiosas, essas empresas foram bem-sucedidas em vender para o público.

O designer industrial Norman Bel Geddes estava por trás do pavilhão da General Motors, mas muitos dos detalhes principais vieram de um projeto que ele havia desenvolvido muitos anos antes: a Cidade do Amanhã, da Shell, outra visão carro-orientada do futuro com amplas vias expressas urbanas e grandes arranha-céus. Depois da Feira Mundial, Geddes foi procurado pelo presidente Franklin D. Roosevelt para que o aconselhasse em políticas de transporte e o orientasse quanto ao Federal-Aid Highway Act [Lei de Auxílio Federal para a Construção de Rodovias], de 1944, o que efetivamente garantiu que alguns aspectos do projeto – o mesmo que Geddes havia sido pago por empresas petrolíferas e automotivas para desenvolver – se transformassem em políticas públicas.

Ainda que a Feira Mundial estivesse cheia de empresas que se gabavam das novas tecnologias, o que acabou por guiar a reformulação da sociedade nas linhas imaginadas pelos interesses corporativos não foi o fato por si só de que essas novas invenções existiam. Foi na verdade a convergência dos setores público e privado ao redor do projeto de uma vasta infraestrutura de transporte baseada em automóveis que permitiu que um novo modo de vida gerasse uma expansão econômica e grandes lucros corporativos.

Quando olhamos em retrospectiva para a *Futurama*, seria equivocado dizer que a exposição, ou que o próprio Bel Geddes, acertou em várias das previsões sobre o que estaria por vir. O futuro suburbano e carro-orientado oferecia oportunidades de mercado para as empresas automobilísticas, para as incorporadoras imobiliárias e para os fabricantes de bens de consumo – para citar apenas alguns dos beneficiados. A combinação de suas influências, aliada a uma campanha de marketing brilhante, bastou para fazer com que os líderes políticos respondessem a suas demandas e direcionassem recursos significativos para a concretização dessa visão do futuro. As empresas não *previram* um futuro consumista e centrado em carros – elas fizeram com que ele se tornasse realidade.

Mas essa visão, projetada para criar esperança quanto ao futuro em meio aos consumidores estadunidenses – ou ao menos em parte deles –, ignorou convenientemente seus aspectos negativos. As estradas que rasgaram cidades desalojaram comunidades pobres e, frequentemente, negras. Pistas mais amplas acomodaram mais veículos, mas a infraestrutura prometida aos pedestres nunca se materializou. Arranha-céus foram erguidos nas cidades, porém os espaços verdes acabaram transformados em estacionamentos em que as pessoas podiam deixar seus carros. O uso de automóveis explodiu, mas os sinais de rádio que deveriam guiá-los sem a necessidade de motoristas humanos nunca foram além de alguns poucos programas-piloto.

Mais de oitenta anos depois, somos capazes de perceber a loucura do projeto grandioso exibido na *Futurama*. Construímos comunidades longe dos locais de trabalho, dos centros comerciais e dos serviços essenciais, o que com frequência exige que as pessoas dirijam grandes distâncias. Para muitos moradores, os bairros no subúrbio não são comunidades idílicas, mas lugares que isolam as pessoas e geram solidão.

Nossa dependência dos automóveis faz com que percamos longos períodos no trânsito, o que também gera o risco de uma

11

gama de condições adversas de saúde. Todos esses veículos, a ineficiência da vida suburbana e o consumo em massa de bens contribuíram significativamente para as emissões dos gases do efeito estufa que ameaçam o futuro de todos os seres do planeta. E, conforme rapidamente descartamos produtos de baixa qualidade, também poluímos o solo e o oceano com nosso lixo. Mas não é só o meio ambiente que tem sido afetado.

O número de mortes causadas por automóveis é astronômico. Só nos Estados Unidos, 3,7 milhões de pessoas foram mortas por veículos automotores desde 1899.[1] Isso sem contar os outros milhões de feridos ou as pessoas que morreram prematuramente por conta da poluição vomitada pelos escapamentos; e continuam a morrer pessoas todos os dias em metrópoles e cidades do mundo inteiro porque são atropeladas por um veículo motorizado. Convenientemente, esses detalhes nunca foram incluídos na *Futurama*. Teriam estragado a fantasia.

Conforme a crise climática atual se agrava e as contradições de nosso sistema de transporte real se tornam marcantes demais para continuarem a ser ignoradas, há reivindicações crescentes por mudança. As pessoas estão exigindo transportes públicos de melhor qualidade, comunidades equipadas com os serviços de que elas dependem ao alcance de uma caminhada e mais infraestrutura para bicicletas. Mas houve um deslocamento na distribuição de forças no interior da economia, e, no curso das últimas várias décadas, novas indústrias acumularam o poder – e o capital – para colocar em ação suas próprias visões grandiosas do futuro. A indústria moderna de tecnologia é a principal entre elas.

Depois de reestruturar a forma como nos comunicamos uns com os outros, nos entretemos, compramos bens de consumo

---

[1] Gregg Culver, "Death and the Car: On (Auto)Mobility, Violence, and Injustice". ACME: *An International Journal for Critical Geographies*, n. 17, v. 1, 2018.

e muito mais, as empresas que prosperaram com a expansão da internet para todos os cantos do globo estão, agora, voltando sua mira para o ambiente físico, com enfoque particular no sistema de transporte. Ainda que sejam consideradas empresas de tecnologia, aquilo a que elas chamam de "*tech*" corresponde a uma compreensão bastante limitada do conceito. Trata-se de algo que se refere apenas às chamadas indústrias *high-tech* que estão na vanguarda do desenvolvimento tecnológico, vistas mais frequentemente na digitização[2] e automação de cada vez mais aspectos da vida social e econômica.

O crescimento exorbitante das indústrias de tecnologia vem repetidamente transformando seus investidores e altos executivos em bilionários, e eles querem usar essa riqueza recém-acumulada para construir um futuro organizado em torno das tecnologias que acreditam serem capazes de solucionar os problemas da sociedade – ou ao menos o que eles próprios percebem como problemas. Na última década, a atenção de alguns representantes importantes da indústria se afastou da esfera digital e, redirecionada para as estradas e vias pelas quais viajamos todos os dias, voltou-se à elaboração de visões para como deveríamos nos deslocar no futuro – visões que, com mais frequência do que seria desejável, continuam a se basear no automóvel. Mas, depois de um século de vida em cidades construídas para carros, devemos estar cientes do que significará para o resto de nós a adoção de planos diretores avassaladores que deixem de considerar adequadamente todos os efeitos daquilo que as elites propõem.

A Feira Mundial ajudou a renovar a fé de Nova York no futuro em um momento em que muitas pessoas haviam per-

---

[2] Os termos "digitização" e "digitalização" são frequentemente utilizados como sinônimos, embora tenham significados distintos. A digitização refere-se ao processo de converter dados analógicos em formato digital, enquanto a digitalização envolve mudanças mais profundas nos modelos de negócios e processos. [N.E.]

dido as esperanças de que as coisas fossem melhorar – e a indústria de tecnologia vem tentando fazer o mesmo. Conforme foi desistindo de políticas ousadas para gerir a piora do status quo, o sistema político neoliberal deixou a porta aberta para que tecnoutopistas preenchessem o vácuo deixado. No rescaldo da crise financeira de 2008, o Vale do Silício foi festejado como motor do crescimento econômico, e isso incluiu a valorização de suas figuras centrais e a adesão a seus grandes planos de reconstrução do mundo – não importava quão parcamente eles tivessem sido concebidos.

Passou-se a considerar que o transporte precisava de um choque de inovação. Antes de prometer trens em tubos de vácuo e um sistema de túneis de larga escala como soluções para congestionamentos, Elon Musk estampou as capas das revistas mais importantes e foi retratado repetidas vezes como um empreendedor pronto para "salvar o planeta" com a ajuda de carros esportivos sedutores. Travis Kalanick, um dos principais executivos da Uber, produziu um impacto significativo na forma como nos deslocamos ao introduzir um sistema de chamada de táxis via smartphone, e depois usou esse mesmo sucesso para elaborar visões mais grandiosas em que motoristas seriam automatizados e carros voadores finalmente se tornariam realidade. O Google também entrou na onda do transporte do futuro quando seu cofundador, Sergey Brin, prometeu cidades completamente transformadas por módulos de direção autônoma, e, à medida que foram exaltadas e recompensadas com investimentos de capital de risco, essas empresas passaram a inspirar toda uma gama de outros fundadores a também ter grandes sonhos e a tentar torná-los realidade.

Contudo, assim como a Feira Mundial só mostrou o lado positivo do futuro automotivo, as visões da indústria da tecnologia também ignoram muitos problemas, incluindo a questão fundamental da possibilidade de serem concretizadas de maneira adequada. Enquanto Musk recebia os maiores elogios, os empregados da Tesla sofriam com altas taxas de acidentes de trabalho, e os veículos verdes que eram produzidos dependiam de uma cadeia suja de suprimentos minerais. A Uber foi abraçada por empregados do setor de tecnologia e por jornalistas que ofereceram uma ótima cobertura de imprensa, mas, no mundo real, as cidades foram inundadas por novos veículos e a força de trabalho da Uber foi explorada. Enquanto isso, a equipe de carros autônomos do Google encontrou problemas internos e, conforme o tempo foi passando, ficou claro que havia confiado demais na tecnologia – um tema comum não só no presente, mas por toda a longa história das inovações retratadas neste livro. Não é só que as visões futurísticas de carros elétricos autônomos ou até mesmo voadores e convocados por algum tipo de tecnologia não sejam novas; além disso, em vez de enfrentarem os problemas que surgiram com o uso de automóveis em massa, as supostas soluções propostas pela indústria de tecnologia servem apenas para consolidá-los ainda mais.

    Nos próximos capítulos, defenderei que precisamos de um sistema de transporte melhor e, por extensão, de cidades melhores – e que o Vale do Silício e suas várias permutações globais não nos entregarão uma versão mais isonômica e equilibrada do automóvel simplesmente com o aprimoramento de novas tecnologias. Na verdade, a melhora de nossos sistemas de mobilidade exige que nos aprofundemos para abordar as questões inerentemente políticas que a indústria de tecnologia prefere evitar sobre a forma como construímos esses sistemas para começo de conversa. Sozinha, a tecnologia não resolverá as desigualdades do sistema de transporte existente, sobretudo quando as visões futurísticas em questão são limitadas pelas perspectivas das elites que sonham com elas.

Antes de analisar as soluções que os executivos e os engenheiros de tecnologia estão propondo para nossas cidades, precisamos entender o contexto dessas propostas. Para começar, escavaremos a história do automóvel para ilustrar como os sistemas de transporte – tanto nas cidades como além – foram construídos ao longo do século XX para abrir caminho para os carros e como essa mudança não resultou das demandas do público, mas foi implementada contra sua vontade por interesses capitalistas que enxergavam grandes lucros no futuro que buscavam transformar em realidade. Meu enfoque será principalmente nos Estados Unidos, dado que é esse o país em que a automobilidade está mais consolidada e cujo modelo serviu de inspiração para cidades e países de todo o mundo. Também é o local em que muitas (ainda que não todas) soluções tecnológicas para os problemas de transporte estão emergindo e sendo implementadas, e assim poderemos verificar se são verdadeiramente capazes de concretizar os benefícios que prometem.

O exame da história do transporte, no entanto, só nos levará até uma parte do caminho a ser percorrido para entendermos os problemas das propostas da indústria de tecnologia para o futuro. Por isso, passaremos depois para um esboço sobre a evolução do Vale do Silício e como ele fundiu a fé na tecnologia com a economia neoliberal a fim de ocultar seus laços profundos com o governo e com os militares dos Estados Unidos. A crença de seus seguidores no poder da tecnologia para melhorar, sozinha, toda e qualquer indústria ou sistema, sem levar em consideração os impactos políticos e sociais, é produto dessa ideologia tecnoutópica.

Nos capítulos centrais do livro, uso essas histórias para a dissecação crítica de algumas das propostas de maior destaque da indústria de tecnologia para o futuro do transporte e das cidades. Tratarei de veículos elétricos, serviços de transporte de passageiros por aplicativo e carros autônomos; o sistema de túneis da Boring Company e a visão da Uber para carros voadores; assim como as implicações dos serviços de micromobilidade e dos robôs de entrega que estão reivindicando pedaços cada vez maiores das calçadas. Traçarei as linhas gerais dos problemas com que todas essas ideias se deparam no caminho para alcançar a adoção em massa – supondo, aliás, que essas tecnologias possam ser aperfeiçoadas –, mas também destacarei como elas, na verdade, dificilmente proporcionarão os benefícios prometidos. Ainda que eu me refira a cadeias de suprimento, logística e serviços de entrega, minha ênfase estará sobretudo no transporte de pessoas, e não de mercadorias.

Não argumento que não é necessária uma revisão significativa da forma como o transporte funciona, nem que não precisamos reimaginar uma abordagem para o planejamento urbano. Nos últimos anos, tem havido uma discussão muito mais intensa sobre a necessidade de contestar o desenvolvimento carro-orientado em prol da priorização de pedestres, de ciclistas e do transporte público, de modo a possibilitar comunidades mais densas, verdes e propensas à caminhada. Mas o progresso é lento demais, considerados os males e as injustiças do sistema atual. Quando as mudanças de fato acontecem, não é raro que beneficiem apenas os mais ricos e excluam os pobres e a classe trabalhadora. Isso é insustentável e precisa mudar.

Finalmente, esboçarei o que devemos aprender com os fracassos das soluções tecnológicas para as crises urbanas e exporei uma visão para um futuro mais equânime para os transportes e para a vida urbana. Esta não é uma visão antitecnologia. Mas ela reconhece que a tecnologia não é o principal mobilizador para a criação de cidades e sistemas de transporte mais isonômicos e igualitários; isso exigirá uma mudança muito mais profunda e fundamental que atribua às pessoas mais poder sobre as decisões tomadas a respeito de suas comunidades.

1. COMO O AUTOMÓVEL MUDOU A MOBILIDADE

Em boa parte do mundo, quem domina é o automóvel. No pós-guerra, e sobretudo no Ocidente, as cidades se espalharam com habitações de baixa densidade, o que fez com que fosse cada vez mais difícil chegar a algum lugar sem ser dono do seu próprio veículo. Agora, depois que sucessivas gerações reforçaram esse processo, muitas pessoas têm dificuldade de até mesmo imaginar uma alternativa para a cidade carro-orientada. Ser dono de um carro não é uma escolha, é uma necessidade, e sugerir o contrário seria ridículo.

Sempre corroborada pela simpatia da cobertura midiática, essa perspectiva vem sendo reforçada por uma publicidade e por um entretenimento suntuosos que se concentram na atração exercida pelos automóveis. Nossas cidades carrodominadas parecem algo natural. O carro aparenta incorporar nossos valores e oferece liberdade individual e velocidade sem paralelos. Somos informados de que nossas cidades precisam ser como são porque essa é a melhor forma possível – porque é o que as pessoas querem. Por que renunciaríamos a tudo isso em troca de uma alternativa incerta e pouco confiável?

Ao mesmo tempo, a tecnologia é posicionada como algo que se desenvolveu em uma trajetória linear – desde a roda até o smartphone, tudo é parte da longa marcha da inovação –, mas essa aparente inevitabilidade só vem à tona depois de um processo de mudança desorganizador e frequentemente violento. Os bilionários que lucraram com essa inovação querem que acreditemos que tais avanços estão nos levando, ao fim e ao cabo, a uma existência utópica, talvez até à vida no espaço sideral ou em Marte. Mas essa é uma versão higienizada da história, construída para servir aos fins da indústria capitalista moderna de tecnologia que quer nos fazer acreditar que não há outros caminhos possíveis. Segundo esses executivos, a dominância do Vale do Silício e o tipo de desenvolvimento de tecnologias ali realizado são o resultado natural daquela progressão linear. Questionar essa ideia significaria questionar a própria noção de progresso.

Antes dos computadores e da internet, o automóvel era a tecnologia predominante de "inovação" de nossa sociedade. Transformou o modo como nos deslocamos, mas também virou de cabeça para baixo as formas como vivemos e trabalhamos, além de ter produzido um impacto maciço no clima de nosso planeta por ser uma das maiores fontes de poluição de carbono. Olhando pelo retrovisor da história, pode parecer que todos esses acontecimentos estivessem predestinados a acontecer: a invenção dos automóveis levou engenheiros a reconfigurar ruas privilegiando veículos motorizados. O desenvolvimento de novos métodos de manufatura permitiu que os carros ficassem mais baratos, e, com o tempo, eles foram adotados em massa – e, como resultado, enquanto o centro da cidade ficava abarrotado de engarrafamentos, os subúrbios se expandiam rumo às fronteiras urbanas. As pessoas se mudaram para esses lugares para fugir da cidade e deixaram o núcleo urbano oco.

Esse padrão pôde ser visto nas cidades e metrópoles dos Estados Unidos, do Canadá e de partes da Europa nos anos que se seguiram à Segunda Guerra Mundial, mas certamente não estava consolidado logo que o primeiro Modelo T foi construído em 1908. Esse determinismo tecnológico, que posiciona a tecnologia como motor primário deste último século de desenvolvimento urbano, ignora todos os interesses que lutavam pelo rumo futuro de ruas, cidades e mesmo países. Tais interesses tinham visões diferentes para o papel a ser desempenhado pela nova tecnologia automotiva no interior de uma paisagem urbana mais ampla. Grupos de residentes urbanos estavam apreensivos com o que os automóveis estavam causando a suas comunidades e às pessoas que viviam nelas. Eles se preocupavam com o bem público e queriam preservar a saúde coletiva de seus bairros.

No entanto, os poderosos interesses empresariais não viviam nas comunidades afetadas e enxergavam não só os benefícios da mobilidade pessoal trazidos pelo automóvel como sobretudo a oportunidade de lucros incríveis com a venda de tantos carros quanto fosse possível. Nada os impediria de alcançar esse objetivo. Em suas mãos, o avanço da tecnologia seguia no mesmo sentido da viagem do capitalismo.

Este livro olha para o futuro desse relacionamento entrelaçado e complexo. Mas, antes de criticar as visões da indústria de tecnologia para o amanhã do transporte, precisamos entender como chegamos até aqui e, em primeiro lugar, como surgiram os problemas de mobilidade com que elas afirmam se preocupar. Isso exige não só rastrear como as comunidades e o papel do automóvel evoluíram desde a virada do século XX, mas também compreender os interesses que estavam em jogo nesses acontecimentos. Será só ao reconhecer o papel desempenhado por grupos poderosos na condução de mudanças no passado que poderemos ver com clareza como os esforços atuais da indústria de tecnologia para alterar o transporte urbano são parte de uma tendência muito mais antiga de elites que reconfiguram a cidade para servir a seus próprios interesses.

As ruas das cidades do final do século XIX e começo do século XX não se pareciam em nada com as que usamos hoje em dia. Como a mistura de alcatrão e pedras só foi patenteada no começo dos anos 1900, o asfalto era raro. A maioria das ruas era coberta de terra, pedras ou cascalho, e, ainda que fossem usadas para o deslocamento, sua forma de funcionamento era bem diferente. Sem luzes coloridas a cada esquina e vagas de estacionamento à margem de muitas delas, as ruas ainda não eram o domínio exclusivo do automóvel – na verdade, havia poucos veículos motorizados à vista. Em vez disso, as vias eram compartilhadas por carruagens puxadas a cavalo, bondes, ciclistas e pedestres. As pessoas podiam andar por elas, parar para conversar ou comprar os produtos de um vendedor de rua. Eram até mesmo um espaço em que as crianças podiam brincar, sobretudo nos locais menos movimentados. Tratava-se de um espaço compartilhado em que, em comparação com o presente, todos se deslocavam em velocidade relativamente baixa, o que permitia que as pessoas navegassem por suas interações apesar de todos os diferentes usuários em um mesmo trecho de rua. Mas a vida urbana já estava começando a mudar.

A caminhada ainda era o principal meio de deslocamento, o que significava, então, que os lugares em que as pessoas viviam, faziam compras e trabalhavam tinham de ser bem próximos uns dos outros. Mas, conforme continuaram a se mudar para as cidades, as pessoas começaram a se amontoar, frequentemente em moradias inadequadas, e a falta de acesso a banheiros e ao sistema de esgoto se manteve como problema até o começo do século xx. Do lado de fora, muitas ruas eram estreitas, enquanto a ineficiência de drenagem contribuía para o acúmulo de água parada e a disseminação de doenças. Não ajudava a visão comum de animais mortos e do esterco dos cavalos.

Nos anos 1890, os bondes e as bicicletas mudaram os padrões de transportes urbanos e certos aspectos do planejamento da cidade. Os pesquisadores de transporte John Falcocchio e Herbert Levinson escreveram que, toda vez que uma nova tecnologia de transporte se estabelecia, tendia-se ao aumento de velocidade das viagens, "e toda vez que a velocidade das viagens aumentava, acontecia o mesmo com a quantidade de solo usado para o crescimento urbano enquanto a densidade de população diminuía".[1] Nos dias de hoje, isso pode ser constatado na infraestrutura auto-

---

[1] John C. Falcocchio e Herbert S. Levinson, "How Transportation Technology Has Shaped Urban Travel Patterns", in *Road Traffic Congestion: A Concise Guide*. Cham: Springer International, 2015.

motiva e nas paisagens suburbanas que foram construídas nas últimas décadas. Mas a resposta dada às novas tecnologias de transporte pelos governos e pelos interesses comerciais ajudou a colocar as cidades na rota da adaptação à velocidade e, com o tempo, da expansão das áreas urbanas.

Antes da chegada dos bondes, das estradas de ferro e dos primeiros ônibus, os arredores das cidades eram lugares para pessoas ricas, que chegavam a suas casas em carruagens particulares. Mas o transporte coletivo fez com que o desenvolvimento urbano dessas terras fosse factível e criou comunidades centradas nas paradas de bondes e nas estações de trem que levavam e traziam contingentes crescentes de trabalhadores. Em cidades maiores, como Nova York ou Londres, o metrô também era uma opção.

Dadas as preocupações com a sobrecarga das condições de vida na cidade, a expansão da pegada urbana era atraente para os reformadores que buscavam enfrentar os problemas sanitários, a superlotação e outros problemas, mas também interessava às empresas de bondes e de construção civil, que lucravam com a criação de novas comunidades. Os bondes eram administrados por empresas privadas, e os subúrbios conectados por suas linhas eram garantia de passageiros. Como não precisavam abrir espaços para carros, os subúrbios da época não lembravam em nada seus equivalentes modernos, mas inauguraram uma tendência que persistiu depois que novas opções mais rápidas de transporte se tornaram disponíveis.

As bicicletas já circulavam desde boa parte do século XIX, mas, até o final da década de 1880, eram utilizadas principalmente por homens, enquanto as mulheres em geral se limitavam ao uso de modelos *tandem* – ou sociáveis, com dois assentos –, em conjunto com um homem. A bicicleta *penny-farthing*, bastante popular, tinha um pneu dianteiro maior que era pedalado diretamente pelo ciclista, mas podia ser difícil de controlar e era alta demais para que os pés do usuário alcançassem o chão. A invenção da "bicicleta segura", com dois pneus de tamanho similar e pedais conectados a uma corrente de transmissão – efetivamente o mesmo modelo de hoje –, levou a uma explosão no uso de bicicletas nos anos 1890, tornando-as acessíveis a praticamente todos. Ao serem donas de suas próprias bicicletas, as mulheres em particular ganhavam um novo senso de liberdade.

Conforme as bicicletas disparavam em popularidade, os ciclistas passavam a exigir aprimoramentos nas vias que tornassem o ato de pedalar mais seguro, rápido e agradável. Em 1904, um censo nacional descobriu que apenas 7% das vias dos Estados Unidos eram cobertas de pedras ou cascalho; os outros 93% eram de terra.[2] Ciclistas e motoristas encontraram uma causa comum quando o Modelo T da Ford e outros dos primeiros automóveis chegaram ao mercado. Ainda que aquelas estradas pavimentadas permitissem que os carros andassem muito mais rápido do que uma bicicleta e, no fim das contas, acabassem quase completamente por expulsar os ciclistas e outros usuários das vias, ainda não estava claro como a busca pela supremacia dos automóveis transformaria a mobilidade.

Nas cidades do começo do século XX, os automóveis "proporcionaram a seus ricos proprietários a liberdade de uma forma de mobilidade rápida, flexível e individual, desembaraçada da arregimentação coletiva dos cronogramas e itinerários das estações de trem".[3] As carruagens já ofereciam um certo grau de flexibilidade e individualidade, mas a incorporação do motor como substituto dos cavalos deu a elas uma mobilidade sem paralelo no resto da população urbana. O automóvel não era um produto de massa,

---

[2] Michael Southworth e Eran Ben-Joseph, "Street Standards and the Shaping of Suburbia". *Journal of the American Planning Association*, n. 61, v. 1, 1995.
[3] David Gartman, "Three Ages of the Automobile: The Cultural Logics of the Car". *Theory, Culture & Society*, n. 21, v. 4-5, 2004, p. 171.

e sim um item de luxo, e o principal luxo que ele proporcionava – andar mais rápido do que todos os outros na via – só poderia ser alcançado se o número de veículos continuasse baixo. Como o filósofo social André Gorz observou, todos os passageiros de trem viajavam à mesma velocidade, como acontecia também nas carruagens e nas carroças, mas a chegada do automóvel foi uma ruptura notável em que "pela primeira vez as diferenças de classe seriam estendidas à velocidade e aos meios de transporte".[4]

Gorz explicou esse fato com o uso do exemplo de uma mansão à beira-mar, que "é somente desejável e vantajosa a partir do momento em que a massa não dispõe de uma". Simplesmente não há espaço para que todos tenham sua própria fatia do litoral, e ainda mais com acesso à praia. Mansões não podem ser democratizadas com o uso da propriedade privada e individual; a única solução efetiva é "a solução coletivista. E essa solução está necessariamente em guerra com o luxo que constituem as praias particulares, privilégio que uma pequena minoria se atribui à custa de todos".[5]

No caso dos automóveis, fomos ensinados a não enxergar isso como um problema. Todo mundo tem carro próprio, uma caminhonete, um SUV ou talvez até mesmo um de cada, e sempre haverá espaço para esse luxo particular. Os automóveis sempre proporcionarão velocidade e liberdade, mesmo que essas promessas tenham evaporado com os congestionamentos intermináveis e os tempos maiores de viagem causados pelo fato de que todo mundo é dono do próprio veículo e o usa para se deslocar. Ainda que essas contradições sejam difíceis de reconhecer no presente, houve um tempo em que elas eram inegáveis. Com

[4] André Gorz, "A ideologia social do automóvel" [1973], in *Apocalipse motorizado: a tirania do automóvel em um planeta poluído*, Ned Ludd (org.), trad. Leo Vinicius. São Paulo: Conrad, 2005, p. 75.
[5] Ibid., pp. 73-74.

efeito, elas levaram à criação do mundo físico que hoje habitamos. O falecido urbanista Peter Hall escreveu que, "no fim dos anos de 1920, ainda era possível ver o carro como uma tecnologia benigna",[6] no sentido de que o custo ambiental, o espalhamento dos subúrbios e o posterior quase monopólio sobre a mobilidade ainda não eram nada aparentes naquela época. Mas, conforme mais carros eram vendidos e a velocidade de deslocamento aumentava, os automóveis foram se firmando como um desafio inconciliável aos residentes urbanos.

Hoje, Henry H. Bliss é um nome pouco conhecido, mas em 1899 ele estampou as capas de todos os jornais dos Estados Unidos. Bliss desembarcou de um bonde na esquina da West Seventy-Fifth Street com a Central Park West, em Nova York, e se virou para ajudar a mulher que o acompanhava a descer. Nesse meio-tempo, um veículo automotivo o derrubou e passou por cima de sua cabeça e de seu corpo, esmagando crânio e peito. Bliss morreu no dia seguinte por conta dos ferimentos, o que fez dele a primeira pessoa nos Estados Unidos em cujo registro de morte se indica como causa um veículo motorizado.[7]

Estima-se que em 1900 houvesse 8 mil veículos motorizados nas ruas do país; já em 1920, esse número estava próximo de 8 milhões.[8] A expansão da propriedade de automóveis criou congestionamento nas vias urbanas, mas o crescimento da base de consumidores era essencial para as montadoras. Alguns capitalistas "esperavam que a propriedade de carros superasse as ten-

[6] Peter Hall, *Cidades do amanhã: Uma história do planejamento e projetos urbanos no século XX* [1988], trad. Maria Alice Bastos et al. São Paulo: Perspectiva, 2016, p. 205.
[7] G. Culver, "Death and the Car: On (Auto)Mobility, Violence, and Injustice". *ACME: An International Journal for Critical Geographies*, n. 17, v. 1, 2018; "Fatally Hurt by Auto-mobile". *New York Times*, 14 set. 1899.
[8] M. Southworth e E. Ben-Joseph, "Street Standards and the Shaping of Suburbia", op. cit.

sões de classe ao transformar trabalhadores em 'proprietários', o que faria com que se sentissem investidos no capitalismo".[9] Em 1912, contagens de tráfego na cidade de Nova York registraram mais veículos movidos a motor de combustão interna do que puxados por cavalos, e o uso de animais continuou a cair à medida que as vendas de automóveis cresceram.[10] Uma década mais tarde, as grandes cidades dos Estados Unidos relatavam que apenas 3% a 6% de todos os veículos ainda usavam cavalos.[11] Enquanto isso, o número de usuários de bonde começava a cair, já que alguns passageiros compravam carros; além disso, o decorrente aumento dos congestionamentos tornou os bondes menos confiáveis. Como as linhas eram administradas por empresas privadas, a redução de passageiros e de receita afetou a continuidade da operação.

A libertação dos cavalos da obrigação vitalícia de arrastar veículos para cima e para baixo foi um desenvolvimento positivo. De outro lado, ainda que estivessem começando a sentir as consequências da proliferação dos automóveis, os bondes ainda estavam em funcionamento. O problema que logo ficou aparente com o aumento do número de carros foi a incompatibilidade entre o seu tamanho e velocidade – uma combinação letal que não se encaixava nas normas então existentes – e as ruas como espaços compartilhados em que todos os usuários se deslocavam relativamente devagar. A violação dessas normas não só afetou a capacidade das pessoas de se movimentar pela cidade; ela também custou vidas, em particular de crianças.

---

9   D. Gartman, "Three Ages of the Automobile", op. cit., p. 177.
10 Jeffrey R. Brown, Eric A. Morris e Brian D. Taylor, "Planning for Cars in Cities: Planners, Engineers, and Freeways in the 20th Century". *Journal of the American Planning Association* n. 75, v. 2, 2009.
11 Peter D. Norton, *Fighting Traffic: The Dawn of the Motor Age in the American City*. Cambridge: MIT Press, 2008.

Em 1920, a população dos Estados Unidos estava um pouco acima dos 106 milhões, mas o número de mortes causadas por automóveis era chocante e estava em ascensão. Nos quatro anos que se seguiram ao Dia do Armistício de 1918, foi amplamente divulgado que "mais estadunidenses morreram em acidentes de carro do que em combate na França", e, ao longo dos anos 1920, mais de 200 mil vidas foram perdidas para automóveis.[12] Os moradores das cidades e os pedestres eram os mais impactados por essa carnificina, e a maioria das vítimas era criança e, em menor grau, mulher. Ainda que a morte de Bliss tenha atraído interesse, o crescimento do número de fatalidades gerou um sentimento – sobretudo porque afetava desproporcionalmente crianças e inocentes – que pode ser difícil de compreender se olharmos para o passado com os valores de hoje.

Na década de 1920, um movimento que buscava chamar atenção para o número crescente de óbitos, demandando a tomada de atitude, ganhou corpo. De acordo com o historiador Peter Norton, mães cujas crianças haviam morrido atropeladas por automóveis eram consideradas Mães de Estrelas Brancas ou de Estrelas Douradas, assim como aquelas que haviam perdido filhos durante a guerra,[13] e isso não parava por aí. Alguns cartazes e charges retratavam o automóvel como um "Moloc moderno" que exigia o sacrifício de crianças, enquanto outros mostravam mães ninando crianças mortas ou meninos procurando por pais

---

12   G. Culver, "Death and the Car", op. cit.; P. Norton, *Fighting Traffic*, op. cit., p. 25.
13   Criado em 1928 por mães de soldados mortos na Primeira Guerra Mundial e em outros conflitos militares, o grupo American Gold Star Mothers é uma associação sem fins lucrativos com o objetivo de estabelecer uma rede de apoio às famílias de veteranos mortos em combate. Seu nome decorre da prática então proposta pelo Conselho de Defesa Nacional dos Estados Unidos que estimulava as mulheres estadunidenses que tivessem perdido parentes em conflito a mostrar seu luto com o uso de uma braçadeira preta enfeitada com uma estrela dourada para cada familiar falecido. De modo similar, as White Star Families designam as famílias que perderam entes queridos (militares ou socorristas) para o suicídio. [N. T.]

que nunca mais voltariam para casa. Por todo o país, grupos realizavam eventos para chamar atenção para as vidas que estavam se perdendo. As crianças eram homenageadas com desfiles fúnebres, cerimônias públicas e monumentos que honravam sua morte. Em 1919, uma campanha do conselho de segurança de Detroit fez com que os sinos da prefeitura, de todas as escolas e até mesmo de uma igreja e de um quartel de bombeiros badalassem oito vezes, duas vezes por dia, sempre que uma vida fosse perdida para automóveis. Os nomes dos mortos também eram lidos em voz alta por professores ou por policiais.

Essas reações a óbitos de pedestres podem parecer inimagináveis hoje em dia, mas isso se deve ao fato de que as mortes em massa causadas por automóveis ainda não haviam sido normalizadas. Centenas de pessoas, especialmente crianças, estavam sendo trucidadas; os intrusos eram os carros, não os pedestres. No começo do século XX, os pedestres tinham direito de estar nas vias caso assim desejassem. A rua ainda era um espaço público, e as crianças estavam autorizadas a perambular e a brincar nela, como era normal antes da chegada do automóvel. Havia uma clareza moral no reconhecimento de que, quando um motorista matava um pedestre nos anos 1920, deveria ser visto como um assassino. Hoje, se um pedestre morre depois de se aventurar pela rua, as pessoas frequentemente reagem com o questionamento sobre o que ele estava fazendo ali para começo de conversa.

As campanhas para restringir o tráfego de automóveis atingiram um ponto decisivo no começo dos anos 1920. As mortes aumentaram 20% só em 1922-23, e, nos anos seguintes, as vendas de carros entraram em estagnação, chegando mesmo a cair 12% em 1924 – lotando pátios com carros encalhados e levando algumas montadoras à falência.[14] Parecia que a mensagem

---

14 P. Norton, *Fighting Traffic*, op. cit.

macabra dos participantes das campanhas de segurança havia impactado as vendas, mas também que, dentro da paisagem urbana e das cidades densas prevalecentes, simplesmente não havia uma demanda exponencial por veículos, que começavam a ficar presos no trânsito e eram inconvenientes de guardar, já que não podiam ser simplesmente deixados na rua. As promessas de velocidade e liberdade estavam saindo pela culatra. Os jornais especializados passaram a publicar artigos sobre a saturação do mercado, sugerindo que a demanda por automóveis já estava esgotada. Mas a indústria sabia que o problema real não era a falta de compradores, e sim o fato de que as ruas não acomodavam seus produtos de forma adequada.

Na época, a polícia e os engenheiros de tráfego ainda estavam tentando descobrir a melhor maneira de gerir os automóveis e garantir que eles coexistissem com os outros tipos de tráfego nas ruas. Os carros estavam invadindo um espaço que pedestres e outros modais de transporte ainda podiam reivindicar como seu. Muitas dessas ações iniciais não tinham como objetivo garantir que os automóveis se movessem da forma mais veloz e eficiente possível, mas buscavam manter os pedestres seguros e impedir que os carros atropelassem pessoas – no que se incluem algumas primeiras experiências com semáforos e com instruções para os motoristas relativas a como entrar em cruzamentos. Mas essas ações conflitavam com aquilo que as montadoras vendiam a seus clientes ricos: se as cidades fossem bem-sucedidas em limitar a velocidade dos veículos, o principal atrativo para a compra dos automóveis seria anulado.

Estimulados no começo dos anos 1920 pelo aumento do número de mortos, os movimentos populares começaram a apresentar demandas relacionadas àquilo que a indústria automotiva mais temia. Em 1923, mais de 10% dos residentes da cidade de Cincinnati assinaram petições que exigiam um regulamento que impusesse a instalação de limitadores de velocidade – dispositivos que estabelecem velocidade máxima que não pode ser ultrapassada – em todos os veículos motorizados.[15] Como resultado, o governo local decidiu organizar um referendo. Não havia um sistema nacional de rodovias, de modo que viagens interurbanas eram bem menos comuns do que são hoje, e por isso não era difícil garantir que a maioria dos automóveis que entrasse na cidade estaria limitada a uma velocidade máxima de 40 km/h. Essa medida poderia tornar as ruas mais seguras, mas ameaçaria vendas futuras. Os interesses automotivos sabiam que teriam de impedi-la.

Entre a oposição crescente aos carros e a desaceleração das vendas, as empresas que lucravam com o automóvel formaram organizações para impulsionar com mais eficácia a visão para o transporte e para a cidade que estava a serviço de seu faturamento. Esse grupo incluía montadoras, vendedores e clubes automobilísticos locais, mas também se estendia a outras indústrias que tinham algo a ganhar com os carros: companhias petrolíferas, cujos produtos poderiam experimentar uma demanda maior caso as vendas de veículos motorizados decolassem; fornecedores de matérias-primas essenciais, como metal e borracha; e as indústrias imobiliária e da construção civil, que construíam vias expressas e comunidades nos subúrbios.[16] Esses interesses só aumentaram conforme mais indústrias passaram a depender da automobilidade e da suburbanização para o crescimento de suas vendas.

O referendo de Cincinnati sobre o limitador de velocidade é um dos primeiros exemplos da capacidade de influência do

---

15   Ibid.
16   Giulio Mattioli et al., "The Political Economy of Car Dependence: A Systems of Provision Approach". *Energy Research & Social Science*, n. 66, 2020; Norton, *Fighting Traffic*, op. cit.; Gregory H. Shill, "Should Law Subsidize Driving?". *New York University Law Review*, n. 95, v. 2, 2020.

trabalho em conjunto de representantes das corporações para promover seus interesses empresariais. Os jornais locais tornaram-se os principais aliados da indústria automotiva da cidade e imploraram a seus leitores que votassem contra a proposta. Essa aliança nasceu do dinheiro que as montadoras despendiam para anunciar nos jornais – uma relação que em grande medida continua até hoje. Uma das organizações sustentadas pela indústria também imprimiu cartazes em que conclamava eleitores a rejeitar o referendo, incluindo um impresso que se referia à consulta popular como "A Grande Muralha da China contra o Progresso".[17]

Há duas formas de ver o referendo sobre o limitador de velocidade e outros esforços da época para conformar os automóveis às normas que até então regulamentavam o uso da rua. Como sugerido pelos cartazes, toda tentativa de desacelerar ou limitar o automóvel, fosse no nível do carro individual, fosse no do modal de transporte automotivo como um todo, podia ser enquadrada como resistência ao progresso – ou, mais especificamente, àquilo que as companhias automotivas definiam como progresso. Ainda assim, muitos cidadãos tinham uma visão diferente. Mesmo que não tivessem ido tão longe quanto, por exemplo, a destruição de teares mecânicos por luditas nas fábricas têxteis inglesas, as campanhas que exigiam os limitadores de velocidade expressavam um desejo similar: a contenção de tecnologias que pioravam a vida da maioria pobre e de classe trabalhadora em prol de um segmento pequeno e abastado da população.

O automóvel oferecia poucos benefícios para o habitante médio das cidades, cujos filhos e familiares estavam morrendo atropelados e cujo acesso às ruas estava sendo revogado enquanto as vantagens dessa nova e perigosa tecnologia eram capturadas

17   P. Norton, *Fighting Traffic*, op. cit., p. 98.

quase exclusivamente pelos mais endinheirados – tanto no sentido da propriedade pessoal de automóveis como na forma como essas pessoas também colhiam os lucros advindos das indústrias envolvidas. As pessoas não tinham o poder de fechar as empresas e, por isso, usavam ações espetaculares para chamar atenção para a violência do automóvel – o que funcionou por um tempo. Depois, tentaram obter mudanças regulatórias que restringissem o automóvel e removessem alguns dos benefícios ligados à sua propriedade. Mesmo a limitação da velocidade dos carros para 40 km/h já teria sido uma concessão – mais do que tudo, uma tentativa direta de salvar vidas urbanas –, mas o poder crescente da indústria automotiva foi um obstáculo para que a medida fosse alcançada.

A indústria se declarou vitoriosa em Cincinnati, mas a luta não acabaria ali. Com os interesses automotivos trabalhando juntos para reorganizar ruas e reconstruir comunidades a serviço das margens de lucros, os anos e décadas seguintes testemunhariam mais iniciativas para construir novas rodovias e encorajar as pessoas a deixar o centro das cidades – assim como contramovimentos que buscariam conter esses avanços.

Já no começo dos anos 1930, os pedestres foram sendo cada vez mais empurrados para fora das ruas conforme as fronteiras do espaço público foram sendo redesenhadas, de modo que, "poucos anos depois, as estradas eram tratadas mais como um território meio público, meio privado em que a busca pela eficiência não autorizaria a intrusão do Estado".[18] Em 1925, quase todos os estados já haviam aprovado um tributo sobre a gasolina, e o aumento de receitas para a infraestrutura rodoviária, somado à influência cada vez maior da indústria automotiva sobre os

18   Ibid., p. 175.

engenheiros de tráfego, levou a uma mudança na maneira de eles enxergarem seus próprios papéis: eles se voltaram a atender a demanda de construção de vias, em vez de moldar como estas deveriam ser usadas.

Como efeito disso, houve um aumento na atenção e no gasto com infraestruturas para automóveis, apesar de os carros serem os meios menos eficientes de transporte de pessoas em vias urbanas. Tecnicamente, os pedestres ainda podiam usar as ruas, mas, na prática, seus direitos foram tolhidos bem antes de mudanças na lei, já que, caso não saíssem do caminho do carro, corriam o risco de perder a vida ou de se machucar gravemente. Como os automóveis não estavam sendo adequadamente controlados, pais, professores e policiais aconselhavam as crianças a tomar mais cuidado com a própria segurança quando estivessem próximas às ruas.

Enquanto isso, as formas mais antigas de transporte também estavam sob ameaça. Os bondes de que outrora muitos pedestres dependeram estavam em risco, lutando contra uma queda de passageiros e de rendimentos. Enquanto grandes quantias eram investidas em infraestrutura rodoviária de acesso gratuito para os automóveis, os bondes eram tratados como um negócio, e não como serviço público, e as raras tentativas de fazer com que os eleitores aprovassem novas fontes de custeio para eles não receberam apoio suficiente. Não só as empresas de bonde começaram a falir, mas os interesses automotivos também ajudaram a acelerar seu declínio.

Na década de 1930, a General Motors, a Standard Oil of California e a Firestone Tire Company formaram uma companhia de ônibus chamada National City Lines para comprar linhas de bonde em todo o país, desmontá-las e substituí-las por rotas de ônibus. O consórcio foi condenado por associação criminosa com base nas leis antitruste dos Estados Unidos em 1949, mas já era tarde demais; no final dos anos 1950, quase todos os bondes do país já haviam sido desmontados. Gorz argumentou que essa foi uma estratégia-chave para criar uma dependência dos automóveis: à medida que começavam a perceber que a promessa fundamental da velocidade automotiva não seria cumprida, os motoristas passavam a considerar a volta às formas antigas de mobilidade; por isso, essas opções tinham de ser eliminadas.

No entanto, a exclusão de alternativas, por si só, não bastava; as cidades e as redes de transporte teriam de ser refeitas para o automóvel, e isso exigia grandes programas para a expansão da infraestrutura rodoviária e para a construção de moradias nos subúrbios.

Para abrir espaço para todos os novos veículos motorizados, a resposta encontrada pelas cidades foi se voltar para vias expressas, fossem vias arteriais, vias de trânsito rápido ou rodovias e estradas. Por limitarem o acesso, essas vias foram apresentadas como um meio que ao mesmo tempo reduzia a possibilidade de ferir os pedestres e permitia que os veículos se deslocassem em velocidade mais alta. Engenheiros de tráfego também prometiam resolver os problemas cada vez maiores de engarrafamento e de colisões.

Dado que a maior parte das viagens ainda era realizada dentro dos limites expandidos das áreas urbanas, e não entre cidades diferentes, as prioridades que determinaram o desenvolvimento das vias expressas eram bem diferentes daquelas que mais tarde embasariam as redes que conectariam o país. As cidades foram a força primária por trás das vias expressas urbanas, e não os governos estaduais ou federal, e, assim, essas vias foram concebidas para servir aos residentes urbanos e para fazer com que fosse mais fácil ir de uma parte da cidade a outra. Essas primeiras vias expressas foram "projetadas para acomodar pequenas viagens intraurbanas, para dispersar o tráfego em espaços amplos distribuídos em uma rede densa de vias e para aumentar a velocidade de veículos de transporte coletivo de passageiros e também de carros, e tudo isso enquanto se entremeavam com o tecido urbano com o mínimo de perturbações possível".[19]

Elas foram pensadas para caber dentro dos centros urbanos, e não para serem anéis situados às suas margens – e, em um reconhecimento da multimodalidade da cidade, as propostas normalmente incluíam trilhos e faixas para ônibus e caminhões. Exemplos desse tipo de planejamento de vias incluem o projeto de vias expressas de Detroit de 1924, que combinava 362 quilômetros de rodovias sem pedágio com um sistema de transporte sobre trilhos de alta velocidade, e o projeto de 1939 para Los Angeles, que combinava trilhos regionais com um "padrão de rede densa em oposição a um sistema esparso de anéis e radiais a fim de espalhar o tráfego pela cidade".[20] Essas vias expressas urbanas eram vistas como uma forma não só de aliviar o congestionamentos, mas também de promover o crescimento urbano através de um componente de uso do solo cujo objetivo era reduzir a suburbanização ao manter as pessoas dentro das cidades.

Ainda que continuassem a favorecer automóveis e as montadoras de Detroit as enxergassem como um modo de aumentar o uso de veículos dentro das cidades, essa visão para as vias expressas era superior em muitos aspectos à das vias que foram construídas mais tarde. Alguns desses projetos foram implementados em todo Estados Unidos, mas acabaram suplantados por uma visão diferente em face de uma razão muito importante: as cidades não tinham dinheiro para construí-los.

Depois da quebra da bolsa de valores em 1929, a Grande Depressão se arrastou pelos anos 1930. Entre seus muitos impac-

---

19   J. Brown, E. Morris e B. Taylor, "Planning for Cars in Cities", op. cit., p. 167.
20   Ibid.

tos, os governos locais ficaram sem fundos, o que significava que muitas cidades não conseguiam arcar com a construção de vias expressas próprias. Ao mesmo tempo, as receitas provenientes dos tributos sobre a gasolina fluíam para os governos estaduais e federal, que tinham outras prioridades. Os estados estavam muito mais preocupados com a construção de rodovias, e, "com os repasses dos estados, vinha também o controle feito pelos estados", de modo que as vias expressas foram redesenhadas para atender as metas estaduais.[21]

Isso significava que, em vez de adotar o transporte multimodal e facilitar as viagens no interior das cidades, as vias expressas e as autoestradas foram reformuladas para conectar comunidades rurais e facilitar o transporte interurbano. Como a suburbanização ainda não era vista sob a luz negativa que adquiriria com o tempo, os governos estaduais não estavam interessados em tentar manter a atividade socioeconômica dentro das cidades. Em vez disso, seguiram um programa de desenvolvimento intencional que se posicionava "como uma estratégia que permitiria às pessoas de cidades congestionadas escapar para áreas em que poderiam gozar de estilos de vida mais saudáveis e de moradias de melhor qualidade, além de parques e espaços abertos".[22] Essa visão também foi adotada pelo governo federal.

Depois da Segunda Guerra Mundial, o lobby automotivo e a administração do presidente Dwight D. Eisenhower começaram a se amalgamar em torno de um grande programa de infraestrutura para a construção da rede nacional de rodovias que ainda faltava ao país. Eisenhower "acreditava ter ganhado a guerra nas *Autobahnen* alemãs" e pensava que as autoestradas eram essenciais para a defesa nacional dos Estados Unidos, sobretudo

---

[21] Ibid., p. 170.
[22] Ibid., p. 162.

em um momento em que o país entrava em uma Guerra Fria contra a União Soviética que duraria décadas.[23]

Essa, no entanto, não foi a única razão pela qual o governo se interessou pelo programa. O general Lucius D. Clay, indicado por Eisenhower para elaborar uma proposta para o sistema nacional de rodovias em 1954, explicou por que o sistema era necessário: "Era evidente que precisávamos de estradas melhores. Precisávamos delas para aumentar a segurança, para acomodar mais automóveis. Precisávamos delas por questões de defesa, caso isso viesse a ser necessário. E precisávamos delas para a economia. Não só como uma medida de infraestrutura pública, mas para o crescimento futuro".[24] A serviço dessas metas, a Federal-Aid Highway Act [Lei de Auxílio Federal para a Construção de Rodovias] de 1956 propôs um investimento inicial de 25 bilhões de dólares para a construção de 66 mil quilômetros de estradas ao redor do país, o que fazia dele o maior projeto de infraestrutura pública da nação, senão do mundo.

Hoje, pode ser difícil imaginar que o governo dos Estados Unidos embarcaria em um empreendimento público tão ambicioso, mas, na época, os enormes programas de obras públicas do New Deal ainda eram história recente, e os líderes políticos ainda viam como papel do governo fazer os investimentos necessários em infraestrutura pública a fim de promover o crescimento econômico, a prosperidade geral e a melhora dos padrões de vida. No início de sua carreira, o general Clay passara quatro anos no Corpo de Engenheiros do Exército dos Estados Unidos, que supervisionava a construção das obras do New Deal.

A quantidade de trabalho necessário para a construção de todas as estradas e rodovias envolvidas no Sistema Interestadual

---

23 P. Hall, *Cidades do amanhã*, op. cit., p. 418.
24 Jan Edward Smith, *Eisenhower in War and Peace*. New York: Random House, 2012, pp. 652-53.

de Autoestradas, sem falar nas novas comunidades suburbanas cuja criação foi possibilitada por elas, criou um *boom* econômico e alinhou ainda mais os interesses de outros setores com os da indústria automotiva, incluindo os de "organizações empresariais, economistas keynesianos, do Departamento de Agricultura dos Estados Unidos, do Departamento do Interior dos Estados Unidos, das empresas de água, luz e telefonia, interesses de desenvolvimento e planejamento locais e de grupos laborais".[25] Uma vez iniciada a construção, o projeto interestadual ajudou a deter o início de uma recessão na economia estadunidense em meados dos anos 1950, e os benefícios econômicos continuaram a ser colhidos ao longo da década de 1960.

A escala gigantesca do programa fez com que houvesse debates sobre como deveria ser custeado e projetado. A primeira tentativa de fazer a lei passar pelo Congresso fracassou em 1955 porque os membros do Partido Democrata não estavam dispostos a considerar os gastos necessários como despesa geral. Em vez disso, a reapresentação da proposta buscou bancá-los com uma série de impostos sobre veículos motorizados, incluindo combustível, pneus e veículos pesados. Parte da coalizão da indústria automotiva ficou furiosa.

As montadoras apoiavam a proposta de uma forma ou de outra – elas sabiam que um sistema de rodovias impulsionaria as vendas de automóveis e reconheciam os benefícios dos tributos sobre a gasolina nos anos 1920 –, mas "as indústrias da borracha, do petróleo, do transporte de cargas e do transporte interurbano via ônibus" se opuseram ao aumento da tributação.[26] Quando finalmente foi aprovada, em 1956, a Federal-Aid Highway Act estabeleceu um Fundo de Financiamento de Rodovias que, for-

---

25 J. Brown, E. Morris e B. Taylor, "Planning for Cars in Cities", op. cit., p. 171.
26 Ibid.

mado em sua maior parte por recursos vindos de tributos sobre a gasolina e o diesel, utilizaria as receitas provenientes de impostos específicos para o custeio da construção das pistas. Encerrada essa breve disputa, as indústrias que inicialmente haviam se oposto aos tributos adicionais se tornaram grandes apoiadoras (e beneficiárias) da construção de estradas. Em abril de 1972, um artigo do *New York Times* declarou que, "desde a Segunda Guerra Mundial, poucos interesses foram tão espetacularmente bem-sucedidos e poucos grupos de pressão mantiveram com tanta firmeza uma chave de braço contra os gastos governamentais quanto o agrupamento de negócios e agentes que compõem o lobby das rodovias".[27]

Resolvida a questão do financiamento, planejadores e legisladores tinham, então, que resolver onde essas novas estradas seriam construídas. Ao contrário das vias expressas dos anos 1920 e 1930, que eram projetadas pelas cidades para equilibrar melhor os interesses dos residentes urbanos e da indústria automotiva, as rodovias interestaduais foram concebidas para servir às necessidades do governo federal e aos interesses poderosos que tinham acesso a ele.

Uma das consequências do uso de impostos sobre veículos motorizados para o custeio de rodovias foi que os planejadores sentiram pouca necessidade de considerar outros modais de transporte e, assim, a multimodalidade foi abandonada. Como o governo também queria minimizar a milhagem do sistema, em vez de dispersar o tráfego pela rede de vias que era proposta com as vias expressas, as rodovias interestaduais "concentraram o trânsito em um número relativamente menor de vias de alta velocidade e alta capacidade".[28]

---

27 David E. Rosenbaum, "For the Highway Lobby, a Rocky Road Ahead". *New York Times*, 2 abr. 1972.
28 J. Brown, E. Morris e B. Taylor, "Planning for Cars in Cities", op. cit., p. 172.

Isso não era um problema nos trechos interurbanos que atravessavam as partes rurais do país, mas, quando o programa foi expandido para incluir vias expressas que cruzavam cidades, passou a ser uma questão grave. As rotas urbanas do sistema foram traçadas em apenas oito meses, com poucas contribuições locais quanto a como deveriam ser ou como afetariam as comunidades existentes. Mesmo o general Clay, que, após ter preparado o projeto inicial em 1955, já não estava mais envolvido, viria mais tarde a reconhecer que os trechos de estradas que cortavam cidades não eram muito populares e haviam causado vasto aumento no custo do sistema. Eles não faziam parte de seu projeto original.

No entanto, os problemas criados pelas vias expressas urbanas não podem ser simplesmente atribuídos a algum tipo de negligência. Planejadores influentes, como Robert Moses, em Nova York, e Harland Bartholomew, em St. Louis, defenderam projetos que se estendiam até o coração das cidades estadunidenses.[29] Essas rodovias não só eram mais convenientes para os residentes dos subúrbios, mas também permitiam que os planejadores as utilizassem para destruir bairros negros e remover áreas "condenadas", que passaram a ser um dos principais focos da agenda de renovação urbana que já começara a demolir vizinhanças pobres e ocupadas por minorias para concentrar seus residentes em conjuntos habitacionais isolados. Em só mais um exemplo de como o racismo foi incrustado no ambiente físico das grandes cidades, Moses determinou que os viadutos do Southern State Parkway fossem baixos o suficiente para que os ônibus não conseguissem passar por baixo deles, de modo a garantir que passageiros pobres e negros não acessassem a área de Jones Beach.

---

[29] P. Hall, *Cidades do amanhã*, op. cit.

O *boom* na construção de rodovias desacelerou no final dos anos 1960 à medida que os custos cresceram acima da inflação, mas as obras também criaram uma nova coalizão que as contestava: ativistas ambientais, grupos de direitos civis, movimentos consumeristas e de residentes urbanos. A figura de maior destaque a despontar em meio a esses grupos foi ninguém menos do que a escritora Jane Jacobs. Do final da década de 1950 e ao longo da de 1960, Jacobs foi uma das líderes da campanha contra a estratégia de renovação urbana de Moses – em parte movida pela forma como seu próprio bairro, Greenwich Village, seria afetado – e contra os planos para a construção da Lower Manhattan Expressway, que cruzaria Manhattan para conectar as pontes de Manhattan e Williamsburg ao Holland Tunnel. Mas ela não estava sozinha; nos anos 1960, campanhas similares contra vias expressas urbanas aconteciam por todo o país.

A crítica seminal de Jacobs contra o planejamento urbano modernista em *Morte e vida de grandes cidades*, obra publicada em 1961, realçava a importância da diversidade nas comunidades urbanas e argumentava contra tentativas de encorajar mais pessoas a se mudarem para os subúrbios situados nos limites da cidade. Ainda assim, como explicou a socióloga Sharon Zukin, a ira de Jacobs se dirigia contra os planejadores urbanos, e não contra as forças do capital que efetivamente conduziam a reconstrução da cidade estadunidense para que se conformasse a seus próprios interesses. Nas palavras de Zukin, os planejadores são "um grupo relativamente desprovido de poder em comparação com as construtoras que erguem e os bancos e companhias de seguro que financiam as obras que arrancam o coração das cidades".[30] Jacobs apoiava tentativas de "desfavelizar" comunidades urbanas, e aquela mesma estética de "quarteirões pequenos,

---

30 Sharon Zukin, "Jane Jacobs (1916-2006)". *The Architectural Review*, 26 out. 2011.

ruas de paralelepípedo, de uso misto, com características locais", tão apreciada pela escritora, acabou adotada como "o ideal de todo gentrificador".[31] O bairro de Greenwich Village pode ter sido preservado para pessoas como Jacobs, mas o fracasso das campanhas contra vias expressas urbanas em confrontar forças econômicas maiores não pôs fim à tendência à suburbanização – e, com o tempo e o aumento dos preços, forçou a classe trabalhadora para fora dos bairros do centro, roubando a mesmíssima diversidade cultural que Jacobs buscara preservar. Ainda que a campanha de Jacobs em Nova York tenha sido bem-sucedida, a maioria das vias expressas propostas para outros lugares dos Estados Unidos foi construída conforme o planejado.

Por volta da mesma época em que as pessoas tentavam sufocar projetos rodoviários, Ralph Nader também estava chamando atenção como advogado de direito do consumidor especializado em automóveis. Em seu livro de 1965, *Unsafe at Any Speed* [Perigoso em qualquer velocidade], Nader expôs a falta de preocupação da indústria automotiva com a segurança, no que se incluíam a desconsideração de ameaças claras à integridade dos passageiros, o investimento de mais dinheiro na aparência dos veículos do que em atributos de proteção e tentativas de culpar os motoristas por danos que poderiam ter sido evitados com o uso de práticas melhores por parte das montadoras.

Em conjunto com o número crescente de mortes em estradas na década de 1960, o livro de Nader finalmente forçou os governos estaduais e federal a enfrentar a crise de segurança automotiva. Todos os estados, salvo New Hampshire, implementaram leis de uso de cinto de segurança e, em 1966, o governo federal aprovou a National Traffic and Motor Vehicle Safety Act [Lei Nacional de Segurança no Trânsito e nos Veí-

---

31 Ibid.

culos Automotores] para estabelecer novas regulamentações de segurança e monitoramento para estradas e veículos automotivos. Não há dúvidas de que, ao constranger, ao menos por um tempo, a indústria e o governo a tornarem os carros mais seguros, a intervenção de Nader salvou inúmeras vidas ao longo dos anos. Ainda assim, e mais uma vez, o trabalho dele e de seus seguidores não contestou as forças econômicas que conduziam a adoção em massa de automóveis. Uma coisa é fazer com que carros e caminhões sejam mais seguros; outra bem diferente é reduzir o uso de automóveis como um todo e eliminar, logo de saída, o risco que eles representam.

Esses movimentos conseguiram derrotar as vias expressas e as rodovias, conquistaram novas proteções ambientais e estabeleceram novos padrões de segurança, mas falharam em desfazer as estruturas legais e regulatórias muito mais profundas que, a serviço do capital, promoviam o êxodo para os subúrbios, a supremacia do automóvel e a gentrificação das cidades. Podemos construir comunidades mais habitáveis e sustentáveis que enfrentem esses problemas, mas o desmantelamento do regime que os criou exige que entendamos, em primeiro lugar, como se chegou a essa situação.

Ao longo do último século, as políticas estatais foram essenciais para a reconstrução das cidades para os automóveis. Entre esses incentivos, um dos mais importantes foi o seguro hipotecário oferecido pela Federal Housing Administration [Secretaria Nacional de Habitação] (FHA), que concedeu acesso a hipotecas baratas a muitos estadunidenses. Fundada em 1934 como parte do New Deal, a Secretaria garantia hipotecas de longo prazo concedidas por credores particulares para a construção e venda de moradias, e a adesão do público foi rápida. "Em 1934, mais de 70% dos bancos comerciais do país tinham planos de seguro da FHA. Em 1959, o seguro hipotecário da FHA já havia ajudado três em cada cinco famílias estadunidenses a comprar uma casa ou a reformar ou remodelar 22 milhões de propriedades."[32]

Considerando a importância do seguro hipotecário para a facilitação da compra de casas próprias, a FHA exerceu muita influência sobre os padrões de construção de moradias, e, como a Secretaria era gerida por pessoas das indústrias imobiliária e bancária, esses padrões foram projetados para servir a seus interesses. As linhas gerais da FHA promoviam empreendimentos suburbanos voltados para o uso de carros e construções que dependiam do sistema de transporte – mas, além disso, permitiam a prática do assim chamado *redlining*,[33] que dava status favorável a comunidades brancas e, na prática, impedia o acesso de comunidades negras ao programa.

Isso garantiu que os negros tivessem muito mais dificuldade em acessar hipotecas e, por extensão, a propriedade imobiliária. Conforme os brancos fugiam das cidades em direção a seus novos lares no subúrbio, os negros não conseguiam fazer a mesma jornada, e os serviços urbanos começaram a se deteriorar à medida que a base de arrecadação tributária evadiu. Como era mais difícil que negros comprassem casas, eles tampouco se beneficiaram da valorização das propriedades no decorrer do século XX – o que aprofundou ainda mais o fosso entre estadunidenses brancos e negros.

---

32   M. Southworth e E. Ben-Joseph, "Street Standards and the Shaping of Suburbia", op. cit, p. 73.
33   Utilizado atualmente como sinônimo de táticas racistas de exclusão de acesso ao mercado imobiliário, o termo "*redlining*" ("contorno em vermelho", em tradução livre) tem sua origem na divisão dos mapas das cidades em áreas classificadas de acordo com o risco de investimento e que iam de "A" (menor risco) a "D" (maior risco). Por serem consideradas inadequadas, essas áreas de maior risco – quase sempre ocupadas por famílias negras – eram contornadas em vermelho para indiciar sua exclusão dos programas de crédito. [N. T.]

Contudo, os padrões da FHA não eram a única iniciativa tomada pelos vários níveis de governo para promover uma sociedade pautada pelo uso de carros. Políticas de zoneamento que haviam sido originalmente adotadas por serem vistas como boas para os negócios e que, em última instância, se justificavam em nome do aumento do valor das propriedades, homogeneizaram diferentes áreas da cidade e regularam o ambiente construído como uma forma de exclusão de pessoas indesejadas de certos bairros. Elas tiveram como efeito a fragmentação da cidade em zonas distintas projetadas para usos específicos, como na separação entre áreas residenciais e regiões em que as pessoas trabalhavam e praticavam atividades de lazer. Ao separar aspectos da vida urbana que outrora estavam integrados, a cidade foi higienizada. Passou a ser difícil chegar aos lugares sem carro, e um dos efeitos colaterais disso foi a ruptura de laços sociais e comunitários que eram muito mais comuns antes da consolidação da vida suburbana.

Mas isso está longe de ser tudo. Estradas e vias expressas foram, em parte, construídas com os tributos sobre gasolina pagos pelos motoristas, mas toda via construída também exige manutenção. Estima-se que as rodovias interestaduais tenham custado mais de 500 bilhões de dólares em valores de 2016,[34] mas isso não inclui os gastos reiterados com a manutenção de todas essas pistas. Ao mesmo tempo, estima-se que apenas 11% do custo de manutenção de estradas locais seja pago pelos motoristas, enquanto outros 89% são custeados com receitas tributárias gerais, o que equivale a um grande subsídio para motoristas, que chega a meio trilhão de dólares em treze anos.[35]

---

34 Laura Hale, "Happy 60th Birthday, Interstate Highway System!". *American Society of Civil Engineers*, 29 jun. 2016.
35 G. Shill, "Should Law Subsidize Driving?", op. cit.

As vagas de estacionamento gratuitas amplamente disponíveis em cidades são outro grande benefício custeado com o dinheiro do contribuinte e que corresponde a algo entre 148 e 423 bilhões de dólares, em valores de 2019 – e até 96% disso é pago com receitas gerais, e não por motoristas.[36] As vagas também produziram implicações significativas para as próprias cidades à medida que as beiras das ruas foram sendo entregues para o estacionamento de veículos, enquanto moradias e estabelecimentos comerciais foram derrubados para abrir espaço para grandes áreas pavimentadas onde as pessoas poderiam deixar seus automóveis. Além de estradas e estacionamentos, a legislação dispõe de inúmeras formas de subsidiar o uso de automóveis.

O professor de Direito Gregory Shill destacou várias das estruturas jurídicas que sustentam a supremacia automotiva, incluindo "a regulação do tráfego, a lei de uso do solo, a lei criminal, os ilícitos civis, as leis de seguros, o direito ambiental, as regras de segurança veicular e até mesmo o direito tributário – todos eles oferecem incentivos para quem coopera com o modo de transporte dominante e punições para os desertores".[37] São formas com as quais o sistema legal foi concebido, no curso de muitas décadas, para privilegiar os motoristas acima de todos os demais cidadãos e que criaram um sistema de transporte que não só é um perigo para todos que usam a rua, como promove um conjunto de valores que dificulta abordar esse perigo.

Em todo o mundo, estima-se que 1,3 milhão de pessoas sejam mortas todos os anos em acidentes automobilísticos – ou seja, mais de 3.500 pessoas por dia. Dentre os mortos, pedestres, ciclistas e motociclistas correm riscos muito maiores do que os

---

36   Cf. ibid. para cifras atualizadas extraídas de Donald Shoup, *The High Cost of Free Parking*. New York: Routledge, 2005.
37   Ibid., p. 502.

motoristas de carros, e os automóveis continuam a ser a principal causa de morte de pessoas entre 5 e 29 anos de idade.[38] Dessas mortes, 93% acontecem em países de renda baixa ou média, apesar de conterem apenas 60% dos veículos do mundo – mas isso não faz com que esse seja um problema exclusivo do Sul global.

Em 2020, 38.680 pessoas foram mortas por automóveis nas vias dos Estados Unidos, um aumento de 7,2% em comparação com 2019.[39] Mas não para por aí. Para cada pessoa morta em um acidente de carro, há mais de cem que sofrem ferimentos graves, e a poluição do ar causada por centenas de milhões de veículos nos Estados Unidos é responsável por um número adicional de 53 mil mortes anuais.[40]

Ainda que os óbitos de motoristas estejam de modo geral diminuindo há duas décadas, as fatalidades envolvendo pedestres e ciclistas aumentaram de tal forma que o número de pedestres mortos em 2018 atingiu o maior nível desde 1990. Mesmo que os veículos estejam cada vez mais cheios de novas tecnologias – como sistemas de alerta de saída de faixa e freios de emergência –, isso não está tornando as ruas mais seguras para os pedestres. Isso acontece em parte porque ao longo desse tempo as montadoras têm promovido caminhonetes e SUVs maiores que não só custam mais caro, mas também são mais pesados, altos e com dianteiras mais largas que são duas a três vezes mais propensas a matar pedestres.[41] E, assim como nos anos 1920, essas mortes recaem desproporcionalmente sobre grupos específicos.

38 World Health Organization, "Road Traffic Injuries", 21 jun. 2021.
39 David Shepardson, "U.S. Traffic Deaths Soar to 38,680 in 2020; Highest Yearly Total since 2007". *Reuters*, 3 jun. 2021.
40 Fabio Caiazzo et al., "Air Pollution and Early Deaths in the United States. Part I: Quantifying the Impact of Major Sectors in 2005". *Atmospheric Environment*, n. 79, 2013.
41 Eric D. Lawrence, Nathan Bomey e Kristi Tanner, "Death on Foot: America's Love of SUVs Is Killing Pedestrians". *Detroit Free Press*, 28 jun. 2019.

Pessoas mais velhas, pobres ou racializadas têm mais chances de serem mortas por automóveis do que outros usuários das vias, e o fato de morar em uma área de pobreza concentrada representa um risco maior de falecimento em um acidente de carro. Mas as crianças e os jovens continuam incrivelmente vulneráveis. Mesmo que os pais se preocupem com sequestradores e pedófilos que estariam ameaçando seus filhos e o número de estudantes que vai para a escola a pé tenha desabado, o maior risco à vida dessas crianças está, na verdade, naqueles mesmíssimos veículos que são vistos como instrumentos para mantê-las seguras.

Nos Estados Unidos, mais jovens morrem em acidentes de carro do que vítimas de armas de fogo, e, ainda que as armas recebam ampla cobertura midiática e haja um movimento robusto voltado a criar novas regulamentações para tentar reduzir esses óbitos, comparativamente pouca atenção é dada às mortes causadas por acidentes automobilísticos, já que sua ocorrência foi normalizada. Em 2016, Janette Sadik-Khan, ex-comissária do Departamento de Transporte de Nova York, escreveu que "o transporte é uma das poucas profissões em que 33 mil pessoas podem perder a vida a cada ano e ninguém em um cargo com poder decisório corre o risco de perder o emprego".[42] Infelizmente, esses números pioraram desde então.

No começo do século XX, as mortes no trânsito talvez pudessem ser causa de protestos. Mas, um século mais tarde, nossos valores mudaram e ficamos menos preocupados com as outras pessoas em nossas comunidades e mais concentrados naquilo que é melhor para nós como indivíduos. Em 2019, pesquisadores da Austrália descobriram que 55% dos não ciclistas conside-

---

42 Janette Sadik-Khan e Seth Solomonow, *Streetfight: Handbook for an Urban Revolution*. New York: Viking, 2016, p. 29.

ravam os ciclistas "sub-humanos",[43] o que justificava as ações agressivas dos motoristas que os encontravam nas ruas.

Mesmo quando o automóvel era promovido como o ápice da liberdade individual, a verdade é que os congestionamentos negavam os supostos benefícios da propriedade em massa de carros. Desse modo, Gorz se referia ao automóvel como "o exemplo paradoxal de um objeto de luxo que foi desvalorizado por sua própria difusão" – quanto mais carros havia, menos atraente era comprar um deles –, mas "essa desvalorização prática não acarretou ainda sua desvalorização ideológica".[44] Mesmo que os supostos benefícios do carro tenham sido restringidos à medida que os tempos de deslocamento ficaram maiores devido ao espalhamento dos subúrbios e ao trânsito mais pesado, as pessoas ainda acreditavam nas vantagens individualistas que ele poderia proporcionar.

A observação de Gorz está ligada à afirmação do sociólogo John Urry de que o automóvel foi a "'jaula de ferro' da modernidade" tanto no sentido literal, por envolver o motorista e transformar as pessoas em "fluxos anonimizados de máquinas fantasmagóricas sem rosto", como pela forma como confina as pessoas a "viver a vida de maneiras comprimidas no tempo e espacialmente estendidas".[45] A verdade era que, longe de oferecer liberdade individual, o automóvel tornou os motoristas incrivelmente dependentes de todo um conjunto de interesses comerciais.

---

43 Alexa Delbosca, "Dehumanization of Cyclists Predicts Self-reported Aggressive Behaviour toward Them: A Pilot Study". *Transportation Research Part F: Traffic Psychology and Behaviour*, n. 62, 2019, p. 685.
44 A. Gorz, "A ideologia social do automóvel", op. cit., p. 75.
45 John Urry, "The 'System' of Automobility". *Theory, Culture & Society*, n. 21, v. 4-5, 2004, p. 28.

[...] ao contrário do cavaleiro, do charreteiro ou do ciclista, o motorista passaria a depender, para sua alimentação energética, assim como para o menor tipo de reparo, dos negociantes e dos especialistas em carburação, lubrificação, ignição e da troca das peças-padrão. Ao contrário de todos os proprietários anteriores de meios de locomoção, o relacionamento do motorista viria a ser aquele de usuário e consumidor – e não de possuidor e dono – com o veículo do qual, formalmente, ele era proprietário. Em outras palavras, esse veículo obriga o proprietário a consumir e usar uma gama de serviços comerciais e produtos industriais que somente podem ser fornecidos por terceiros. A autonomia aparente do proprietário de automóvel esconde sua radical dependência.[46]

A expansão geográfica das cidades para abrir espaço para os automóveis, a construção de subúrbios carro-orientados e o desmantelamento do transporte público e sobre trilhos só aumentaram essa dependência, mesmo que tenham sido vendidos ao consumidor de automóveis como liberdade individual. Uma vez estabelecida e cimentada essa dependência, todos os interesses centrados ao redor do automóvel puderam colher seus lucros à custa não só do motorista, mas da sociedade como um todo. Enquanto isso, os danos causados por todos esses veículos – contra corpos mutilados, comunidades atomizadas e ambientes contaminados – tiveram sua importância minimizada por mudanças nas normas sociais e por uma mídia condescendente que raras vezes chamava atenção para essa série de problemas a fim de não correr o risco de perder um grande volume de receita de publicidade proveniente dos interesses automotivos.

Com a reconstrução do eu como indivíduo dono de seu próprio veículo e de uma casa autossuficiente cujo poder é exercido

---

[46] A. Gorz, "A ideologia social do automóvel", op. cit., p. 76.

não pela ação coletiva, mas através do consumo individual, as formas de reação aos engarrafamentos intermináveis e aos perigos de viajar em estradas acabaram limitadas. Como todos possuem veículo próprio – quando não são donos de mais de um –, "as ruas ficaram tão travadas que o ato de dirigir se tornou uma experiência frustrante, e não de libertação e de individualidade", com as vias em si "transformadas em zonas de combate por um espaço limitado".[47] A resposta individual cria um padrão circular que não só agrava os problemas, como leva a um aumento no consumo em benefício dos interesses automotivos.

Para garantir as vantagens individuais na luta darwiniana por espaço, alguns motoristas dobram a aposta e compram veículos utilitários esportivos grandes, poderosos, militarizados, para se impor contra as espécies inferiores da rua em uma grandiloquência agressiva que só faz com que os motoristas sejam mais competitivos e perigosos.[48]

Conforme os veículos ficam maiores, também as ruas ficam mais perigosas, os riscos aos pedestres crescem e os danos ao meio ambiente, à nossa saúde e às comunidades em que vivemos se aceleram. Cada vez mais se reconhece que algo precisa mudar, já que mesmo o aumento no tamanho dos automóveis falhou mais uma vez em solucionar as contradições embutidas em um sistema de transporte em que todos precisam ter o próprio veículo particular. Para alguns, a resposta tem sido voltar ao centro das cidades e promover a caminhabilidade, a ampliação do uso de bicicletas e a melhora do sistema de transporte público, mas a financeirização do mercado habitacional fez com que os aluguéis

---

[47] D. Gartman, "Three Ages of the Automobile", op. cit., p. 192.
[48] Ibid.

urbanos e os preços das casas disparassem. Algumas pessoas da indústria de tecnologia adotaram essa visão, mas outras não estão prontas para desistir do automóvel ou para aceitar os limites espaciais que, inerentes às áreas urbanas, fazem com que o uso em massa de automóveis seja impraticável.

Dificilmente seria possível dizer que a história da automobilidade segue uma progressão natural. Sua dominância atual sobre os sistemas de transporte na América do Norte, na Austrália, em partes da Europa e cada vez mais no Sul global é o produto de um esforço concertado dos interesses envolvidos para reformular completamente o modo como vivemos e nos deslocamos em prol de seus lucros. Em vez de vivermos próximo do trabalho e dos serviços de que dependemos, tudo foi espalhado de modo a nos forçar a comprar um carro, contratar um seguro, fazer revisões periódicas, comprar combustível e perder uma quantidade cada vez maior de tempo no trânsito.

Houve oportunidade para seguir um caminho diferente. Se os esforços para restringir automóveis tivessem sido mais bem-sucedidos nos anos 1920, provavelmente levaríamos vidas bem mais urbanas e muito menos dependentes dos carros para nos deslocarmos para todos os lugares. Até mesmo um resultado diferente na década de 1970 poderia ter ajudado a limitar o crescimento dos subúrbios, como foi o caso em algumas partes da Europa. Mas, em vez disso, interesses poderosos acabaram saindo vitoriosos e conseguiram o apoio do Estado para subsidiar e consolidar sua visão de futuro.

Podemos observar o impacto que os interesses dominantes do século XX produziram em nossa vida, em nossa comunidade e no planeta – e há muitos motivos para desgosto. No entanto, o século XXI apresenta um novo conjunto de interesses poderosos que, nascidos da comercialização da internet e com as grandes fortunas que acumularam, também querem nos tornar dependentes de seus produtos, e não apenas quando navegamos pela rede, mas igualmente quando estamos em meio à comunidade a que pertencemos.

Apesar das promessas de que sua nova visão para o transporte e para a cidade beneficiará a todos, já está ficando claro que suas declarações não são nada além de material de marketing produzido para gerar apoio público a produtos que, no fim, estarão a serviço de empresas, de acionistas e desses empresários. Trata-se de uma repetição de como montadoras e empresas imobiliárias foram bem-sucedidas ao usar a publicidade e a mídia para nos convencer a aceitar nossa dependência em relação a elas. Hoje corremos o risco de que líderes da indústria que fazem pouco-caso dos problemas políticos e favorecem soluções tecnológicas que não lidam com a complexidade das situações em que foram chamadas a intervir levem a um aprofundamento da mobilidade de luxo em um sistema de transporte que deixa muito a desejar. Não podemos permitir que nosso futuro seja determinado por eles.

2. ENTENDENDO A VISÃO DE MUNDO DO VALE DO SILÍCIO

Em 13 de agosto de 1980, a Apple Computer publicou um anúncio no *Wall Street Journal* em que comparava computadores pessoais a automóveis. Era a primeira de uma série de três propagandas em que Steve Jobs, o fundador da empresa, supostamente se dedicava a explicar "o computador pessoal e os efeitos que ele produzirá na sociedade", mas talvez seja melhor enxergar os anúncios como fragmentos de uma tentativa muito mais ampla de pautar a narrativa sobre essa nova tecnologia.

Jobs e outras figuras-chave da indústria de computação do Vale do Silício tinham altas expectativas para o tipo de sociedade que os computadores pessoais seriam capazes de inaugurar e queriam que o maior número possível de pessoas – sobretudo os leitores influentes e ricos do *Wall Street Journal* – aderisse a essa visão.

O texto do anúncio, apresentado como uma entrevista com Jobs, pedia aos leitores:

> Pensem nos computadores maiores (os *mainframes* e os *minis*) como um trem de passageiros, enquanto o computador pessoal da Apple é um Volkswagen. O Volkswagen não é tão rápido ou confortável quanto o trem de passageiros. Mas os donos de Volkswagens podem ir aonde quiserem, quando quiserem e com quem quiserem. Os donos de Volkswagens exercem controle pessoal sobre a máquina.

Nessas poucas frases, Jobs vinculou o computador pessoal ao aspecto ideológico mais importante do automóvel: sua associação com a liberdade individual. O computador pessoal estava sendo postulado como um dispositivo que "oferece seus poderes ao *indivíduo*". Da mesma forma como o automóvel podia levar os motoristas para onde quer que eles pretendessem ir, o computador pessoal colocaria sua "inteligência eletrônica" ao dispor de seu proprietário individual a fim de ajudá-lo a "lidar com as complexidades da sociedade moderna". Essas novas máquinas eram "ferramentas, não brinquedos", e fariam "tanto para o indivíduo quanto os computadores maiores haviam feito para empresas nos anos 1960 e 1970".

Ao enfocar o computador pessoal como uma ferramenta a ser usada para o trabalho, Jobs também aludia a ideias sobre uma forma menos burocrática de organização que girava em torno do espírito empreendedor dos indivíduos, e não em torno da hierarquia das corporações. Essa não foi uma ideia que se originou com Jobs, e sim algo que estava ganhando corpo havia quase duas décadas. Como estamos tentando entender o impacto que a indústria de tecnologia está causando nos sistemas de transporte, sua história – e como ela foi reapresentada sob uma lente particular para atender às empresas dominantes – descortina sua visão de mundo orientada para o mercado e sua abordagem tecnossolucionista para uma forma de resolução de problemas cuja aplicação se estende para além da esfera digital.

A história que o Vale do Silício gosta de contar sobre si mesmo provém de bases ideológicas fundadas nos anos 1970 e 1980. Louva o empreendedorismo do indivíduo – alguém que larga a faculdade, começa uma empresa na própria garagem e consegue ou criar um império multibilionário, ou vender sua companhia para um dos monopólios privados que se tornaram as instituições dominantes da indústria. Nessa versão da história da indústria de tecnologia da Califórnia, que moldou outros *hubs* tecnológicos ao redor do mundo em busca de imitar seu sucesso, a suposta inovação que emergiu da área da Baía de São Francisco é produto do livre mercado: de fundadores de empresas com visões audaciosas, de capitalistas de risco que identificam startups promissoras e de companhias dominantes cujos tamanhos são decorrência de oferecerem produtos que transformam nossa vida para melhor – e nunca a serviço de seus próprios interesses.

Essa é sem dúvida uma história atraente. Ela se encaixa perfeitamente bem nas narrativas econômicas neoliberais que predominaram a partir dos anos 1970, quando os governos começaram a cortar impostos, privatizar serviços públicos e desregulamentar a economia sob a promessa de que a libertação do mercado melhoraria a vida de todos. Da mesma forma como o milagre neoliberal fracassou em se materializar fora dos patamares mais elevados da distribuição de renda, a história que os bilionários do Vale do Silício e aqueles que esperam seguir seus passos nos contam sobre a origem do sucesso de sua indústria deixa propositalmente de fora questões sobre de onde essas ideias vieram e o papel do governo em fazer com que tudo isso fosse possível.

Longe de ser um azarão obstinado cujas fortunas explodiram graças ao empreendedorismo dos fundadores visionários da indústria de tecnologia, há quase um século São Francisco desempenha um papel central nos esforços dos Estados Unidos para manter a dianteira tecnológica do país contra seus rivais geopolíticos. Como descreveu a historiadora da tecnologia Margaret O'Mara:

> A empreitada como um todo se apoiou em uma fundação de investimentos governamentais maciços durante e após a Segunda Guerra Mundial que iam de contratos de defesa da era espacial a bolsas de pesquisa universitária, escolas públicas, estradas e regimes tributários. O Vale do Silício não tem sido um coadjuvante do impulso principal da história estadunidense moderna. Ele esteve desde sempre bem no centro das atenções.[1]

---

[1] Margaret O'Mara, *The Code: Silicon Valley and the Remaking of America*. New York: Penguin Books, 2020, p. 7 [ed. bras.: *O código: as verdadeiras origens do Vale do Silício e do Big Tech, para além dos mitos*. Rio de Janeiro: Alta Books, 2021].

Devido ao financiamento público que fluía para a região a fim de transformá-la em um centro de pesquisa lucrativo para as empresas modernas do Vale do Silício, O'Mara chamou o governo estadunidense de "o primeiro e talvez o maior de todos os capitalistas de risco do Vale do Silício"[2] – uma posição mantida por décadas. Durante a Segunda Guerra Mundial, os braços civil e militar do governo dos Estados Unidos gastaram quantias imensas de dinheiro no desenvolvimento de novas tecnologias militares e de comunicação para alcançar e derrotar a Alemanha nazista. Parte desse dinheiro foi distribuída para empresas de defesa terceirizadas, mas muito dele se destinou a universidades que treinavam pesquisadores e à construção de instalações que se encarregariam do trabalho necessário para manter as Forças Armadas dos Estados Unidos à frente de seus adversários. Entre os maiores beneficiários desses gastos governamentais estavam o Massachusetts Institute of Technology (MIT) e a Universidade de Stanford, que fizeram da Rota 128, em Boston – um trecho de estrada de 43 quilômetros que se tornou a casa de um aglomerado de empresas de tecnologia –, e do Vale do Silício os *hubs* eletrônicos do país. Mesmo após o fim da guerra, o financiamento estatal garantiu que a área da Baía de São Francisco continuasse a ser um dos principais centros de pesquisa do país, uma vez que, à medida que o governo adentrava a Guerra Fria, a região já vinha desenvolvendo a infraestrutura e cultivado o talento necessário.

Os gastos militares caíram depois do fim da Segunda Guerra Mundial e, com isso, derrubaram também os gastos com pesquisa – mas não por muito tempo. Em 1957, a União Soviética foi bem-sucedida em lançar o satélite Sputnik I, e, no começo dos anos 1960, os Estados Unidos já haviam enviado dezenas de milhares de tropas para o Vietnã em uma tentativa de impe-

2   Ibid., p. 15.

dir que forças comunistas controlassem o país. Para o governo dos Estados Unidos, estava claro que a União Soviética não era apenas uma rival ideológica, mas também uma oponente tecnológica e militar. O financiamento de pesquisas de defesa foi aumentado para ajudar no esforço de guerra, e em 1958 o presidente Eisenhower criou a Advanced Research Projects Agency [Agência de Projetos de Pesquisa Avançada] (ARPA) para desafiar a proficiência tecnológica da União Soviética fora da esfera militar, com o direcionamento de uma nova onda de recursos públicos para pesquisas de base, empresas terceirizadas e laboratórios universitários de pesquisa.

Conforme as companhias locais de defesa e de eletrônicos – assim como a Universidade da Califórnia em Berkeley e a Universidade Stanford – assinavam novos contratos com o governo, a área da Baía de São Francisco foi mais uma vez uma das grandes beneficiadas pelos gastos federais com pesquisa e desenvolvimento. Ainda que o MIT mantivesse um histórico de relações íntimas com o mundo dos negócios e com a indústria, encorajasse seus professores a prestar consultoria no setor privado e chegasse até mesmo a lançar startups de dentro da instituição, Stanford levou as parcerias industriais ainda mais longe. Aí estavam incluídos cursos de graduação para engenheiros de empresas locais de eletrônicos que poderiam ter instruções televisionadas sem que os alunos precisassem deixar o ambiente de trabalho. Até 1961, 32 empresas já haviam aderido ao programa.[3]

Uma década antes, a universidade também havia fundado o Parque Industrial de Stanford, onde empresas de destaque como General Electric, Eastman Kodak e Hewlett-Packard estabeleceram centros de pesquisa com acesso fácil a estudantes e professo-

---

3   AnnaLee Saxenian, *Regional Advantage: Culture and Competition in Silicon Valley and Route 128*. Cambridge: Harvard University Press, 1996.

res e que, ao mesmo tempo, geravam receita para a instituição. O parque industrial removeu a barreira entre pesquisa de base e pesquisa corporativa e combinou as duas em uma espécie de prévia do papel significativo que a comercialização da pesquisa pública viria a desempenhar quando os computadores – e, mais tarde, a internet – se tornassem a inovação definidora que abasteceria o crescimento das empresas de tecnologia modernas.

A cooperação entre as universidades e o setor corporativo também podia ser vista como um reflexo da cultura conservadora que podia ser encontrada no Vale do Silício na década de 1960. Os maiores empregadores da indústria de alta tecnologia da região eram veementemente antissindicalização e, apesar do papel-chave que as mulheres haviam desempenhado no início da computação e da programação, o setor foi dominado por homens brancos que se asseguraram de que os futuros líderes corporativos seriam exatamente iguais a eles. Os empreendedores que eles financiavam tendiam a apresentar uma série de atributos comuns, incluindo "diplomas em engenharia em certos programas, a prestação de algum tipo de serviço militar, uma educação conservadora, um conservadorismo político e um fascínio e uma fixação absolutos por desafios tecnológicos".[4]

Em meados dos anos 1960, conforme a contracultura ganhava tração e a oposição à Guerra do Vietnã crescia, a indústria passou a ser criticada por seu relacionamento com os militares. Em um reflexo desse conservadorismo, Robert Noyce, cofundador da Fairchild Semiconductor e da Intel, via os hippies como inimigos da tecnologia – e, mesmo, do próprio progresso. Em um perfil de Noyce que escreveu para a *Esquire* em 1983, Tom Wolfe descreveu essa narrativa que nos é tão familiar. "Eles queriam destruir as novas máquinas. [...] Eles queriam cancelar o

---

4   M. O'Mara, *The Code*, op. cit., pp. 75-76.

futuro", assim escreve Wolfe sobre as posições de Noyce quanto à *juventude*. "Se você quisesse falar a respeito dos criadores do futuro – bem, aqui estavam eles! Aqui, no Vale do Silício!".[5] Ainda que os jovens criticassem as hierarquias corporativas e as decisões tomadas pelo governo, alguns deles seriam fundamentais para o próximo estágio da evolução corporativa da indústria.

A contracultura foi um dos muitos movimentos de oposição dos anos 1960 que influenciaram as pessoas que viriam a moldar a indústria de tecnologia moderna, mas foi de longe o mais impactante. O historiador Fred Turner explicou que a década de 1960 testemunhou a ascensão da Nova Esquerda e dos Novos Comunalistas, mas esses dois movimentos tinham ideias muito diferentes sobre como mudar o mundo.

A Nova Esquerda estava associada ao Movimento dos Direitos Civis, aos protestos antiguerra e às manifestações estudantis do Movimento pela Liberdade de Expressão que tomaram os campi das universidades em meados dos anos 1960. De modo geral, seus integrantes acreditavam que a luta política era essencial para a derrubada das estruturas opressivas da sociedade capitalista contemporânea e para a construção de um mundo melhor. Mas os comunalistas viam um caminho diferente para a abordagem de problemas similares. Em vez de se dirigirem "para fora, rumo à ação política, essa ala se voltou para dentro, para questões sobre a consciência e a intimidade pessoal e em direção a ferramentas de pequena escala, como o LSD ou o rock, como formas de aprimoramento de ambos".[6] Isso não quer dizer que a Nova Esquerda não tomasse parte nesses aspectos da contracul-

---

5   Tom Wolfe, "The Tinkerings of Robert Noyce". *Esquire*, dez. 1983.
6   Fred Turner, *From Counterculture to Cyberculture: Stewart Brand, the Whole Earth Network, and the Rise of Digital Utopianism*. Chicago: University of Chicago Press, 2006, p. 31.

tura, mas a diferença fundamental estava na posição dos grupos quanto ao engajamento político.

Enquanto a ação política era fundamental para a Nova Esquerda, os comunalistas eram hostis à noção de protesto ou de engajamento com o sistema político. Sua resposta aos desafios sociais e políticos dos anos 1960 foi abandonar completamente a política e buscar soluções individualizadas, chegando até mesmo a se afastarem da sociedade e a construírem suas próprias comunidades moldadas em uma ideia de mundo ideal. Mas tais comunidades mostraram os problemas fundamentais da abordagem, e essas questões viriam a ecoar nas instituições inspiradas por elas.

Em 1967, Steward Brand, estudante de Biologia em Stanford e soldado do Exército dos Estados Unidos, organizou a publicação *Whole Earth Catalog* [Catálogo da Terra Inteira] com sua esposa, Lois Jennings. O *Catalog* reuniu os interesses contraculturais, científicos e acadêmicos de Brand na busca pelo aprimoramento da liberdade individual e acabou por criar um grupo influente de ideias e personalidades que inspiraram a visão de mundo do Vale do Silício. A parte interna da capa de toda a edição continha a declaração que deu início à ideologia prometeica que estava por trás da visão de mundo criada por Brand ao agrupar seus vários interesses. Ela dizia:

> Nós somos como deuses, e podemos muito bem pegar o jeito disso. Até hoje, um poder e uma glória feitos à distância – via governo, grandes negócios, educação formal, Igreja – foram bem-sucedidos até o ponto em que, agora, defeitos patentes obscurecem os ganhos efetivos. Em resposta a esse dilema e a esses ganhos, uma esfera de poder íntimo e pessoal está se desenvolvendo – o poder do indivíduo de conduzir sua própria educação, encontrar sua própria inspiração, moldar seu próprio ambiente e compartilhar sua aventura com quem quer que esteja interessado. As ferramen-

tas que ajudarão nesse processo são procuradas e divulgadas pelo CATÁLOGO DA TERRA INTEIRA.

Há uma linha nítida de continuidade entre o pensamento expresso por Brand no *Catalog* e no modo como Steve Jobs promoveria o computador pessoal treze anos mais tarde. Brand equiparava os indivíduos a deuses e prometia que o *Catalog* forneceria as ferramentas necessárias para exercer seus poderes contra tudo o que achassem adequado – e algumas dessas ferramentas eram tecnologias de pequena escala projetadas para servir aos indivíduos, e não às grandes corporações. A revista foi pensada como um ambiente em que "as criações tecnológicas e intelectuais da indústria e da alta ciência se encontram com a religião oriental, com o misticismo lisérgico e com a teoria social comunal do movimento de volta ao campo".[7]

Ao aproximar essas comunidades, a revista atraía não só aqueles que sonhavam em viver ou que já viviam em comunas, como também pesquisadores de laboratórios universitários e empresas privadas de defesa que haviam adotado ambientes de trabalho mais orientados para projetos e vistos como uma contestação à organização hierárquica tradicional. A Guerra do Vietnã fez com que fosse difícil extrair lições positivas da atuação das Forças Armadas, e, assim, o *Catalog* reapresentou a forma organizacional como uma extensão da contracultura, o que preparou o terreno para a integração de seus membros ao mundo corporativo.

As comunas foram assoladas por problemas que as levaram ao fracasso já entre o começo e meados dos anos 1970. Fred Turner atribuiu isso não só à falta de organização política, mas também a normas sociais retrógradas trazidas da sociedade de que elas supostamente queriam escapar. Enquanto a Nova

7 Ibid., p. 73.

Esquerda abria espaço para as mulheres na liderança organizacional (ainda que estivesse longe de ser perfeita), "muitos Novos Comunalistas recriavam as relações conservadoras de gênero, classe e raça dos Estados Unidos da Guerra Fria".[8] Os comunalistas eram "hippies jovens, brancos e de alta mobilidade" educados em boas escolas e socialmente privilegiados, e isso se transferiu para o *Catalog*, cujas páginas concediam pouco espaço para pessoas racializadas ou pobres.

Ainda que o *Catalog* tenha lançado sua última edição em 1971, uma série de publicações e eventos foi construída em torno da *Terra Inteira*, com o próprio Brand como figura de aproximação de ideias e indivíduos diferentes. À medida que as comunas desmoronavam e os comunalistas começavam a pensar no futuro, o enfoque da *Terra Inteira* mudou de materiais de leitura para bens de consumo. Ela sustentou a noção de que mudar o mundo não exigia recusar as estruturas a que se opunham, mas essa mudança poderia ser alcançada adentrando o mundo corporativo e modificando-o de dentro. Nas palavras de Turner, o novo mundo imaginado pela *Terra Inteira* e seus ancestrais ideológicos permitiria que "indivíduos e empresas negociassem uns com os outros em posição de igualdade".[9] O poder relativo de ambos os participantes era ignorado – não havia necessidade de sindicatos, e tampouco se considerava o tamanho das corporações, já que, uma vez achatada a hierarquia e empoderado o indivíduo por novas tecnologias, estes últimos teriam o poder de mudar o mundo. A ingenuidade é espantosa, e alguns críticos perceberam.

Os críticos acadêmicos Richard Barbrook e Andy Cameron intitularam a ideologia que se desenvolveu desse movimento, sobretudo depois que ela encontrou uma causa comum com as

---

8   Ibid., p. 76.
9   Ibid., p. 14.

políticas neoliberais nos anos 1980, de "a ideologia californiana". A forma de pensamento que ela incorporou "simultaneamente reflete as disciplinas da economia de mercado e as liberdades do artesanato hippie. Esse híbrido bizarro só é possível através de uma crença quase universal no determinismo tecnológico".[10] A aversão da contracultura pela política foi central para a ideologia californiana. Seus seguidores acreditavam que a mudança social aconteceria pela participação no mercado e pela confiança de que os processos de desenvolvimento tecnológico empoderariam não só o indivíduo, mas também o mundo de forma mais ampla. O caminho para um mundo melhor já não estava mais em se afastar da sociedade ou na simples interação com as corporações estadunidenses, mas também havia fé na tecnologia em si mesma como meio para enfrentar desafios sociais e econômicos.

A narrativa de Steve Jobs sobre o computador pessoal pode ser vista como um reflexo da ideologia californiana. Ao minimizar logo de saída o papel do Estado no desenvolvimento das empresas e instituições fundacionais do Vale do Silício, Jobs fez parecer que as tecnologias que surgiam ali e a atividade econômica trazida a tiracolo eram produto do progresso tecnológico e de sua comercialização por empresas privadas. Contudo, isso ignorava o papel continuado que o governo desempenhou no abastecimento do milagre econômico da área da Baía de São Francisco.

No final dos anos 1970, a ameaça soviética já havia esmorecido, mas o crescimento da indústria de eletrônicos japonesa apresentava um novo desafio às companhias de alta tecnologia da região. A indústria de semicondutores do Vale do Silício havia se expandido ao longo daquela década e adotado uma estratégia em que evitava chips sob demanda em favor de um esforço de

---

10 Richard Barbrook e Andy Cameron, *A ideologia californiana: uma crítica ao livre mercado nascido no Vale do Silício* [1995], trad. Marcelo Träsel. Ponta Grossa: Monstro dos Mares; Porto Alegre: BaixaCultura, 2018, p. 18.

capital intensivo para padronizar microprocessadores e competir em custos, o que exigia a consolidação de algumas empresas maiores no lugar da operação de startups em regime de concorrência. Ao mesmo tempo, enquanto a inovação desacelerava na Califórnia, isso não acontecia no Japão, onde "uma combinação distintiva de políticas domésticas e instituições que promoveram investimentos e inovação na manufatura de grande volume" permitiu que a indústria de semicondutores ultrapassasse o Vale do Silício já em meados de 1980.[11]

Mais uma vez, o governo assumiu a responsabilidade não só pelo apoio das indústrias domésticas, mas também pelo direcionamento de grandes quantias para pesquisa e desenvolvimento. No nível estadual, a Comissão de Inovação Industrial da Califórnia decidiu adotar uma estratégia de "seleção de vencedores" em 1982, e, depois de misturar "celebrações da livre-iniciativa com pedidos de planejamento e subsídios estatais mais agressivos",[12] a indústria de tecnologia da área da Baía de São Francisco foi uma das principais beneficiadas. O governo federal também não estava disposto a deixar o Japão ultrapassar os Estados Unidos como líder mundial em computação e eletrônicos. Em 1986, o Congresso aprovou o US-Japan Semiconductor Trade Agreement [Acordo de Comércio de Semicondutores Estados Unidos-Japão] para estabelecer um preço mínimo sobre a exportação de chips japoneses e, ainda que a guerra comercial dos semicondutores tivesse continuidade pelos próximos anos, para exigir que o Japão comprasse mais chips estadunidenses.

Para além de medidas comerciais, também houve um aumento no financiamento de pesquisas. Ainda que Ronald Reagan tenha chegado ao poder com a promessa de cortar impostos e gastos

---

11   Saxenian, *Regional Advantage*, op. cit., p. 90.
12   M. O'Mara, *The Code*, op. cit., p. 214.

públicos, o Pentágono foi poupado dos planos de austeridade. Os gastos com defesa aumentaram em benefício das empresas terceirizadas pelos militares e dos laboratórios de pesquisa de universidades. A DARPA, a mesma agência inaugurada em 1958 em resposta ao lançamento do Sputnik I, mas agora com um "Defesa" adicionado a seu nome, recebeu uma nova rodada de recursos com enfoque específico em computação e criação de redes. De meados dos anos 1970 até os anos 2000, "os recursos federais responderam por 70% do dinheiro gasto com pesquisas acadêmicas em ciência da computação e engenharia elétrica".[13] Muito desse dinheiro ia para a DARPA, e a pesquisa que ela financiava estava cada vez mais voltada para a implementação comercial.

Do final do século XIX até grande parte do século XX, parecia que novas descobertas estavam sendo feitas a todo momento e mudando a vida humana no mundo inteiro. Mas desde a maturação das tecnologias de comunicação digital – e da internet em particular –, estabeleceu-se uma visão comum de que a inovação parecia desacelerar. Atualmente, há vários novos aplicativos e produtos de consumo derivados, mas o tipo de descoberta do século XX parece bem mais raro.

O capitalista de risco Peter Thiel expressou essa preocupação muitas vezes, e sua empresa, a Founders Fund, chegou a dar a seu manifesto o subtítulo "Queríamos carros voadores, mas ganhamos 140 caracteres" em referência ao Twitter. Thiel reconhece a importância do Estado no financiamento de pesquisa de base no passado, mas argumenta que isso não poderá ser replicado no presente. Ele sonha com a volta de planejadores modernistas como Robert Moses, que não se importavam com a forma como seus projetos afetariam os residentes das cidades que supervisio-

---

[13] Ibid., p. 226.

navam, e não acredita que o sistema político moderno possa oferecer progresso tecnológico, já que o governo não "cortaria gastos com saúde para liberar dinheiro para pesquisa em biotecnologia" nem "faria cortes sérios no sistema de previdência para liberar dinheiro sério para grandes projetos de engenharia".[14]

Para Thiel, os sucessos do passado não se deveriam a um excesso de gastos em grandes projetos públicos como o New Deal e o Sistema Interestadual de Autoestradas, mas teriam ocorrido apesar deles, e o governo já não seria capaz de dirigir projetos similares. A desaceleração da inovação deverá ser resolvida pelo setor privado, onde Thiel defende que as empresas devam buscar posições monopolísticas em suas respectivas indústrias – mesmo que tenha criticado gigantes da tecnologia como o Google pela perda da dianteira na inovação. Thiel explicou que muitas companhias são "excessivamente atraídas para soluções pontuais incrementais e morrem de medo de problemas operacionais complexos" e que apenas as empresas com "uma visão de longo prazo razoavelmente inspiradora em seu âmago" poderão superar esse problema – uma condição que, segundo ele, não definem muitas startups do Vale do Silício.[15]

No fim das contas, o argumento de Thiel está repleto de contradições, mas explicações mais lógicas para aquilo que é considerado uma desaceleração tecnológica já foram dadas. O falecido antropólogo David Graeber defendeu que a percepção de que a inovação está mais lenta é produto de uma mudança na maneira como o financiamento de pesquisas é alocado e para quais tipos de pesquisa está sendo direcionado. Mesmo que esse financiamento tenha de modo geral aumentado com o tempo, sobretudo no setor privado, menos desse dinheiro foi investido na pesquisa

---

14 Peter Thiel, "O fim do futuro" [2011]. *O Estado de S. Paulo*, 20 nov. 2011.
15 Tom Simonite, "Technology Stalled in 1970". MIT *Technology Review*, 18 set. 2014.

de base que tantas vezes produz as inovações transformativas que associamos ao período que vai do final do século XIX até a metade do século XX ou com os projetos extremamente ambiciosos que tendiam a gerar avanços tecnológicos inesperados.

Em vez disso, esses investimentos ficaram mais concentrados em pesquisas mais facilmente comercializáveis, mas cujos objetivos também eram muito diferentes da superação de rivais geopolíticos. Graeber sustenta que a desaparição da União Soviética permitiu que os Estados Unidos realocassem o financiamento de pesquisas em:

> direções que sustentassem uma campanha de reversão dos ganhos dos movimentos sociais progressistas e que obtivessem vitórias decisivas naquilo que as elites estadunidenses viam como uma guerra de classes global. A mudança de prioridades foi introduzida na forma de um abandono de projetos bancados por um Estado forte e de um retorno ao mercado, mas, na verdade, as pesquisas dirigidas pelo governo foram desviadas de programas como a Nasa ou a busca de fontes de energia alternativa e canalizadas para as tecnologias militares, médicas e de informação.[16]

O financiamento federal para a ciência da computação aumentou rapidamente no decorrer da década de 1970, alcançando a quantia de 250 milhões de dólares por ano em 1975, e a declaração de uma "guerra contra o câncer" pelo presidente Richard Nixon em 1971 foi seguida de novos recursos para a pesquisa médica e biotecnológica.[17]

Em vez de conceber as mudanças na forma como o desenvolvimento tecnológico progrediu como resultado de uma alteração

---

16   David Graeber, "Of Flying Cars and the Declining Rate of Profit". *The Baffler*, 19 mar. 2012.
17   M. O'Mara, *The Code*, op. cit., pp. 90-91.

nas prioridades privadas, é muito mais ilustrativo vê-las como produto de objetivos públicos diferentes. Mesmo que Reagan e os presidentes estadunidenses subsequentes não tenham dito explicitamente que suas metas eram a produção de tecnologias que esmagassem a classe trabalhadora do país, foi esse o resultado das políticas que eles adotaram; e, dado que um nível significativo de pesquisa estava sendo realizado para servir à defesa nacional antes de ser reempregado para usos civis, as motivações dos militares também atuaram na determinação das tecnologias que seriam desenvolvidas.

O autor de ficção científica e jornalista Tim Maughan argumentou que pessoas que, assim como Thiel, se preocupam com a desaceleração da inovação tecnológica não percebem como a tecnologia foi empregada nas últimas décadas. O programa espacial e outros projetos de grande visibilidade haviam desacelerado antes da expansão recente da indústria espacial privada, mas a inovação ainda estava acontecendo – só que fora da esfera do que a maioria das pessoas vê na vida diária. Graças às tecnologias de rede, o mundo se tornou muito mais complexo depois que os computadores assumiram funções que até então tinham pelo menos algum papel a ser desempenhado por humanos. "Das redes sociais à economia global, passando pela cadeia de suprimentos", explica Maughan, "nossa vida se equilibra precariamente sobre sistemas que se tornaram muito complexos, e cedemos uma fração muito grande delas para tecnologias e agentes autônomos que ninguém entende completamente".[18]

Esses sistemas são projetados para acelerar as transações e as interações em prol da eficiência, mas, nesse processo, abrimos mão de uma grande quantidade de controle democrático

---

[18] Tim Maughan, "The Modern World Has Finally Become Too Complex for Any of Us to Understand". *OneZero*, 30 nov. 2020.

sobre eles, mesmo que tenhamos fracassado em equipá-los com "uma capacidade de tomar decisões éticas e de realizar avaliações morais".[19] O mercado de ações, onde a automação aumentou tanto a velocidade como a quantidade de operações, é um exemplo disso, mas a melhor ilustração é o sistema de logística e de cadeias de suprimentos globais que foi construído nos últimos cinquenta anos.

Depois da Segunda Guerra Mundial, o uso crescente de contêineres padronizados começou a transformar a indústria de transporte marítimo e a reduzir o custo e o tempo de frete – e o poder dos trabalhadores portuários. Mas a tecnologia não transformou tudo sozinha. A conteinerização foi essencial para permitir que os militares estadunidenses continuassem com a Guerra do Vietnã ao facilitar o envio de suprimentos a um país distante e, ao mesmo tempo, concedeu aos donos de navios a vantagem de que eles precisavam para quebrar o poder dos trabalhadores portuários e de seus sindicatos radicais. Como exemplo de como a guerra foi integrada à cadeia de suprimentos, navios que deixavam os Estados Unidos com equipamentos militares para a guerra faziam paradas para carregar mercadorias japonesas na viagem de volta. Os contêineres foram uma tecnologia essencial para a criação da economia globalizada que temos hoje, em que os empregos sindicalizados nas partes ao norte e a oeste dos Estados Unidos ou mudaram para áreas não sindicalizadas mais ao sul, ou saíram completamente do país e partiram para mercados emergentes em que os custos do trabalho eram bem inferiores.

Depois de passar algum tempo em navios porta-contêiner, em docas, em fábricas e nos lugares em que a matéria-prima é extraída na Ásia oriental, Maughan explicou que a indústria

---

19   Ibid.

de transporte marítimo moderna criada pela conteinerização, pela refrigeração, por navios de apoio e por redes de tecnologia está além do controle de todo e qualquer administrador ou supervisor humano e exige a racionalização constante do espaço, do trabalho e do próprio mar. Os capitães de navios recebem atualizações constantes via sistemas de computador que controlam toda a rede de navios de uma companhia como a Maersk, mas raramente são informados da razão pela qual devem realizar uma ação em particular. Quando Maughan perguntou por que o navio precisava ser desacelerado depois da chegada de um comando pela rede, o capitão respondeu com um conjunto de possíveis cenários – condições climáticas, atrasos no porto, congestionamentos de navios, mudanças no preço do petróleo –, mas não deu nenhuma resposta convicta. O navio e sua tripulação são apenas dados no sistema; suas agências e poder foram removidos.

A abundância de mercadorias baratas no Ocidente depende da cadeia de suprimentos possibilitada por esse sistema – cadeia esta em que salários baixos, péssimas condições de trabalho e destruição ambiental não são apenas subprodutos, mas componentes essenciais para a manutenção de preços baixos. A comercialização de tecnologias provenientes do financiamento de pesquisas militares e a degradação dos direitos trabalhistas foram fundamentais para a ideologia defendida por aqueles que estavam ascendendo na indústria de tecnologia nos anos 1980 e 1990 e foram abraçadas tanto pelos Novos Democratas de Bill Clinton como pelos Republicanos que estavam sob a liderança de Newt Gingrich no Congresso.

Em grande medida, a internet não foi produto da iniciativa privada, e sim dos militares e de outros organismos públicos de pesquisa. Na segunda metade do século XX, muitas tecnologias de rede foram empregadas para diferentes fins. Em 1962, a Força Aérea dos Estados Unidos lançou o sistema de defesa aérea SAGE, que ligava computadores a bases militares ao redor de seu território. Outros países, incluindo a União Soviética, construíram redes militares próprias. Nos anos 1970, a IBM, fabricantes menores de computadores, agências nacionais de correios e de telecomunicações estavam entre os grupos que tentavam estabelecer protocolos de rede dominantes, mas, no fim, quem venceu foi o protocolo TCP/IP da ARPANET. Isso preparou o palco para o papel que ele desempenharia na formação da base daquilo que viria a ser a internet.

Criada na década de 1970 e financiada pela ARPA e pelo Departamento de Defesa, a Advanced Research Projects Agency Network [Rede da Agência de Projetos de Pesquisa Avançada] (ARPANET) era uma infraestrutura de rede que permitia que pesquisadores em universidades de todos os Estados Unidos se comunicassem. Em 1981, ela foi expandida ainda mais pela National Science Foundation [Fundação Nacional de Ciência] (NSF) – outra agência pública de pesquisa – para conectar mais departamentos de ciência da computação à rede, e em 1985 a NSFNET foi estabelecida a um custo estimado de 200 milhões de dólares para agir como a espinha dorsal que conectava universidades, departamentos governamentais e agências públicas. Mas o setor privado também estava entrando nessa nova forma de comunicação.

No final dos anos 1980, redes comerciais regionais já estavam estabelecidas e permitiam que usuários enviassem e-mails, se conectassem a fóruns de discussão e compartilhassem outras informações através de uma rede pré-internet. Essas redes não raro eram implementadas com algum tipo de financiamento público e estavam limitadas pela Política de Usos Aceitáveis da NSFNET, que, ao menos oficialmente, impedia o tráfego comercial na rede. No entanto, as empresas que buscavam lucrar com essa infraestrutura de rede em constante evolução exerciam influência sobre as decisões da NSF e dispunham de acesso privilegiado a figuras políticas poderosas.

O senador Al Gore estava entre os membros de destaque do grupo de "Democratas de Atari"[20] que acreditavam que as indústrias *high-tech* dos Estados Unidos gerariam crescimento econômico e aumentariam a influência global do país. Quando introduziu a National High-Performance Computer Technology Act [Lei Nacional de Tecnologia da Computação de Alta Performance], em 1989, Gore afirmou que "a nação que assimilar mais completamente a computação de alta performance em sua economia muito provavelmente emergirá como a força intelectual, econômica e tecnológica dominante do próximo século".[21] Gore não estava interessado só no poder doméstico; ele encorajava a privatização de redes de telecomunicação ao redor do mundo e identificava explicitamente a internet que então surgia como uma forma de oposição ao comunismo que também estenderia o poder dos Estados Unidos na direção dos Estados pós-soviéticos.[22] A serviço das metas esboçadas por Gore, a administração de Bill Clinton prosseguiu com um plano para transferir o controle da internet para companhias particulares, já que era "esperado que a *comercialização* das atividades na internet dependeria, primeiro, da *privatização* da infraestrutura".[23] Em 1995, a NSFNET foi desativada e vendida para companhias privadas.

20 Referência ao grupo de legisladores eleitos pelo Partido Democrata entre as décadas de 1980 e 1990 que, em face de suas afinidades com a indústria de alta tecnologia, foi apelidado com base nos então populares videogames e máquinas de fliperama da empresa Atari. [N. T.]
21 Senador Gore, falando em S. 1067, 101º Congress, 1ª sess., *Congressional Record* 135, 18 maio 1989, S 9887.
22 Daniel Greene, *The Promise of Access: Technology, Inequality, and the Political Economy of Hope*. Cambridge: MIT Press, 2011.
23 Madeline Carr, *US Power and the Internet in International Relations: The Irony of the Information Age*. London: Palgrave Macmillan, 2016, p. 58. Grifos da autora.

Ao longo dessas décadas, houve rotas alternativas que poderiam ter sido adotadas para reagir à comercialização e à restrição do acesso às tecnologias de que hoje dependemos. Nos anos 1970 e 1980, por exemplo, os mesmíssimos hackers que os libertários da tecnologia apontam como exemplos a serem seguidos por terem resistido ao controle estatal também tentavam impedir que softwares fossem restringidos por acordos de licenciamento corporativo. Os hackers estavam acostumados a compartilhar códigos e a construir e aprimorar programas coletivamente, mas os fundadores das novas companhias de software – a Microsoft de Bill Gates como a principal entre elas – queriam impedi-los de dividir esses dados naquilo que passou a ser considerado pirataria, de modo que as empresas pudessem construir um negócio em que exigiriam que todos que pretendessem usar algum de seus programas tivessem de comprar uma licença. Esse esforço não foi sustentado apenas pelos membros do Partido Democrata; também havia um movimento de relevo na direita que promovia uma visão da internet que estaria além do alcance do mesmo Estado que a construíra.

Em 1987, Brand tinha sido bem-sucedido em usar a comunidade da *Terra Inteira* para lançar uma empresa de consultoria que criou uma rede de líderes poderosos no mundo dos negócios. Turner explica que, com essa empreitada, Brand posicionava "a corporação como lugar de mudança social revolucionária e as redes interpessoais e de informação [...] como ferramentas e emblemas dessa mudança",[24] uma continuação da mensagem que promovera quando os comunalistas se reintegraram à sociedade nos anos 1970. A comunidade de classe média e mesmo alta que a *Terra Inteira* cultivou já tinha se afastado dos pobres e de pessoas racializadas, e agora estava pronta para aderir às ideologias de direita dos anos 1980 e além.

---

24 Fred Turner, *From Counterculture to Cyberculture*, op. cit., p. 194.

John Perry Barlow, cofundador da Electronic Frontier Foundation (EFF) em 1990 – uma organização não governamental que adotava uma abordagem libertária para os direitos digitais –, acreditava que o governo não tinha autoridade sobre o que acontecia na internet. Em 1996, Barlow lançou um ensaio influente direto de Davos, na Suíça, intitulado "A Declaration of Independence of Cyberspace" [Uma declaração de independência do ciberespaço], em que apontava os governos como inimigos do público e especialmente das comunidades e mercados que estavam se estabelecendo na internet, ainda que recursos públicos houvessem custeado a criação da mesmíssima rede que possibilitava essas interações. Barlow escreveu que os governos "não têm soberania sobre os lugares em que nos reunimos" e declarou que o ciberespaço "é naturalmente independente das tiranias que vocês buscam impor contra nós".[25] Notavelmente, Barlow não compartilhava do mesmo desdém pelas corporações que afluíram para a internet e a moldaram em favor de seus próprios lucros.

A EFF ganhou influência nos debates sobre a legislação a respeito da internet nos anos 1990, mas ainda mais importante foi a revista *Wired*. Kevin Kelly, seu fundador e editor-chefe, atuara anteriormente como editor da *Whole Earth Review* e imbuiu a nova publicação com um *ethos* similar. Louis Rossetto, um dos fundadores da revista, "via a revolução digital como a extensão de uma tradição libertária estadunidense de longa data, ainda que não amplamente reconhecida"; sob a direção de Kelly, os escritores "utilizavam as metáforas computacionais e a retórica universal da cibernética para retratar políticos da Nova Direita, CEOs das telecomunicações, especialistas na área e membros de [...] organizações conectadas à *Terra Inteira*

25   John Perry Barlow, "A Declaration of the Independence of Cyberspace". 8 fev. 1996.

como uma vanguarda única da revolução contracultural".[26] Como resultado, as páginas da *Wired* serviam como ponto de encontro para a indústria de tecnologia e para os membros socialmente conservadores do Partido Republicano que compartilhavam o desejo por uma internet livre do controle ou da regulamentação governamentais.

Depois de sua fundação em 1993, a revista participou de "um ciclo de legitimação mútua" com a direita cristã que estava em ascensão e estampou em sua capa figuras como Newt Gingrich e o analista de telecomunicações contrário à teoria da evolução George Gilder.[27] Enquanto declarava Gingrich um político "*wired*" [conectado], a revista também ajudava a legitimar demandas por cortes de impostos, por desregulamentação e pela adoção de uma cultura de trabalho mais "flexível", ao mesmo tempo que atribuía à assim chamada "Nova Direita" do Partido Republicano um *ethos* contracultural. À medida que a desindustrialização e a globalização mandavam mais empregos para o exterior, persistia a pressão por um regime de trabalho baseado em projetos mais em linha com uma oposição libertária de longa data diante das estruturas hierárquicas de administração corporativa. Em vez de ser um empregado com segurança, benefícios e um sindicato, o trabalhador seria um agente autoempregado que se juntaria a uma companhia para trabalhar em um projeto em particular e, depois, teria de procurar seu próximo trabalho. Esse modelo foi adotado pelos adeptos da *Terra Inteira*.

A *Wired*, assim como a *Terra Inteira* antes dela, atraiu uma base de consumidores brancos e bem-sucedidos. Depois de três anos, seu público era composto esmagadoramente de homens com cargos em administração, com uma média de 27 anos e

---

26 F. Turner, *From Counterculture to Cyberculture*, op. cit., p. 209.
27 Ibid., p. 222.

salários acima de 120 mil dólares por ano.[28] A empresa de consultoria de Brand, a Global Business Network, foi promovida para os leitores da *Wired* como um modelo para o futuro do trabalho. Ela ecoava a tendência da indústria de tecnologia da Califórnia em que os trabalhadores frequentemente conseguiam empregos novos e mudavam para outras companhias, o que diferenciava o Vale do Silício do *hub* de alta tecnologia concorrente, em Massachusetts.

Por partir de uma posição de privilégio, a adoção das políticas econômicas de direita pela indústria de tecnologia não considerou como padrões menos rígidos de trabalho afetariam trabalhadores que não fossem privilegiados – e o resultado mais visível disso é provavelmente o trabalho autônomo realizado por aplicativo que cresceu no rescaldo da crise financeira de 2008 e da recessão subsequente. Porém, mais do que isso, as novas narrativas adotadas quanto ao poder da tecnologia para a promoção do crescimento econômico e da inovação pautada pelo mercado minimizaram a importância do governo no desenvolvimento da maior parte das tecnologias com que a indústria veio a lucrar e ignoraram até mesmo quantos dos negócios que então dominavam o Vale do Silício haviam recebido apoio público.

A internet – no que se incluem os protocolos e a arquitetura que fazem com que ela funcione – é um exemplo claro de uma tecnologia que se originou no setor público e foi consumida pelo setor corporativo. Mas há muito mais do que isso. Em 1968, Douglas Engelbart exibiu o on-Line System naquela que ficou conhecida como "A Mãe de Todas as Demonstrações". Com financiamento da ARPA, Engelbart e sua equipe desenvolveram no Instituto de Pesquisa de Stanford algumas tecnologias que acabariam por definir a experiência computacional: o mouse, o teclado

---

28 Ibid.

QWERTY,[29] o monitor com mapeamento de bits e até mesmo a possibilidade de edição remota e simultânea de um mesmo documento (algo como uma versão muito rudimentar do Google Docs). Essas tecnologias, demonstradas mais de cinquenta anos atrás, ainda compõem o núcleo da experiência computacional – a despeito de a Apple divulgar seus produtos como revoluções por terem pequenos ajustes de design e aprimoramentos mínimos de hardware a cada um ou dois anos.

O mesmo, no entanto, vale para o smartphone – o dispositivo que veio a definir não só nossa experiência on-line, mas uma parte considerável da forma como interagimos com o mundo. A economista Mariana Mazzucato destacou quantas das tecnologias necessárias para o iPad, e mais tarde para o iPhone, foram simplesmente a comercialização de pesquisas feitas ou custeadas por órgãos governamentais ao longo de décadas, incluindo de tudo, desde telas sensíveis ao toque e controle por gestos até baterias e displays.[30] Além das tecnologias, as companhias em si foram alvo de apoio público. Em 1980, a Apple recebeu financiamentos da Small Business Investment Company [Companhia de Investimento em Pequenos Negócios], uma agência federal projetada para apoiar pequenos negócios e empreendedores, enquanto, antes de ser comercializada, a tecnologia principal por trás da pesquisa do Google foi desenvolvida na Universidade de Stanford com financiamento da NSF. O Yahoo! também surgiu em Stanford, em 1994, e o Lycos foi um projeto de pesquisa da

---

29   Ao lado de outros modelos, como o AZERTY, o layout de teclados QWERTY (que tira seu nome das primeiras seis teclas da fileira superior de letras) foi desenvolvido para máquinas de escrever em 1868 com base na frequência de incidência das letras na língua inglesa, de modo a incentivar o uso das duas mãos (com o consequente aumento na eficiência da datilografia) e impedir que teclas próximas acionadas em curtos intervalos de tempo emperrassem. [N. T.]

30   Mariana Mazzucato, *The Entrepreneurial State: Debunking Public vs. Private Sector Myths*. London: Anthem Press, 2013.

Universidade Carnegie Mellon comercializado naquele mesmo ano. Mesmo Elon Musk, que se apresenta como um empreendedor que atingiu o sucesso por conta própria, se beneficiou de 4,9 bilhões de dólares em subsídios governamentais em apoio à Tesla, à SolarCity e à SpaceX em 2015 – e essas empresas receberam muito mais desde então.

Quando a infraestrutura da internet foi privatizada em 1995, isso não resultou na apropriação imediata, pelas corporações, de tudo o que acontecia na rede. Ainda havia muita experimentação, incluindo várias pequenas comunidades e sites pessoais e educacionais rudimentares, mas as pressões comerciais já podiam ser sentidas desde os primeiríssimos dias. Em 1994, antes mesmo da privatização, Carmen Hermosillo publicou um ensaio amplamente lido que explicava "quantas cibercomunidades são negócios que dependem da mercadorização da interação humana". O texto explicava que os primeiros serviços de rede, incluindo o 'Lectronic Link, da *Terra Inteira*, não só empacotavam as interações dos usuários como um produto, mas também as moldavam para servir às finalidades comerciais do negócio por meio da censura e da edição de conteúdos. Em resposta às narrativas de pessoas como Brand e Barlow, Hermosillo criticava aqueles que "escreviam sobre o ciberespaço como se fosse uma utopia dos anos 1960" e argumentava, em vez disso, que as comunidades eletrônicas se beneficiavam de uma "tendência à desumanização em nossa sociedade: elas querem mercadorizar a interação humana e aproveitar o espetáculo não importa qual seja o custo humano".[31]

Em 1996, a historiadora da tecnologia Jennifer Light também expressou sua discordância em relação às narrativas dos "ciberotimistas", cujos retratos das comunidades virtuais comparou

---

31 Carmen Hermosillo, "Pandora's Vox: On Community in Cyberspace". *AlphavilleHerald*, 1994.

aos discursos iniciais sobre os benefícios dos shopping centers, que nunca se concretizaram. Conforme os automóveis dominavam as comunidades nos anos 1950 e as pessoas se espalhavam por todos os cantos em novos subúrbios, o shopping foi apresentado como um novo espaço público para substituir as ruas centrais das pequenas cidades. Mas os planejadores deixaram de considerar como as pressões comerciais moldaram quem tinha acesso aos shoppings e o que era possível fazer nesses espaços. O erro, escreve Light, "estava em projetar um sonho estadunidense, uma fantasia cultural histórica, em um novo espaço sem uma avaliação completa das implicações".[32] Todavia, a mesma coisa estava acontecendo no discurso ao redor da internet.

A linguagem otimista usada para "retratar o ciberespaço como uma nova fronteira, um caldeirão cultural e um espaço público democrático em que poderíamos falar com quem quiséssemos e todos seriam iguais" era inspiradora, mas não correspondia à realidade. Ecoando Hermosillo, Light explica que, quando comunidades virtuais são de propriedade privada, "essas ágoras funcionam apenas no sentido comercial; o sentido do mercado como espaço para a vida cívica fica submetido a controles rigorosos".[33] Essas primeiras análises críticas sobre a natureza de comunidades digitais no interior de redes privatizadas sujeitas a pressões comerciais eram um alerta do que estava por vir.

Depois da Bolha da Internet, no final dos anos 1990, uma nova visão para a rede se consolidou nos primeiros anos do novo milênio. Seus adeptos a chamaram de Web 2.0. Apesar de afirmações libertárias segundo as quais a internet era caracterizada por um projeto inerentemente descentralizado que garantia qualidades

---

[32] Jennifer S. Light, "Developing the Virtual Landscape". *Environment and Planning D: Society and Space*, n. 14, v. 2, 1996, p. 127.
[33] Ibid., pp. 127-29.

muito positivas – como abertura e democracia –, os serviços digitais ficavam armazenados em servidores centralizados e a rede era cada vez mais restringida por grandes agentes corporativos, incluindo muitos dos monopólios de tecnologia que conhecemos hoje. Esses monopólios buscavam não apenas transferir a atividade on-line que acontecia nos sites distribuídos da rede inicial para os serviços e plataformas centralizados, mas também registravam nossas ações enquanto os usávamos e navegávamos em sites externos. Em certo sentido, a rede ficou ainda mais parecida com um shopping center, como Light havia descrito.

O estudioso de mídias Benjamin Peters afirma que os impulsionadores iniciais da internet falharam em lidar com o modo como o poder é exercido nas redes e explica que elas "não se parecem muito com seus projetos, mas se assemelham às colaborações e vícios organizacionais que tentaram construí-las".[34] Assim, com sua origem militar e seu controle corporativo, a forma como a internet se desenvolveu dificilmente seria motivo de surpresa. Peters aponta para o protocolo de troca de pacotes como um exemplo da falsa promessa de enfoque no projeto da rede: "os protocolos outrora celebrados como soluções para o problema do controle hierárquico mostraram ser o próprio veículo para a introdução da atual era de vigilância privada de rede".[35] As pretensões de descentralização não impediram, por exemplo, o vasto aparato de vigilância empregado pelo Google ou pela US National Security Agency [Agência de Segurança Nacional dos Estados Unidos].

O grau de vigilância, restrição de acesso e comercialização da internet foi normalizado ao longo de várias décadas à medida que narrativas sobre o potencial emancipatório da tecnologia e

---

34 Benjamin Peters, "A Network Is Not a Network", in *Your Computer Is on Fire*. Cambridge: MIT Press, 2020, p. 87.
35 Ibid., p. 85.

o poder do livre mercado foram adotadas por grupos de interesse poderosos que não desejavam que o status quo fosse perturbado. Os capitalistas do Vale do Silício que se beneficiaram da comercialização de toda essa pesquisa pública e da desregulamentação da economia conseguiram influenciar o público – via publicações de tecnologia e representantes nos mais variados cargos das principais organizações de mídia – a pensar que o ecossistema digital que temos hoje é o resultado natural da inovação e que a única forma possível de progresso tecnológico é a que atende a esses resultados financeiros. Enquanto isso, políticos dos dois principais partidos dos Estados Unidos cultivaram laços financeiros com a indústria de tecnologia e passaram a temer impactos econômicos negativos que poderiam ser causados pela quebra desses monopólios. Mas a estreiteza de perspectiva não afeta apenas a forma como o futuro é visto; ela também arrisca disseminar essas tecnologias de forma mais extensiva pelo espaço físico conforme a nova indústria dominante busque reformular o ambiente físico para que atenda a seus interesses.

A visão de mundo das pessoas no comando da indústria de tecnologia é incrivelmente limitada, e isso tem implicações nos tipos de soluções propostas para os desafios cujo enfrentamento elas entendem ser necessário. Os envolvidos na construção da ideologia libertária que domina os altos escalões dessa indústria – e que subsequentemente se espalhou por toda a sociedade conforme ela foi crescendo a partir dos anos 1990 – vieram de condições pessoais privilegiadas que moldaram a forma como veem o mundo. Esses homens brancos de famílias de classe média ou mesmo ricas que conseguiram colher os benefícios do crescimento econômico na segunda metade do século XX não refletiram muito a respeito de as políticas e ideias de progresso que eram adequadas a eles trazerem ou não resultados para a classe trabalhadora como um todo – e sobretudo para mulheres e pessoas racializadas, que depararam com barreiras muito mais altas para o acesso à criação de riqueza naquele mesmo período. Isso continua a ser um problema hoje, com uma indústria de tecnologia que ainda fracassa em se diversificar e na qual as mulheres e as pessoas racializadas que de fato chegam a posições mais elevadas com frequência não contestam uma visão de mundo consolidada que beneficia executivos ricos independentemente de suas condições pessoais originárias.

O crítico de tecnologia Evgeny Morozov argumentou que a abordagem dessas figuras de poder cria uma busca por ajustes técnicos que não lidam com os problemas reais com que nos confrontamos. Morozov chamou essa tendência de "solucionismo tecnológico", que definiu como "uma busca doentia por soluções atraentes, monumentais e de curto prazo – o tipo de coisa que empolga o público em eventos como as TED Conferences – para questões extremamente complexas, fluidas e controversas".[36] Parte do problema está no fato de que os executivos, capitalistas de risco e outras figuras importantes associadas à indústria da tecnologia não param para entender os problemas reais que dizem tentar resolver, mas, em vez disso, fazem suposições sobre questões graves e suas causas de modo a legitimar soluções tecnológicas preconcebidas. Nas palavras de Morozov:

> o que muitos solucionistas presumem serem os "problemas" a resolver não são problemas de verdade; uma investigação mais profunda sobre a natureza em si desses "problemas" revelaria que a ineficiência, a ambiguidade e a opacidade – seja na política, seja na vida diária – contra as quais os recém-empoderados *geeks* e

---

36 Evgeny Morozov, *To Save Everything, Click Here: The Folly of Technological Solutionism*. New York: PublicAffairs, 2013, p. 6.

solucionistas se opõem não são problemáticas em nenhum sentido do termo.[37]

Para angariar o apoio do público, a elite tecnológica apresenta suas soluções em termos universais sem parar para considerar se os benefícios serão amplamente distribuídos. O planejador de tráfego Jarrett Walker chama esse fenômeno de "projeção da elite", a que descreve como "a crença, entre pessoas relativamente afortunadas e influentes, de que aquilo que elas consideram conveniente ou atraente é bom para a sociedade como um todo".[38] O professor de Stanford Adrian Daub, que compartilha dessa ideia, escreveu que "os gigantes da tecnologia querem que as coisas aconteçam para 'todo mundo'. Mas frequentemente 'todo mundo' significa 'pessoas como eu'".[39] O problema que esses pensadores identificam é observável em uma série de esferas diferentes, mas seus efeitos sobre as visões para o transporte e para a cidade impulsionadas pelas pessoas no setor de tecnologia não podem ser ignorados.

Em vez de enfrentarem problemas concretos dos sistemas de transporte existentes e carro-orientados, as soluções incentivadas pela indústria de tecnologia – muitas das quais também foram adotadas pela indústria automotiva – são projetadas para servir aos interesses de executivos e de empresas. Nos futuros imaginados, "os benefícios da tecnologia são idealizados, suas aplicações são universalizadas e ela é desvinculada de suas relações de poder e sociais constitutivas".[40] Propostas de novos siste-

37 Ibid., p. 5.
38 Jarrett Walker, "The Dangers of Elite Projection". *Human Transit* (blog), 31 jul. 2017.
39 Adrian Daub, *What Tech Calls Thinking: An Inquiry into the Intellectual Bedrock of Silicon Valley*. New York: FSG Originals, 2020, p. 36.
40 Luis F. Alvarez León e Jovanna Rosen, "Technology as Ideology in Urban Governance". *Annals of the American Association of Geographers*, n. 110, v. 2, 2020, p. 500.

mas tecnológicos que enfrentem os problemas surgidos de décadas de construção de cidades e sistemas de transporte pautados pelo automóvel fracassam com mais frequência do que seria desejável em aprender com tentativas similares do passado ou ignoram os novos problemas que foram criados por elas.

A intervenção de empresas de tecnologia no espaço físico não deveria ser vista como um ato altruísta que melhorará a vida dos moradores das cidades, dos subúrbios ou do campo. Assim como no caso dos interesses automotivos do século XX, o objetivo principal das empresas de tecnologia é a formulação de comunidades que sirvam a necessidades de lucro e de controle. Os automóveis e os bairros suburbanos que foram construídos para acomodá-los atomizaram nossas comunidades, promoveram um modo de vida mais individualista e voltado para o consumo e nos tornaram dependentes de um vasto conjunto de interesses corporativos que puderam continuar a extrair lucros de nós porque já não tínhamos outra escolha além de usar as mercadorias e os serviços que nos forneciam. Agora é a vez da indústria de tecnologia. Ela já reconstruiu nossas redes de comunicação de forma que nossas interações sejam facilitadas por hardware e por plataformas digitais que permitem um rastreamento constante, que recolhem dados sobre nós e que se colocam no meio de um número cada vez maior de transações. O plano da indústria de tecnologia envolve o refazimento de nossos ambientes físicos para que ela possa se beneficiar deles da mesma forma.

Cada vez mais nossas casas estão repletas de dispositivos *smart* que enviam o tempo todo relatórios com informações para as corporações que os produzem. Às vezes são vendidos a preço de custo ou abaixo disso, já que conseguir inserir dispositivos nas casas das pessoas pode gerar lucros bem maiores ao longo do tempo do que os obtidos pela venda de uma única peça de hardware. As empresas de tecnologia também estão firmando parcerias com cidades para construir sistemas inteligentes que estendam suas tecnologias por toda a paisagem urbana e por toda a rede de transportes não só para capturar dados em mais locais, mas também para fazer com que precisemos de seus sistemas em mais lugares. Isso não só nos torna mais dependentes dos serviços digitais dos monopólios de tecnologia – e, por extensão, dificulta a ação governamental contra monopólios –, como também aprofunda ainda mais o emaranhamento de nossa vida diária na vasta cadeia de suprimentos que cria toda essa tecnologia, desde as *sweatshops*[41] na Ásia, em que grande parte dela é produzida, até as minas que poluem o ambiente e causam danos a comunidades em todo o Sul global e em áreas periféricas do Norte global.

Em setembro de 2021, o diretor do Instagram, Adam Mosseri, comparou as redes sociais a automóveis depois de uma matéria bastante negativa do *Wall Street Journal* sobre uma pesquisa interna do Facebook que descobriu que a plataforma de compartilhamento de imagens era prejudicial aos jovens, e sobretudo a meninas adolescentes. Em resposta à publicação, Mosseri disse: "Sabemos que mais pessoas morrem em acidentes de carros do que morreriam se eles não existissem, mas, de modo geral, os carros criam bem mais valor para o mundo do que destroem. E acreditamos que as redes sociais são similares".[42] A comparação serviu para minimizar a importância dos danos potenciais que possam ser causados pelo Instagram e pelas redes sociais de modo mais amplo, usando o exemplo dos carros, mas, ao fazê-lo, Mosseri também identificou os limites desse dano às

---

[41] Utilizadas sobretudo na indústria de vestuário, as *sweatshops* ("fábricas de suor", em tradução literal) são locais de exploração intensa, insalubre e perigosa de trabalhadores precarizados e muitas vezes mantidos em condição análoga à escravidão. [N. T.]
[42] "Instagram Boss Adam Mosseri on Teenagers, Tik-Tok and Paying Creators". *Recode Media*, 16 set. 2021.

mortes causadas por acidentes de carro. Mas os automóveis produzem impactos muito maiores do que mortes na estrada: há ferimentos e mortes por poluição do ar, além das formas como a tecnologia exigiu mudanças estruturais em nossos ambientes construídos e sistemas regulatórios, que, por sua vez, produziram consequências significativas em si mesmas.

As redes sociais podem ser comparadas a automóveis, mas não da forma como Mosseri escolheu fazer. No lugar dela, devemos reconhecer como o Facebook, o Instagram e outras plataformas de mídia social remodelaram nossas redes de comunicações e como as utilizamos em prol do interesse das empresas. As consequências negativas geradas por essa transformação – sejam a má influência sobre adolescentes, questões políticas mais amplas quanto ao tipo de informação que elas escolhem amplificar ou qualquer uma das várias outras preocupações que as pessoas possam ter – não são tropeços que surgiram em uma campanha benevolente que pretendia conectar o mundo; elas são resultado da priorização do crescimento, dos lucros e do poder em detrimento do bem comum. Enquanto as empresas de tecnologia buscam estender suas pegadas ao mundo físico, são essas mesmas forças que as estão conduzindo e que influenciam a forma como acreditam que o futuro das cidades deva ser – e, por extensão, a quem os centros urbanos devem servir.

3.
O GREENWASHING DO CARRO ELÉTRICO

Eu gostaria de descrever uma empresa de carros elétricos para você. A empresa em questão introduziu no mercado um veículo que começou a mudar a percepção do público quanto à mobilidade e a induzir a substituição de uma forma mais suja de transporte por outra mais limpa. Ela estava de olho na criação de um monopólio, e abriu seus próprios escritórios e estações de recarga em algumas das principais cidades dos Estados Unidos. Ela imaginava que transformaria a mobilidade não só com seus veículos de propriedade particular, mas também com o fornecimento de serviços sob demanda. Mas nem tudo era perfeito. A companhia lutava contra iniciativas de trabalhadores para buscar aumentos salariais ou a criação de sindicatos, e sua rentabilidade era uma questão séria, em parte porque ela estava com dificuldades para resolver ineficiências em seu processo produtivo e em sua cadeia de suprimentos. Como resultado, ela se engajou em atividades de especulação financeira para custear as próprias operações, expandir seu impacto e expulsar os concorrentes – até que finalmente desmoronou.

Você consegue adivinhar que empresa é essa? Até a última frase, talvez você tenha pensado se tratar da Tesla, a empresa de carros elétricos que Elon Musk assumiu como diretor-executivo em 2008 e cujo nome passou a ser sinônimo do bilionário, sobretudo depois que seus fundadores originais foram expulsos por Musk. Em 2009, a Tesla introduziu o modelo Roadster, visto como um dos grandes responsáveis pela mais recente onda de popularização do carro elétrico – especialmente porque, ao falar sobre o futuro em uma época em que o ambiente político neoliberal parecia ter interditado as esperanças em um mundo melhor, Musk foi alçado à condição de visionário por organizações de mídia de todo o planeta. Que as visões de Musk fossem projetadas para atender a seus próprios interesses acima dos de todos os outros era algo sem importância.

A Tesla voltou sua mira para a conversão dos motoristas de veículos de combustão interna para seus carros elétricos e construiu uma rede própria de lojas ao redor do mundo para negociar diretamente com os consumidores. Seu foco tem sido a venda de veículos, mas Musk também já falou sobre a criação de um serviço de "robotáxi" sob demanda. Ao longo de sua história, a Tesla sofreu com problemas de produção decorrentes em parte de uma confiança excessiva na automação e de uma recusa em aprender as lições de outras montadoras. Como resultado, os empregados das fábricas da Tesla estão sujeitos a índices mais altos de acidentes de trabalho do que o padrão da indústria, e Musk tem sido tão abertamente contrário à sindicalização que, após ameaçar trabalhadores com a perda de benefícios acionários caso se sindicalizassem, foi condenado pelo US National Labor Relations Board [Conselho Nacional de Relações Trabalhistas dos Estados Unidos] pela violação de leis trabalhistas.

A combinação dessas questões resultou no fracasso da Tesla em cumprir com suas metas iniciais de produção e receita, e os lucros relatados vieram da venda de créditos de carbono, e não de veículos elétricos. Mas isso não impediu que o preço das ações da Tesla disparasse no papel para muito além de seu valor real – ou do valor de qualquer outra montadora –, dada a forma como, depois de uma década de taxas de juros praticamente zeradas e de governos que inundaram o mercado com dinheiro via programas de flexibilização quantitativa, os preços das ações de empresas badaladas de tecnologia se desvincularam de seus ganhos concretos. No momento em que este livro é escrito, no entanto, a Tesla ainda não desmoronou. Investidores e seguidores devotos continuam a acreditar que Musk cumprirá todas as suas promessas, e, até que percam a fé, a companhia provavelmente continuará a operar.

Então, se não estávamos falando da Tesla, qual foi a empresa descrita no começo deste capítulo? Ainda que a Tesla receba hoje muita atenção e crédito pela fatia cada vez maior na venda de veículos elétricos – e mesmo que seu brilho tenha sido um pouco ofuscado em anos recentes, conforme mais montadoras apresentaram suas próprias opções movidas a bateria –, os carros elétricos não são uma invenção recente.

Os trabalhos iniciais nessa tecnologia começaram já na década de 1830, e, ao final do século XIX, já havia veículos elétricos nas ruas da Europa e da América do Norte. A carruagem sem cavalos, como ficou originalmente conhecida, representava um aprimoramento significativo com relação ao transporte de tração animal da época. Conforme era adotada em bondes e automóveis, a eletricidade reduzia o espaço necessário para os cavalos e livrava as ruas do esterco que eles deixavam para trás. Na virada do século, três meios de propulsão para as carruagens sem cavalos competiam pela supremacia: o motor a vapor, o motor de combustão interna e a bateria elétrica. Durante aproximadamente uma década, tudo indicava que o veículo elétrico seria o vencedor.

Formada em 1897, a Electric Vehicle Company [Companhia de Veículos Elétricos] (EVC) reuniu vários fabricantes de veículos elétricos com o objetivo de formar um monopólio de transporte nas cidades mais importantes. O historiador David Hirsch explica que, ainda que arrendasse veículos para seus clientes, o enfoque do grupo estava na criação de um sistema abrangente de transporte que "teria sido capaz de operar bondes elétricos onde fossem economicamente viáveis, serviços de ônibus em rotas com menos passageiros e carros elétricos individuais nos locais em que serviços porta a porta fossem necessários".[1] O plano da empresa era ser a proprietária dos automóveis, contratar motoristas, oferecer serviços de manutenção e até mesmo gerar eletri-

---

1   David A. Kirsch, *The Electric Vehicle and the Burden of History*. New Brunswick e London: Rutgers University Press, 2000, p. 30.

cidade através de estações próprias de energia. Foi uma estratégia de monopólio que fez com que, em seu ápice, a EVC se tornasse a maior montadora de carros dos Estados Unidos, mas, depois do lançamento de seus serviços em cidades importantes como Nova York, Chicago, Boston, Filadélfia e Cidade do México, as coisas começaram a mudar no início dos anos 1900.

A EVC era parte de um conglomerado maior, o que a colocou na mira de agentes governamentais que estavam no encalço dos trustes corporativos que dominavam a economia estadunidense – e, ao se expandir rapidamente em uma tentativa de controlar o transporte urbano, a EVC se envolveu com "manobras com ações, manipulação financeira e trapaças jurídicas". Em 1899, as várias companhias no interior da EVC emitiram ações avaliadas em mais de 100 milhões de dólares, uma soma praticamente inédita na época, e outras empresas automotivas fizeram o mesmo. Mas isso não durou muito. Depois de reconhecer que "os preços de ações não necessariamente refletem a realidade operacional", elas entraram em colapso perto do fim do ano – e os problemas da EVC *não acabaram por aí*.[2] Nem as questões financeiras, nem mesmo os problemas identificados na tecnologia das baterias foram as razões principais para a vitória dos motores de combustão interna mais de um século atrás. Na verdade, precisamos olhar para o sistema em que a tecnologia estava inserida como um todo.

Em 1901, a EVC havia abandonado sua visão expansionista, fechado empresas regionais e reorganizado as operações remanescentes em Nova York naquela que foi intitulada a New York Transportation Company [Companhia de Transporte de Nova York], que continuou em operação até 1912. Nesse meio-tempo, porém, os veículos de combustão interna ultrapassaram suas contrapartes elétricas. Os negócios escusos da EVC e de algu-

---

2   Ibid., p. 63.

mas outras empresas de veículos elétricos deram ao produto má reputação aos olhos de alguns consumidores. *The Horseless Age* [A era sem cavalos], uma das principais publicações automotivas da época, chegou até a se envolver por algum tempo em uma campanha contra o veículo elétrico, ao qual chamava "táxis de chumbo" ou "carroças de chumbo" devido a suas baterias de chumbo-ácido, acarretando desconfiança de editores de outras publicações quanto às intenções da *Horseless Age*. Mas David A. Kirsch cita duas razões principais para o fracasso do veículo elétrico e a visão alternativa para o transporte que ele representava.

O primeiro problema estava nos interesses que deveriam ter apoiado o veículo elétrico, mas falharam em fazê-lo ou ao menos não o fizeram com a intensidade necessária. O veículo elétrico era um aliado natural das companhias de eletricidade que estavam conectando residências e, a fim de aumentar as contas de luz, promoviam novos produtos, como lâmpadas e eletrodomésticos, mas elas falharam em efetivamente unir forças com as montadoras. A Association of Electric Vehicle Manufacturers [Associação de Manufatureiros de Veículos Elétricos] foi fundada em 1906, e em 1909 a Electric Vehicle and Central Station Association [Associação de Veículos Elétricos e Estações Centrais] finalmente reuniu produtores de eletricidade, fabricantes de veículos e companhias de armazenamento de baterias. Mas, mesmo então, poucas estações centrais de energia promoviam de maneira ativa o carro elétrico para seus clientes, e possivelmente já era tarde demais para isso. Se esses laços e organizações tivessem se formado uma década antes, a combinação dos interesses elétricos poderia ter derrotado os grupos por trás do motor de combustão interna. Seus esforços contribuíram para um aumento discreto nas vendas de automóveis elétricos, mas irrisórios em comparação ao número crescente de carros com motores de combustão interna, sobretudo depois do início da Primeira Guerra Mundial.

O segundo problema tinha a ver com a produção. A EVC nunca fabricou veículos padronizados, e nenhuma das outras fabricantes de carros elétricos foi bem-sucedida em otimizar seus processos produtivos antes que Henry Ford introduzisse o Modelo T, movido a gasolina. Como resultado, os clientes podiam comprar um veículo de combustão interna a um preço muito mais baixo do que o de sua versão elétrica, e, ainda que fosse mais silencioso, oferecesse uma condução mais suave e desse partida com mais facilidade (os primeiros veículos de combustão interna dependiam do uso de uma manivela manual), o carro elétrico tinha dificuldade de alcançar a concorrência. As desvantagens então percebidas do motor de combustão interna também fizeram com que ele parecesse mais masculino. O motorista de um carro de combustão interna podia dirigir mais rápido e exibir suas habilidades de direção ao mudar de marcha ou até mesmo dar prova de sua destreza mecânica com atos simples de manutenção. O veículo elétrico, por outro lado, era visto como mais adequado às mulheres, que, presumia-se, não tinham nenhuma dessas habilidades.

Como as vendas de veículos de combustão interna dispararam e toda uma infraestrutura de apoio foi construída para eles, os fabricantes de carros elétricos não conseguiram fazer frente a esses desafios – era tarde demais para tentar superá-los. No final dos anos 1920, poucos veículos elétricos foram vendidos fora do setor de transporte rodoviário de cargas.

Depois da Segunda Guerra Mundial, as vendas de automóveis acompanharam a prosperidade do pós-guerra, a expansão dos subúrbios e a construção de mais autoestradas e vias expressas, além do desmantelamento de outras opções de transporte. Contudo, assim como nos anos 1920, as desvantagens do automóvel, e acima de tudo seus custos ambientais, se tornaram evidentes. Los Angeles era a mais importante das cidades automotivas, mas já nos anos 1960 sofria com uma névoa densa e tóxica produzida pelos escapamentos de todos os veículos que iam e vinham das comunidades que se expandiam próximo à bacia. Isso levou o governo federal a investir no desenvolvimento de veículos elétricos melhores, especialmente depois da Crise do Petróleo de 1973. Porém, mais uma vez, projetos da General Motors e da American Motor Company, assim como os veículos que entraram em pequena escala nas linhas de produção – como o Enfield 8000 de dois lugares da Enfield Automotive –, não conseguiram cair nas graças do público. Foi só nos anos 1990 que o carro elétrico recebeu uma atenção mais séria das maiores montadoras, dando início à lenta criação da indústria moderna de veículos elétricos.

Em 2006, dois documentários ambientais pioneiros foram lançados para o público geral. O primeiro, *Uma verdade inconveniente*, partiu de uma série de slides sobre a urgência no enfrentamento da crise climática apresentados pelo ex-vice-presidente dos Estados Unidos Al Gore ao redor do mundo, e foi transformado em longa-metragem. O filme teve impacto no público, foi exibido em escolas de todo o mundo e chegou a ganhar um Oscar de Melhor Documentário de Longa-Metragem. Mas, como o trabalho do próprio Gore realizado nos anos 1990, o filme trazia uma mensagem particular: apresentava a internet como uma ferramenta para o aprimoramento do poder do indivíduo. Os cidadãos poderiam escrever para deputados e senadores e exigir mudanças, mas também estava ao alcance de cada um deles trocar as lâmpadas que usavam, comprar veículos híbridos, começar a reciclar ou mesmo a compostar resíduos. A narrativa parecia empoderadora, entretanto, ao concentrar tanta atenção nas ações particulares, ajudou a transferir a responsabilidade pelas mudanças climáticas dos governos e corporações para os consumidores individuais. Ainda que o enfrentamento da crise climática exija a mudança de sistemas que a maioria das pessoas não tem o poder de alterar, por um longo tempo foi essa a mensagem ambiental dominante.

Um segundo documentário, *Quem matou o carro elétrico?*, usou uma narrativa similar, mas com enfoque nos veículos elétricos. Trata-se de um filme sobre o EV1 da General Motors, o primeiro carro elétrico produzido em massa por uma das principais montadoras dos Estados Unidos. No começo dos anos 1990, a Califórnia determinou que os fabricantes de automóveis teriam que oferecer opções elétricas caso quisessem continuar a vender carros, caminhonetes e caminhões no Estado Dourado,[3] e o EV1 foi o carro de maior destaque a surgir dessa regulamentação. Assim que as montadoras conseguiram revogar a exigência, no entanto, sua produção foi interrompida pela GM, que passou a destruir os veículos conforme os contratos de *leasing* foram vencendo. Isso provocou a ira dos ambientalistas liberais.

Quem matou o carro elétrico? divulga com ainda mais intensidade a ideia de que decisões pessoais de consumo – nesse caso, a compra de um carro elétrico – eram essenciais não apenas para o enfrentamento das mudanças climáticas, mas, dada a Guerra do Iraque que então se desenrolava, também para pôr fim a operações internacionais de combate realizadas pelos Estados Unidos para garantir suprimentos de petróleo. Como artefato do ambientalismo liberal, o filme contém depoimentos de celebridades que contam o quanto adoram seus carros elétricos, e seu diretor desconsidera todo e qualquer questionamento quanto à validade das credenciais ambientais dos veículos elétricos, que caracteriza como estratégia de propaganda da indústria automobilística ou

---

3   Apelido originalmente dado ao estado da Califórnia durante a corrida do ouro, em meados do século XIX, devido às grandes concentrações do mineral na região, mas que passou a se referir também a outras oportunidades de sucesso proporcionadas por seu rápido desenvolvimento. [N. T.]

da petrolífera. Alguns dos argumentos rejeitados pelo filme realmente são falsos, como no caso de estudos da indústria segundo os quais os veículos elétricos produzem mais emissões do que os movidos a gasolina. A verdade é que, mesmo que a eletricidade que alimenta os veículos elétricos seja produzida por fontes fósseis como o carvão ou o gás natural, eles ainda tendem a ser responsáveis por menos emissões de gases do efeito estufa ao longo de sua vida útil. Mas o filme também se recusa a aceitar críticas formuladas por grupos preocupados com a justiça ambiental no sentido de que os principais benefícios da transição para o veículo elétrico seriam colhidos exclusivamente por indivíduos de maior poder econômico. Um especialista entrevistado para o filme afirma que "o ar não sabe quais são as fronteiras entre a cidade de Brentwood e o sul de Los Angeles" – a primeira, uma vizinhança predominantemente branca e mais rica em comparação com as pessoas racializadas e de menor renda que vivem no segundo.

O documentário ilustra como a política climática do final dos anos 1990 e da primeira década dos anos 2000 – que consistia em um ambientalismo voltado para a ação individual e a escolha dos consumidores – se alinhava com o carro elétrico como uma das principais soluções para a crise climática enquanto ignorava como esses veículos continuariam a produzir uma pegada ambiental significativa quando comparados ao deslocamento a pé e ao uso de bicicletas ou do transporte público. Se há alguma dúvida quanto à posição política do filme, basta olhar para a sua continuação de 2011.

Enquanto *Quem matou o carro elétrico?* é sem dúvida um filme ambientalista, *A vingança do carro elétrico* mal menciona os benefícios ambientais que decorreriam de seu uso; esse é, acima de tudo, um filme sobre carros. O diretor segue quatro homens com visões diferentes para a automobilidade elétrica: o CEO da Tesla, Elon Musk, como figura de proa de uma empolgante indústria de tecnologia em ascensão, ao lado de seu concorrente, o vice-presidente e veterano da General Motors Bob Lutz; Carlos Ghosn, a contraparte europeia e asiática de ambos na Renault-Nissan; e Greg Abbott, que tentava lançar na Califórnia uma empresa independente de conversão para veículos elétricos. O sonho de Abbott de abrir uma oficina é destruído ao final do filme, em uma demonstração de como, no fim das contas, a transição para os veículos elétricos será uma luta entre agentes corporativos – e o diretor mostra uma nítida preferência por essa rota. O documentário serviu como um dos artefatos culturais que ajudaram a construir o mito de Elon Musk. Nele, Musk é comparado ao inventor da corrente elétrica alternada, Nikola Tesla, e ao super-herói da Marvel Tony Stark (que se veste como Homem de Ferro), e o filme argumenta que o futuro da indústria automotiva (e do carro elétrico) depende de indivíduos, e não do governo.

Já no sexto minuto do filme, Thomas Friedman, colunista do *New York Times*, aparece na tela para dizer: "Eu não acredito que esse seja um problema a ser resolvido por órgãos reguladores e burocratas. Essa é uma questão que terá de ser solucionada por engenheiros, inovadores e empreendedores". Mas a declaração de Friedman não se sustenta. Décadas de financiamento em pesquisas públicas têm sido essenciais para o desenvolvimento de fontes alternativas de energia, e, historicamente, os reguladores desempenharam um papel importante ao obrigar as empresas automotivas a tornar os veículos mais seguros e eficientes no consumo de combustíveis. Os subsídios do governo também são parte fundamental da mudança para veículos elétricos que está em curso: eles incentivam as companhias a produzi-los e os consumidores a comprá-los.

Além desses documentários, as narrativas sobre os veículos elétricos que têm sido divulgadas nas últimas décadas deixam de lado um contexto importante: os carros só parecem limpos e verdes porque o enquadramento de suas declarações ambientais se limita às emissões de escapamentos, enquanto ignora os danos que perpassam toda a cadeia de suprimentos e a natureza insustentável dos empreendimentos carro-orientados. O argumento de André Gorz de que o automóvel é um produto de luxo cujos danos principais aparecem com sua democratização não se aplica apenas aos veículos de combustão interna; esse também é o caso dos veículos elétricos.

Com efeito, Kirsch afirmou que o enfoque crítico nos motores de combustão interna perde de vista o panorama do automóvel:

> não existe algo como uma tecnologia automotiva ambientalmente favorável [...] As ameaças sociais, financeiras e ambientais com que hoje deparamos como resultado de nossa dependência do petróleo refinado não são culpa da tecnologia de combustão interna *per se*, mas da expansão maciça do sistema de transporte por automóveis.[4]

Em outras palavras, o problema da automobilidade não está apenas no combustível que a faz funcionar, mas em como as empresas e os governos foram bem-sucedidos na reorientação da vida ao redor do automóvel e, em muitos casos, na destruição de alternativas mais eficientes. Tivesse o sistema de transporte evoluído da mesma forma desde os anos 1920, mas usando baterias no lugar de motores de combustão interna, os veículos de passageiros ainda seriam uma fonte de danos ambientais e sociais significativos, em parte por serem tão ineficientes no uso do espaço urbano e de recursos preciosos.

---

[4] D. A. Kirsch, *The Electric Vehicle and the Burden of History*, op. cit., p. 6.

A verdade é que, seja ele produzido pela Tesla, pela General Motors ou por qualquer outra empresa, o veículo elétrico não combaterá os problemas fundamentais de um sistema de transporte construído ao redor dos automóveis. Da mesma forma como a infraestrutura de combustíveis fósseis que se espalhou pelo globo foi reconhecida como uma ameaça ao clima e à própria vida humana, sobretudo a das pessoas que vivem perto dos locais de extração e refino, a indústria da mineração começou uma expansão significativa para sustentar a produção em massa de veículos elétricos, e, a menos que combatamos a importância dada aos veículos de passageiros em nosso sistema de transporte e priorizemos formas mais eficientes de mobilidade, tanto em termos de uso de recursos como da forma de operação, também ela criará sofrimento em massa e danos ambientais.

Em dezembro de 2019, a Tesla – ao lado da Apple, do Google, da Dell e da Microsoft – foi processada na justiça federal dos Estados Unidos em uma ação diferente de tudo o que já havia enfrentado até então. A International Rights Advocates [Defensores Internacionais de Direitos], uma organização de direitos humanos, processou as empresas em nome de catorze famílias da República Democrática do Congo (RDC) por "instigação e cumplicidade com a morte e lesões corporais graves de crianças que, segundo afirmam, trabalhavam em minas de cobalto inseridas na cadeia de suprimentos das rés".[5]

O cobalto é um componente essencial nas baterias de íons de lítio, o que significa que está presente não só na maior parte das tecnologias que utilizamos no dia a dia, mas também nas baterias que alimentam praticamente todos os carros elétricos nas

---

5   Annie Kelly, "Apple and Google Named in US Lawsuit over Congolese Child Cobalt Mining Deaths". *Guardian*, 16 dez. 2019.

ruas. A demanda pelo mineral disparou, e espera-se que cresça muito mais caso a conversão em massa de veículos particulares para baterias elétricas aconteça nas próximas décadas. Entretanto, a RDC domina a cadeia de suprimentos globais de cobalto, e, mesmo que mais minas estejam sendo abertas em outras partes do mundo, o nível de demanda pelo mineral manterá o país em um papel central por bastante tempo. Isso quer dizer que o cobalto que alimenta esses carros elétricos continuará a prejudicar crianças e famílias de comunidades próximas.

A área da RDC em que grande parte da mineração de cobre, níquel e cobalto – além de outros minerais – ocorre está entre os dez locais mais poluídos do mundo. A água foi contaminada, há alta taxa de anomalias de nascença entre a população local e cerca de 40 mil crianças abaixo de 15 anos de idade trabalham em minas artesanais.[6] Supostamente, há uma separação entre as minas industriais administradas por empresas estrangeiras de mineração – das quais supostamente vem o cobalto de nossas baterias – e as minas artesanais que são escavadas a mão e empregam trabalho infantil; mas o pesquisador antiescravidão Siddharth Kara, cujo trabalho preparou o terreno para o processo contra as empresas de tecnologia, fala de famílias que "contam que seus filhos estão trabalhando há anos em locais operados por empresas estrangeiras de mineração".[7] Essas famílias descreveram como, após sofrerem acidentes nas minas, seus filhos foram soterrados no desabamento de túneis ou ficaram paralisados ou feridos de alguma outra forma que afetará o resto da vida deles.

[6] Elsa Dominish, Sven Teske e Nick Florin, *Responsible Minerals Sourcing for Renewable Energy*, relatório preparado para o Earthworks do Institute for Sustainable Futures, University of Technology Sydney, 2019.
[7] Siddharth Kara, "I Saw the Unbearable Grief Inflicted on Families by Cobalt Mining. I Pray for Change". *Guardian*, 16 dez. 2019.

A empresa britânica Glencore foi uma das duas companhias de mineração mencionadas no processo. Seus representantes alegam que não havia trabalho infantil em suas operações na RDC, ainda que as famílias afirmem que seus filhos trabalhavam em uma mina da Kamoto Cooper Company, que é controlada pela Glencore. Nos últimos anos, Elon Musk tem falado sobre baterias sem cobalto, mas em 2020 a Tesla assinou uma parceria de longo prazo com a Glencore para o fornecimento do mineral para novas fábricas em Berlim e em Xangai. Mas esse não é um problema exclusivo da Tesla – ou mesmo da Glencore.

Toda empresa de tecnologia e toda empresa de veículos elétricos usam minerais que produzem impactos negativos em trabalhadores, no clima e nas comunidades vizinhas às minas. Mineradoras multinacionais sediadas nos Estados Unidos, no Canadá e na Austrália têm uma reputação particularmente ruim pela atividade de extração ao redor do mundo, e, à medida que a adesão ao transporte elétrico comece a decolar, será necessária uma oferta muito maior de diversos minerais e metais para produzir baterias. Haverá consequências especialmente negativas para comunidades em partes do Sul global e também no Norte global, em locais remotos e pertencentes a povos originários.

A indústria global de mineração tem uma pegada ecológica significativa, tanto em termos de emissão de gases do efeito estufa como de danos causados aos ambientes locais em que as minas são construídas. Dentre as minas controladas pelas seis maiores companhias de mineração, 70% estão em regiões desprovidas de quantidades suficientes de água.[8] Ainda que os veículos elétricos não sejam o único motivo para o aumento na demanda por recursos, a MiningWatch Canada revela que, sem

---

8   Kirsten Hund et al., "Minerals for Climate Action: The Mineral Intensity of the Clean Energy Transition". Banco Mundial, 2020.

mudanças significativas na forma como organizamos nossas redes de transporte, "estima-se, atualmente, que as baterias para veículos elétricos sejam as principais destinatárias dos metais e materiais adicionais necessários para a transição energética".[9] Nesse sentido, a International Energy Agency [Agência Internacional de Energia] relatou em 2020 que o cumprimento das metas do Acordo de Paris voltadas à contenção do aquecimento global bem abaixo de 2 °C resultará na quadruplicação da demanda mineral total já em 2040, mas a distribuição dessa demanda não é uniforme entre as diferentes tecnologias. Estima-se que os veículos elétricos respondam por uma maioria significativa do aumento de demanda, e parte expressiva dela – cerca de 80% – se destinará a veículos de passageiros e a veículos comerciais leves.[10] Ainda que o aumento da intensidade mineral não signifique que os veículos elétricos gerem mais emissões do que os veículos convencionais, a proporção significativa da demanda ligada aos veículos de passageiros ilustra por que não podemos simplesmente substituir tudo o que antes era movido por combustíveis fósseis por produtos equivalentes alimentados por baterias. Precisamos de uma transformação mais fundamental dos sistemas com que interagimos todos os dias, incluindo o de transporte, para minimizar a quantidade de recursos a serem extraídos e reduzir – e, onde for possível, eliminar – as emissões de gases do efeito estufa.

As baterias dos veículos elétricos exigem todo um conjunto de metais e minerais, como alumínio, cobre, manganês e vários elementos de terras raras, mas alguns de seus componentes mais importantes são o cobalto, o níquel e a grafite. Como parte de

---

[9] "Turning Down the Heat: Can We Mine Our Way out of the Climate Crisis?". *MiningWatch Canada*, nov. 2020.
[10] "The Role of Critical Minerals in Clean Energy Transitions". *International Energy Agency*, maio 2021.

suas projeções agressivas de desenvolvimento sustentável, a International Energy Agency estimou que a demanda por lítio e níquel para a fabricação de baterias veiculares crescerá mais de 4.000% entre 2020 e 2040, em comparação com 2.000% para o cobalto, o cobre e a grafite – mas essas previsões supõem que o sistema de transporte continue a priorizar os veículos particulares.[11] Pesquisadores da Universidade de Tecnologia de Sydney fizeram alertas similares de que a demanda por cobalto para a produção de baterias poderá exceder as reservas existentes – no que se refere à quantidade disponível de recursos de extração economicamente viável – caso a eletrificação completa dos sistemas de energia e transporte ocorra até 2050, e, a menos que haja um aumento significativo na reciclagem, o mesmo pode ser verdade para o lítio.[12] Não só essas cifras indicam preocupações ambientais e problemas potenciais de oferta; a reciclagem de resíduos eletrônicos tem sido tradicionalmente uma indústria muito suja e perigosa, com o despejo de aparelhos em países do Sul global no lugar da reciclagem adequada ao fim da vida útil. Um percentual muito pequeno do lítio usado hoje é reciclado, e, quanto menos for reutilizado, mais terá que ser extraído.

A Austrália é atualmente a maior produtora de lítio, mas espera-se que os países do "triângulo do lítio", na América do Sul – Argentina, Bolívia e Chile –, a ultrapassem como principais fornecedores para o *boom* na demanda global que se aproxima. Estima-se que a região contenha mais da metade das reservas de lítio do mundo,[13] e sua extração exige o bombeamento de vastas quantidades de salmoura para posterior evaporação. O processo exige muita água, e, conforme a quantidade de salmoura se reduz,

---

11   Ibid.
12   E. Dominish, S. Teske e N. Florin, "Responsible Minerals Sourcing for Renewable Energy", op. cit.
13   "Mineral Commodity Summaries 2021". *U.S. Geological Survey*, 2021.

o lençol freático diminui e puxa água fresca de fontes próximas – e, por extensão, das comunidades que dependem delas.[14] Além disso, as atividades das mineradoras de lítio na América Latina já poluíram fontes de água locais, o que afeta a vida selvagem e os povos indígenas, e os benefícios fiscais da mineração raramente são compartilhados com as comunidades circundantes.

Ainda que muitos dos minerais essenciais para os veículos elétricos possam ser extraídos de uma série de países ao redor do mundo, a produção existente tende a ser mais geograficamente concentrada do que a do petróleo e a do gás natural, e novos projetos podem levar muitos anos para serem iniciados. No curto e médio prazos, isso poderia criar oportunidades políticas ou desafios para os países que já produzem ou que dispõem de reservas significativas. Em novembro de 2019, por exemplo, a Organização dos Estados Americanos afirmou que houve irregularidades na contagem de votos na eleição boliviana, o que ajudou a pavimentar o caminho para um golpe contra o presidente de esquerda Evo Morales. Análises posteriores mostraram de modo conclusivo que não houve fraude eleitoral, e, quando uma nova eleição foi realizada em outubro de 2020, o candidato do partido de Morales teve uma vitória esmagadora. Essa série de eventos foi importante por muitos motivos, mas sua relevância, aqui, está no papel que o lítio desempenhou nas narrativas em torno dela.

Morales declarou que o golpe havia sido organizado pelos Estados Unidos a fim de garantir acesso às vastas reservas de lítio da Bolívia – um argumento que ganhou força quando Musk respondeu a um *tweet* sobre as afirmações de Morales com uma postagem: "Daremos golpe em quem quisermos! Vocês vão ter que aceitar isso". É muito improvável que a derrubada de Morales tenha realmente sido um "golpe de lítio", e é ainda menos

---

14 Thea Riofrancos, "What Green Costs". *Logic Magazine*, 7 dez. 2019.

plausível que o *tweet* de Musk tenha sido algo além de uma demonstração de arrogância, mas a situação sugere o potencial de ações futuras similares conforme a dependência desses recursos aumente.

Da mesma forma que os países em que há produção de petróleo criaram a Organização dos Países Exportadores de Petróleo (OPEP) em 1960 – um cartel que conferiu a seus membros influência significativa sobre os preços internacionais do insumo –, países com minerais essenciais como o lítio podem fazer algo parecido nos próximos anos. Ainda assim, ao longo dessas mesmas décadas, os Estados Unidos e outros poderes imperiais derrubaram governos e travaram guerras para ganhar e assegurar o acesso a combustíveis fósseis. Caso mudemos de uma economia baseada na extração de combustíveis fósseis para outra baseada no grande aumento da extração de metais e minerais específicos, países poderosos poderão tomar atitudes similares para garantir seus suprimentos minerais – assim como fazem hoje em dia com o petróleo, o gás natural e outras mercadorias cruciais.

Há um risco significativo de que a mudança para uma economia "verde" que dependa intensamente de maior extração não contestará o longevo relacionamento neocolonial em que países poderosos no Norte global extraem recursos e riqueza de países do Sul global, mas dará continuidade a ele. Nos últimos anos, à medida que a pressão para que algo seja feito contra a crise climática tem aumentado, os governos do Norte estão deixando claro que esse é o caminho que pretendem seguir. Mas o futuro extrativo que eles estão adotando também tem implicações para as respectivas populações.

Durante o Super Bowl de 2021, a General Motors bancou uma inserção comercial bastante cara para mostrar seu compromisso com os veículos elétricos. No anúncio, Will Ferrell brincou com o desejo dos estadunidenses de serem o "número 1" em tudo, explicou que a Noruega estava muito à frente na venda de veículos elétricos *per capita* e afirmou que os Estados Unidos não poderiam deixar que o país nórdico vencesse a corrida pela eletrificação da frota automotiva.

Depois de matar o EV1 mais de duas décadas antes, a GM quer que os consumidores e os governos acreditem que desta vez está levando os veículos elétricos a sério. Para isso, ela está comprometida com o lançamento de trinta novos modelos elétricos até 2025 e estabeleceu como meta encerrar a produção de carros a gasolina até 2035. Outras montadoras estão assumindo compromissos similares, como na promessa da Ford de vender apenas veículos elétricos na Europa até 2030 e na jogada da Volkswagen de dobrar a aposta em carros elétricos após o escândalo das emissões dos automóveis que produz.[15] Muitos desses planos seguem medidas legislativas do mundo todo voltadas à descontinuação da venda de veículos de combustão interna, mas, como as baterias necessárias para todos esses carros dependem de uma extração significativa de recursos, as empresas já estão tentando evitar controvérsias futuras.

A General Motors anunciou um projeto para adquirir parte do lítio usado em suas baterias diretamente dos Estados Unidos, com a promessa de uma produção sem rejeitos e com emissões menores do que as de outros métodos de extração, enquanto a Mercedes-Benz prometeu que só compraria lítio e cobalto de

---

15   Entre 2009 e 2015, a Volkswagen programou alguns de seus motores a diesel para que ativassem os controles de poluentes apenas durante a realização de testes laboratoriais para a medição de emissões, como descoberto em 2013 pelo Conselho Internacional de Transporte Limpo (ICCT) e pela Universidade de West Virginia; no entanto, em condições reais de uso os cerca de 11 milhões de veículos envolvidos na fraude (e vendidos em todo o mundo) emitiam uma quantidade até quarenta vezes maior de óxido de nitrogênio – um dos principais poluentes da combustão do óleo diesel – do que o limite estabelecido pelo governo dos Estados Unidos. [N. T.]

zonas certificadas de mineração. Enquanto isso, representantes da Volkswagen viajaram para o deserto do Atacama, no Chile, para mostrar o compromisso da empresa com a extração sustentável do lítio, e a BMW encomendou um estudo sobre métodos sustentáveis de extração. Mais uma vez, essas ações são exemplos de uma tendência em toda a indústria e, ainda que pareçam positivas, não significam que já não precisamos mais nos preocupar com os efeitos humanos e ambientais da mineração.

A cientista política Thea Riofrancos argumentou que os compromissos das montadoras com a sustentabilidade visam acima de tudo tranquilizar consumidores e investidores preocupados com o meio ambiente e com a governança ambiental, social e corporativa das empresas.[16] A transição para os veículos elétricos representa uma oportunidade inédita de aumento das vendas de automóveis com a conversão da frota para o uso de baterias; e a prática daquilo que é, efetivamente, um tipo de *greenwashing*[17] ajudará a garantir que esse aumento se concretize. Mas a forma que a mudança acabará por assumir será determinada por políticas governamentais. Os governos não só estão oferecendo apoio para a construção de infraestrutura para veículos elétricos e para o incentivo à adesão dos consumidores, como também estão garantindo que os minerais necessários estarão disponíveis.

Com Donald Trump fora do governo dos Estados Unidos, o presidente Joe Biden e o secretário de Transportes Pete Buttigieg colocaram o veículo elétrico no centro do projeto do Partido Democrata para a redução de emissões. Biden passou a campanha presidencial falando sobre a necessidade de "autoestradas verdes" equipadas com carregadores de bateria e se comprome-

16   T. Riofrancos, "Brine to Batteries". *Harvard Radcliffe Institute*, 22 abr. 2021.
17   Às vezes traduzido como "maquiagem verde" ou "lavagem verde", o termo *greenwashing* se refere à falsa atribuição de uma aparência de sustentabilidade a produtos e serviços, de modo a camuflar seus impactos ambientais nocivos. [N. T.]

teu a desenvolver cadeias de suprimentos domésticas para os minerais-chave necessários para os veículos e para a energia renovável. Ainda assim, esses projetos produzem efeitos negativos não só em ambientes locais, como em comunidades indígenas situadas nas proximidades.

As empresas estão enfrentando uma oposição considerável conforme buscam abrir novas minas para alimentar o impulsionamento dos veículos elétricos pelas montadoras estadunidenses. Houve propostas de minas de cobre em Minnesota, mas a extração ameaça a vida selvagem local e, no passado, já foi rejeitada por membros do gabinete de Biden. Os nativos norte-americanos estão preocupados com a possibilidade de que uma mina de cobre planejada para o Arizona venha a destruir locais sagrados, enquanto uma mina em Idaho para a extração de ouro e antimônio poderá envenenar áreas de pesca. A Califórnia está considerando a extração de lítio do Salton, o grande lago salino que é considerado um dos piores desastres ambientais do estado, mas comunidades latinas que vivem nas proximidades se perguntam o que isso significará para elas, que já sofrem com altos índices de asma e de problemas respiratórios. Ainda assim, a ideia de maior destaque entre todos esses projetos polêmicos é a da mina de lítio planejada para a Thacker Pass, em Nevada, cujos impactos sobre espécies locais preocupam ambientalistas e cuja necessidade significativa de água deixou fazendeiros em alerta. Uma coalizão de povos indígenas locais também protestou contra a mina e se uniu a uma ação judicial mais ampla contra o projeto movida por ambientalistas, grupos de auditoria cidadã e um pecuarista local.[18]

---

18 Cf. Ernest Scheyder, "To Go Electric, America Needs More Mines. Can It Build Them?". *Reuters*, 1 mar. 2021; Julie Cart, "Will California's Desert Be Transformed into Lithium Valley?". *CalMatters*, 25 fev. 2021; Kirk Siegler, "These Tribal Activists Want Biden to Stop a Planned Lithium Mine on Their Sacred Land". NPR, 2 set. 2021; Maddie Stone, "The Battle of Thacker Pass". *Grist*, 12 mar. 2021.

Mas os olhos dos Estados Unidos também se voltam para o norte em busca de importações significativas de minerais. Uma fonte no governo disse à *Reuters* que o país vê o Canadá como "uma espécie de '51º estado' para fins de suprimentos minerais",[19] e, dada a integração continental da produção de automóveis, não é de espantar que o Canadá tenha adotado um plano similar. Em setembro de 2020, o governo canadense anunciou a intenção de se tornar um líder mundial na produção de baterias para carros elétricos com a expansão da mineração doméstica. O plano foi ratificado quando o primeiro-ministro canadense, Justin Trudeau, se encontrou virtualmente com o presidente Biden em fevereiro de 2021 e concordou em colaborar "na construção da cadeia de suprimentos necessária para tornar o Canadá e os Estados Unidos líderes globais em todos os aspectos do desenvolvimento e da produção de baterias".[20]

Do cobalto nos Territórios do Noroeste às terras raras e ao níquel em Labrador, passando pelo grafite e pelo lítio em Quebec, há vastos recursos minerais a serem extraídos por todo o país. Entre 2014 e 2018, os investimentos na mineração de lítio no Quebec dispararam 789%, e o governo da província está ativamente tentando desenvolver a indústria.[21] Mas, conforme as pressões extrativistas aumentam, quem com frequência sofre as consequências são as comunidades. Recentemente, por exemplo, a mineradora australiana Sayona tentou enganar o público para evitar a análise ambiental adequada de uma mina de lítio que pretendia abrir a noroeste do Quebec – mesmo depois de uma

---

19 Ernest Scheyder e Jeff Lewis, "Exclusive: U.S. Looks to Canada for Minerals to Build Electric Vehicles: Documents". *Reuters*, 18 mar. 2021.
20 "Roadmap for a Renewed U.S.-Canada Partnership". Gabinete do primeiro-ministro do Canadá, 23 fev. 2021.
21 Caitlin Stall-Paquet, "The Hidden Cost of Rechargeable Batteries". *The Walrus*, 8 jun. 2021.

mina próxima, de propriedade da North American Lithium, ter sido responsável por oito acidentes ambientais entre 2013 e 2018 antes de ir à falência.

Os projetos canadenses de mineração tendem a ser responsáveis por danos ambientais significativos, e esses danos têm mais chances de afetar comunidades indígenas do que canadenses colonos. Nos últimos anos, os povos indígenas do Canadá protestaram contra a expansão da mina de ferro de Baffinland, em Nunavut, declararam uma moratória no desenvolvimento do projeto Ring of Fire [Anel de Fogo] para extração de cromita ao norte de Ontário e interromperam a abertura de uma mina de ouro e de cobre na Colúmbia Britânica. Nesse último caso, Francis Laceese, chefe eleito pelos Tl'esqox, disse, diante da forma como seu povo tem tido constantemente que lutar para que seus direitos sejam respeitados pelo Estado canadense, que "o genocídio está acontecendo, ele ainda não acabou".[22]

Esforços para a criação de cadeias domésticas de suprimentos minerais não são um fenômeno exclusivamente norte-americano, no entanto. Como reconhecido pelo anúncio da GM, a Europa está à frente da América do Norte na adoção de veículos elétricos, e o continente pretende que suas principais montadoras mantenham a posição de agentes dominantes na transição dos motores de combustão interna para as baterias. Em 2020, a Comissão Europeia divulgou uma estratégia para matérias-primas essenciais a fim de aumentar os suprimentos domésticos de minerais como lítio e terras raras, de modo a diminuir sua dependência da China e de outros países de Terceiro Mundo. Ainda assim, depois de décadas de fechamento de minas europeias e de terceirização tanto da extração de matérias-primas quanto dos

---

[22] Emilee Gilpin, "Tilhqot'in Nation Sends Mining Company Home in Peaceful Protest". *National Observer*, 2 jul. 2019.

danos dela decorrentes para outras partes do mundo, o projeto está encontrando resistência. As minas tendem a se situar nos países mais pobres da União Europeia, a leste e ao sul, ou em áreas remotas, como nas terras do povo Sámi, no norte da Europa. Em abril de 2021, Portugal cancelou um projeto para uma mina de lítio depois de encontrar oposição local, mas isso não significa que os esforços de expansão tenham chegado ao fim. O país já é o maior fornecedor de lítio da Europa e planeja expandir sua produção para colher os benefícios da demanda crescente.

Mesmo quando "volta para casa", ainda é necessário que a mineração esteja fora da vista e dos pensamentos da maioria dos consumidores ricos cuja culpa ambiental pretende ser aplacada pelos carros elétricos. De todo modo, ela não é o único problema da adoção em massa de veículos elétricos, e os países nórdicos, entre eles a Noruega, ilustram algumas das outras questões.

Diferentemente do afirmado por Friedman em *A vingança do carro elétrico*, a Noruega está derrotando os Estados Unidos nas vendas *per capita* de veículos elétricos porque o governo elegeu sua adoção como meta política explícita. As pessoas que adquirissem carros elétricos teriam isenção do imposto sobre o valor agregado incidente sobre os veículos, evitariam taxas de importação e de uso de ruas, receberiam descontos de estacionamento, dirigiriam em corredores de ônibus e usufruiriam de outras vantagens. Várias leis na América do Norte têm oferecido subsídios para estimular as pessoas a comprar automóveis elétricos, mas nenhuma delas introduziu um sistema de estímulos tão abrangente como os que existem na Noruega.

Ainda que esses benefícios tornem os carros elétricos atraentes para os consumidores, todo esse dinheiro público é gasto de forma desproporcional com uma fatia relativamente rica da população – o que não é a forma mais eficiente de encorajar uma redução em emissões que também garanta um sistema de transporte igualitário. Quando pesquisadores das universidades de Sussex e de Aarhus conversaram com mais de 250 especialistas de países nórdicos sobre mobilidade elétrica, esses estudiosos mencionaram a questão da cadeia de suprimentos, mas sua maior preocupação estava relacionada à equidade no transporte da região. Um dos especialistas disse aos pesquisadores que, "no começo, pensei que as reações negativas aos carros da Tesla fossem motivadas por inveja e despeito. Mas, depois de pensar um pouco mais sobre o assunto, essa é uma reação racional e emocional. Por que deveríamos perder dinheiro para que os ricos paguem menos em carros caros, de luxo?".[23] Desde que essa afirmação foi feita, a variedade de carros elétricos cresceu e a Tesla já não é a única opção no mercado, porém os modelos a bateria ainda tendem a ser mais caros que os veículos convencionais.

Os pesquisadores apontaram como, no mundo todo, os carros elétricos tendem a ser comprados por indivíduos de renda mais alta – e isso significa que são essas as pessoas que estão recebendo os subsídios e os outros privilégios que acompanham a propriedade dos automóveis. Os estadunidenses estão em uma situação ainda pior do que os noruegueses nesse aspecto, já que o crédito em impostos federais para motoristas que adquiram veículos elétricos está vinculado às montadoras, de modo que, uma vez que elas vendam 200 mil veículos *plug-in*, os incentivos serão reduzidos e, por fim, eliminados. Como são os ricos que estão na linha de frente da compra de veículos elétricos caros, isso significa que são também eles os principais beneficiários do programa – o que representa um outro problema. Os pesquisadores mostraram que nem sempre essas pessoas compram

---

23   Benjamin K. Sovacool et al., "Energy Injustice and Nordic Electric Mobility: Inequality, Elitism, and Externalities in the Electrification of Vehicle-to-Grid (V2G) Transport". *Ecological Economics*, n. 157, 2019, p. 211.

veículos elétricos pelos benefícios ambientais. O carro elétrico não será o único veículo delas – e dificilmente será o veículo principal. Isso significa que os benefícios ambientais são diluídos, já que não há uma substituição integral do uso que se faria de um carro de passeio ou de um suv convencionais.

No veículo de combustão interna, a maioria dos impactos ambientais vem da queima da gasolina ou do diesel que o abastece, mas os carros elétricos são diferentes. Não há emissões por escapamento, e as emissões da rede elétrica dependem da fonte de eletricidade que a abastece. As emissões serão muito mais baixas, por exemplo, nas hidrelétricas que abastecem a Noruega ou nas usinas nucleares que alimentam a França do que na Alemanha, cujas necessidades energéticas são supridas com muito mais carvão e gás natural – mas todos esses casos ainda produziriam menos impactos ambientais do que o abastecimento de um tanque com gasolina ou diesel. Contudo, o veículo elétrico também conta com emissões decorrentes da produção da bateria e de tudo o que vai nela, e essas emissões podem ser consideráveis, sobretudo porque variam com base no local em que a bateria é fabricada. Baterias feitas na Ásia, por exemplo, tendem a deixar pegadas ambientais maiores do que as vindas da Europa, já que as redes de energia que abastecem as fábricas asiáticas usam fontes mais sujas.

Ainda que a Tesla se venda como uma montadora determinada a salvar o mundo com a substituição de todos os veículos que estão na rua por carros elétricos – uma proposta que em si mesma já é ambientalmente duvidosa –, suas ações recentes nos dão motivos para questionar esses compromissos ambientais. À medida que sua produção é transferida para a China, com o projeto de uma megafábrica em Xangai, as emissões da empresa vêm subindo. Mas esse aumento não se dá apenas por sua expansão ou pela produção de mais veículos; as emissões na produção de cada veículo individual também estão crescendo, o que significa que precisarão durar mais tempo a fim de garantir que as emissões totais ao longo de sua vida útil – a quantidade total emitida desde a produção até que saiam das ruas – sejam inferiores às dos veículos convencionais.[24]

A fábrica da Tesla no estado de Nevada supostamente extrairia eletricidade dos painéis solares que revestem seu telhado, mas a empresa não terminou de instalá-los. Além disso, os veículos ali produzidos têm fama de serem mal construídos, os clientes reclamam constantemente de problemas com os carros e há relatórios que detalham a grande quantidade de peças desperdiçadas no processo de montagem. À medida que os veículos vão ficando velhos, a Tesla vem fazendo centenas de milhares de *recalls* para tudo, desde problemas no trem de força até falhas de *touchscreen*. Tenhamos em mente que a empresa só produziu seu milionésimo carro em 2020. A Tesla chegou a dizer aos agentes regulatórios que suas telas *touch* eram projetadas para funcionar apenas de cinco a seis anos, bem menos do que a vida útil média de um veículo. A empresa pode até ter uma marca forte, mas seus veículos não são feitos para durar – o que deveria colocar ainda mais em dúvida sua reputação "verde".

Nos últimos anos, a Tesla também tem lançado veículos maiores – incluindo seu conceito para o Cybertruck, cujo design parece se inspirar em ficções científicas distópicas –, no que foi acompanhada por outras montadoras, que divulgaram vários SUVs, caminhões, caminhonetes e até mesmo um Hummer elétricos. Esses veículos não só exigirão baterias maiores, o que significa mais materiais extraídos por unidade, mas também poderão acirrar a poluição local.

---

24 Dave Fickling, "Elon Musk Should Come Clean: Tesla's Emissions Are Rising". *Bloomberg*, 17 fev. 2021.

Ainda que os carros elétricos não tenham escapamentos, essa não é a única fonte de poluição local do ar a produzir névoa tóxica e causar uma série de problemas de saúde, incluindo mais de 53 mil mortes prematuras por ano só nos Estados Unidos.[25] Os materiais específicos que poluem o ar também vêm do desgaste dos pneus, das pastilhas de freio e da movimentação da poeira que se acumula sobre o asfalto. Essas partículas são incrivelmente pequenas e, ainda que os veículos elétricos tendam a produzir menos das variedades inferiores a 10 micrômetros, conhecidas como PM10, os carros a bateria mais pesados que são cada vez mais propagandeados na América do Norte em geral produzem uma quantidade maior de partículas menores de 2,5 micrômetros, ou PM2.5, as mais prejudiciais à saúde humana.

O material particulado permanece na região em que o veículo é conduzido, mas uma preocupação final com a justiça ambiental e social acompanha a adoção dos carros elétricos. Assim como a extração já é terceirizada para locais em que a maioria dos motoristas não pode vê-la, também as emissões decorrentes da produção da eletricidade que alimenta os veículos podem ser desproporcionalmente transferidas para comunidades mais pobres e rurais, nas quais há maior probabilidade de instalação de usinas. Isso significa que as comunidades mais ricas e mais propensas a adotar carros elétricos terão menos emissões provenientes de veículos com escapamento, mas a poluição produzida todas as noites com a recarga de seus carros será respirada pelas pessoas que tenderão a morar perto das instalações onde a eletricidade é gerada – e, quando esses processos usarem combustíveis fósseis, os residentes próximos (que em geral auferem rendas menores e são minorias racializadas e

---

25   Fabio Caiazzo et al., "Air Pollution and Early Deaths in the United States. Part I: Quantifying the Impact of Major Sectors in 2005". *Atmospheric Environment*, n. 79, 2013.

que ainda dirigem veículos com motores de combustão interna) carregarão o fardo da poluição do ar.

No fim das contas, há consequências graves para a justiça ambiental e social quando consideramos como transformar nosso sistema de transporte para reduzir emissões e enfrentar os outros desafios surgidos com a adoção em massa de automóveis particulares. Um dos especialistas nórdicos explicou que "em 2016 o proprietário individual típico de um Model x da Tesla recebeu incentivos cujo valor poderia ser usado para pagar 30 mil viagens nos ônibus e no sistema de metrô de Oslo",[26] o que ajuda a ilustrar o problema: continuar focando o automóvel perpetua os benefícios da elite que sempre foi a principal destinatária das vendas e do uso de carros. Em última instância, um sistema de transporte mais igualitário e com maior consciência ambiental exigirá a redução do uso de automóveis, independentemente de como eles sejam abastecidos, e a adoção de outras formas de mobilidade que não só produzam menos emissões por pessoa, mas também ofereçam uma rota para a reimaginação de nossas comunidades de um modo que não dependa da abertura de espaço para os carros.

Mais de cem anos atrás, houve uma década em que parecia que o veículo elétrico definiria o futuro da mobilidade pessoal, mas essa esperança foi frustrada por uma falta de coordenação da indústria e pela maior eficiência das práticas industriais da Ford. Agora, os carros elétricos voltaram dos mortos e, diante da crise climática, oferecem um dos elementos para a solução abrangente que será necessária para o enfrentamento de grande parte do problema: a redução de emissões no transporte. Ainda assim, não podemos nos deixar levar pelos argumentos limitados a favor dos veículos elétricos defendidos pela indústria e

[26] B. Sovacool, "Energy Injustice and Nordic Electric Mobility", op. cit., p. 211.

por ambientalistas liberais que ignoram as consequências mais amplas da mudança que propõem.

É quase garantido que os fãs da Tesla e os entusiastas das clean-tech aparecerão em toda iniciativa on-line de chamar atenção para os problemas da adoção em massa de veículos elétricos para dizer que as pessoas preocupadas com esses assuntos estão mancomunadas com a indústria do petróleo. Mas não é esse o argumento defendido neste capítulo. Precisamos fazer a transição para fora dos combustíveis fósseis, e isso precisa acontecer bem mais rápido do que os governos estão propondo, caso pretendamos manter o aquecimento abaixo dos 1,5 °C – uma meta que, é verdade, parece cada vez mais inalcançável a cada ano que passa sem a adoção de ações adequadas. No entanto, também precisamos analisar o sistema que está sendo criado com as tentativas de substituir a maioria dos veículos a gasolina e diesel por carros elétricos.

Qualquer pessoa que veja a transição pelas lentes da justiça social e ambiental, e não apenas como uma oportunidade para extrair ganhos econômicos, deve reconhecer que ela oferece uma oportunidade rara para repensarmos como esses sistemas são organizados. Como Kirsch observou, o problema central da adoção em massa de veículos particulares não é o fato de que eles usam combustíveis fósseis, mas sim que são inerentemente insustentáveis em razão do espalhamento das comunidades que eles exigem e de quão ineficientes são no uso de recursos. Não podemos cair no erro de ignorar a pegada ambiental global deixada pela fabricação de mais de 1 bilhão de automóveis elétricos em substituição a todos os veículos particulares do mundo simplesmente porque os danos graves produzidos por essa empreitada estarão longe da vista da maioria dos consumidores.

Os problemas com os combustíveis fósseis não começam nem terminam com as mudanças climáticas. A extração, o refino e o transporte desses combustíveis também causam danos ambientais terríveis e que estão muito bem documentados. Em Alberta, os amplos lagos de rejeitos deixados pela extração de betume poluem o ambiente; no Golfo do México, os efeitos do vazamento de petróleo da BP ainda estão sendo sentidos mais de uma década depois; por toda a América do Norte, grupos de indígenas e de ativistas estão constantemente lutando para impedir a construção de oleodutos em razão dos danos e do risco que representam para suas comunidades – isso sem falar nos prejuízos impostos ao Sul global por empresas mineradoras e petrolíferas. Riofrancos alertou que um sistema de transporte centrado em carros elétricos ameaça criar um extrativismo verde que subordina "os direitos humanos e os ecossistemas à extração interminável em nome da 'resolução' das mudanças climáticas", e que com isso ignora "os danos bastante reais infligidos sobre humanos, animais e ecossistemas".[27]

Com o alinhamento dos interesses da indústria de tecnologia, das montadoras e de outros setores influentes ao redor dos veículos elétricos, somado a governos neoliberais que os enxergam como uma forma de mostrar que estão fazendo alguma coisa concreta para enfrentar as mudanças climáticas ao mesmo tempo que tentam aumentar os postos de trabalho nos setores manufatureiro e de extração de recursos, há um incentivo claro voltado a minimizar a importância dos danos ambientais. Os carros elétricos também podem abastecer um novo *boom* de commodities que criará pressões adicionais pela rápida abertura de novas minas e pela expansão da produção, em vez da tomada do tempo necessário para trabalhar com as comunidades e decidir onde a mineração deve ocorrer, como seus impactos poderão ser mitigados e quais tipos de apoio deveria haver caso os residentes sejam afetados ou precisem se mudar.

27 T. Riofrancos, "What Green Costs", op. cit.

Será necessário extrair minerais para a eletrificação do transporte e para a construção da energia renovável, mas a quantidade desses recursos dependerá de vários fatores. A reciclagem terá de aumentar muito, e esperar que as forças do mercado desenvolvam técnicas de reciclagem – o que, em essência, transforma a decisão quanto ao que será reciclado em uma questão de lucratividade do processo – não bastará.

Em vez de tentar fazer com que a escala dos veículos elétricos particulares alcance a dos carros particulares a gasolina ou diesel, a ênfase deveria estar em fazer com que as pessoas troquem os carros pelo transporte público ou pela bicicleta, com a construção de comunidades mais propensas à caminhada nas quais os serviços necessários estejam mais próximos de casa. Os ônibus e as bicicletas elétricos, por exemplo, usam bem menos minerais por pessoa do que os carros particulares, e o tamanho das baterias dos ônibus pode ser ainda mais reduzido caso haja cabos suspensos capazes de carregá-las durante o trajeto, e não apenas nos estacionamentos dos terminais.

A continuidade de nossa dependência dos automóveis não resolverá a forma como o sistema de transporte existente alimenta a crise climática e a destruição de ambientes locais em todo o mundo. Ainda que a conversão de veículos de combustão interna para carros elétricos possa reduzir a pegada de carbono total do sistema de transporte, isso não será suficiente para o enfrentamento da contribuição do transporte para as mudanças climáticas, tampouco bastará para atenuar outros problemas sociais e de saúde graves que resultam do automóvel e das comunidades que eles criaram. Quando olhamos de modo mais amplo para as soluções de transporte oferecidas pela indústria de tecnologia, descobrimos que sua recusa em lidar com os desafios que surgem da dominância dos automóveis é um problema comum.

4.
O ATAQUE DA UBER CONTRA AS CIDADES E O TRABALHO

Em 1914, um novo desafio surgiu nas ruas dos Estados Unidos. Os dias dos veículos elétricos estavam contados, as vendas de seus equivalentes movidos a motores de combustão interna cresciam a cada ano e os bondes continuavam a ser a forma mais importante de deslocamento para os residentes das cidades. Devido à recessão daquele ano, no entanto, muitos desempregados que precisavam encontrar formas alternativas de renda se voltaram para o transporte irregular de passageiros.

A produção do Modelo T da Ford havia começado em 1908, e, por isso, já em 1914 era possível encontrar modelos usados a preços menores. Esse era o caso especialmente em Los Angeles, onde o automóvel era mais comum do que em qualquer outro lugar do país. Ainda que a maior parte das pessoas continuasse a usar os bondes, cuja passagem custava em geral cinco centavos, algumas delas sentiram que havia espaço para outro serviço que não estivesse limitado aos trilhos, que fosse dotado de maior liberdade em suas rotas e, naturalmente, que pudesse gerar uma fonte de renda rápida para seus motoristas. Esses serviços, chamados *jitneys*, começaram em Los Angeles antes de se espalharem rapidamente por todo o oeste dos Estados Unidos e pelo Canadá no começo de 1915 e, daí, para a Costa Leste nos meses seguintes.

Os *jitneys* não eram um serviço de táxi tradicional em que o motorista pegava um passageiro e cobrava uma tarifa com base na combinação de um valor fixo inicial, da quilometragem percorrida e do tempo total de viagem. Em vez disso, eles tipicamente percorriam uma rota predeterminada, com desvios ocasionais que dependiam das condições do percurso e da demanda de passageiros, e reuniam atributos daquilo que hoje associaríamos a ônibus, táxis e serviços de entrega. Podemos compará-los até mesmo às lotações que hoje são mais comuns no Sul global. Ainda que os motoristas de *jitney* dirigissem muitos tipos de carro, o mais comum era um Modelo T "de turismo",[1] que comportava de quatro a cinco passageiros e que poderia acomodar ainda mais pessoas caso elas não se importassem em ficar em pé sobre os estribos laterais. As corridas variavam e podiam começar em apenas cinco centavos, mas chegavam até a um dólar a depender da demanda e se o passageiro desejasse ser deixado em frente à sua casa. Os preços mais altos eram cobrados durante tempestades ou greves de bondes.

Era raro que os motoristas de *jitney* estivessem vinculados a empresas maiores. Alguns grupos operavam vários veículos, mas a maioria dos condutores era independente, e alguns só aceitavam corridas em certos momentos do dia ou para ganhar um pouco de dinheiro extra nos trajetos diários. Vistos sob a lente libertária moderna que guia o pensamento dos adeptos da economia de livre mercado e de algumas linhas de utopismo tecnológico, os *jitneys* podem parecer um negócio inovador praticado por indivíduos empreendedores que suprem uma falha no sistema de transporte do começo do século XX, mas essa forma de enxergá-los exige que ignoremos muitos dos efeitos desses serviços.

Os *jitneys* não eram um serviço de transporte isonômico. Eles dependiam de trabalhadores que estavam sofrendo com a recessão e que frequentemente eram "o maquinista de trem, o policial, o garçom, o impressor, o barbeiro ou o balconista desempregado de ontem".[2] Devido ao preço do veículo, à depreciação e a vários outros custos, como combustível e manutenção, era pouco provável que muitos motoristas de *jitney* realmente lucrassem, e,

---

1 Entre os anos 1900 e 1930, os modelos "de turismo" designavam carros abertos ou com capota retrátil com capacidade para quatro ou mais passageiros. Após a década de 1960, o termo passou a designar uma categoria de competição automobilística. [N. T.]
2 Carlos A. Schwantes, "The West Adapts the Automobile: Technology, Unemployment, and the Jitney Phenomenon of 1914-1917". *Western Historical Quarterly*, n. 16, v. 3, 1985, p. 314.

por isso, havia grande rotatividade entre eles. Os verdadeiros beneficiários da precariedade desses motoristas eram os clientes: homens de negócios, pessoas "cujo tempo era muito valioso" e alguns passageiros mais jovens; como as corridas ficavam mais caras nos horários de pico, pegar um *jitney* era algo que estava em grande medida fora do alcance de moradores de renda mais baixa.[3]

Como os *jitneys* tiravam passageiros dos bondes e, em algumas cidades, causavam engarrafamentos que atrasavam as linhas, as empresas de transporte começaram a perder dinheiro. Ao contrário dos *jitneys*, que originalmente pagavam poucos impostos e tarifas, as companhias privadas de bondes da época tinham obrigações significativas estipuladas em seus contratos municipais de concessão. Algumas dessas exigências contratuais incluíam a manutenção do asfalto ao redor dos trilhos, caso não se situassem na beirada da rua; o oferecimento de iluminação urbana gratuita; e o pagamento de uma taxa municipal de 1% a 2% de todo o faturamento. Enquanto as linhas de bonde lidavam com cortes de despesas e redução de postos de trabalho, o governo sofria uma pressão cada vez maior das concessionárias de transporte público, das organizações laborais e até mesmo de donos de negócios situados no centro da cidade que não queriam que os padrões de compra fossem alterados. Mas havia um problema ainda maior que acelerava a necessidade de fazer algo contra os *jitneys*.

Para os padrões da época, os *jitneys* eram velozes. Eram capazes de levar um passageiro a seu destino bem mais rápido do que um bonde – era principalmente por esse benefício que os passageiros pagavam –, e a velocidade também permitia que os motoristas fizessem mais corridas e, assim, ganhassem mais. Contudo, os automóveis e os bondes não eram os únicos a trafegar pelas

---

3   Ross D. Eckert and George W. Hilton, "The Jitneys". *Journal of Law and Economics*, n. 15, v. 2, 1972, p. 296.

ruas; ainda havia muitos pedestres nas vias, e os *jitneys* criavam uma nova ameaça. Em Los Angeles, as colisões aumentaram 22% em março de 1915, e os *jitneys* estiveram envolvidos em 26% de todos os acidentes de trânsito.[4] Essa tendência era replicada em todas as cidades em que os *jitneys* operavam; além disso, dizia-se que eram usados para sequestros, roubos e estupros.

Entre 1915 e 1916, cidades de todos os Estados Unidos regulamentaram os *jitneys*, que foram obrigados a contratar seguros, obter licenças, pagar impostos e observar outros requisitos que variavam conforme o local. Durante seu ápice, em 1915, estima-se que 62 mil *jitneys* estivessem em serviço, mas já em outubro de 1918 restavam menos de 5.900 deles – e o número não parou de cair. O *jitney* estava morto, mas isso não significou o retorno do bonde à posição de supremacia. A popularidade dos automóveis continuou a crescer, sobretudo após a Segunda Guerra Mundial, quando sua venda e uso foram explicitamente promovidos por investimentos públicos. Será que essa história poderia ter tomado outra direção?

Em 2016, o cofundador e então CEO da Uber, Travis Kalanick, apareceu em uma conferência TED para compartilhar um conto de fadas sobre sua companhia e incutir no público o porquê de ela ser essencial para o futuro do transporte urbano. Mas Kalanick não tomou o rápido crescimento de sua empresa como ponto de partida; ele começou com a história do *jitney*.

Nessa história, os *jitneys* eram um serviço e um empreendimento inovador que havia sido sufocado pelos "caras do bonde, pelo monopólio de transporte que existia então".[5] Kalanick

---

4   Ibid.
5   Travis Kalanick, "Uber's Plan to Get More People into Fewer Cars". TED, fev. 2016.

argumentou que a regulamentação dos *jitneys* acabou por matar um futuro de mobilidade compartilhada em prol de um futuro centrado em sua propriedade particular – e que viria a dominar a mobilidade no século XX. Mas há alguns problemas nesse enquadramento.

Primeiro, o cofundador da Uber deixou de mencionar os pontos negativos dos *jitneys*: de que forma tiraram vantagem do trabalho precarizado, causaram uma disparada nos acidentes de trânsito e negaram aos governos locais as receitas tributárias e os serviços que seriam esperados dos bondes. Havia muitas outras razões para que os governos locais agissem contra os *jitneys*; os custos sociais e fiscais do novo serviço eram simplesmente altos demais, e os motoristas não dispunham de influência política suficiente para impedir que as novas regulamentações fossem aplicadas.

Em segundo lugar, o meio dominante de transporte da época não era o automóvel particular, mas o bonde. Assim, com o desaparecimento dos *jitneys* após a regulamentação do setor, seria de esperar que os bondes restabelecessem sua supremacia no transporte urbano, mas não foi exatamente o que aconteceu. Os bondes tiveram um aumento de passageiros durante a Primeira Guerra Mundial, porém, depois, as pessoas começaram a trocar o transporte coletivo pelo carro particular. Isso não aconteceu porque a variante compartilhada foi derrotada, mas porque os interesses por trás do automóvel lucravam muito mais com a venda de um ou dois veículos para quase todas as famílias dos Estados Unidos do que lucrariam com serviços de *jitneys* compartilhados ou algo semelhante, especialmente em uma época em que o público ainda não tinha uma visão clara de todas as implicações do uso de um sistema de transporte baseado na propriedade particular de automóveis.

A história de Kalanick era enganosa, mas havia um motivo para que tivesse sido contada dessa forma. No final da apresentação, o público foi informado de que havíamos perdido a chance de ter um sistema de transporte baseado na automobilidade compartilhada, mas que "a tecnologia nos deu uma nova oportunidade". Kalanick queria inserir a Uber em uma linha do tempo mais longa e vincular a empresa a um precedente histórico que desse a impressão de que ela estava tentando mudar o sistema de transporte para melhor. Mas, assim como muitos dos argumentos a favor da Uber nos últimos anos, essa história foi pensada para nos distrair dos resultados concretos das ações da empresa.

A Uber é um dos muitos serviços de transporte de passageiros por aplicativo que surgiram em todo o mundo desde a crise financeira de 2008, mas é inegavelmente o mais conhecido nos mercados ocidentais. Ainda que nos últimos anos a empresa tenha expandido os tipos de serviço prestados, o transporte de passageiros ainda está no âmago de seu negócio. Isso significa, essencialmente, que ela atua de várias formas como um serviço de táxi, contudo, em vez de depender de uma central telefônica, de um ponto físico ou de um simples aceno de mão à beira da calçada, a solicitação de corridas (e o pagamento) é facilitada pelo aplicativo de celular da empresa.

Quando o serviço foi lançado, em 2011, o objetivo não era necessariamente competir com a indústria do táxi. Garrett Camp, o cofundador responsável pela ideia inicial, queria uma forma mais barata de contratar motoristas particulares, e, assim, a Uber começou como um método para chamar carros pretos de luxo; mas não demorou até que suas ambições escalassem. No ano seguinte, ela passou a permitir que quase todo mundo se inscrevesse como motorista no aplicativo e usasse seu próprio carro para oferecer o serviço UberX a preços mais baixos. Como parte desse esforço, a Uber iniciou uma operação abrangente de *lobby* voltada a reescrever as leis de estados que exigissem de seus motoristas verificações mais longas e análises de histórico pessoal mais detalhadas. Em um caso típico de "avance rápido e não tenha medo de errar",[6] a empresa não se assegurou de que tinha as licenças ou de que atendia às regulamentações exigidas por governos locais. Em vez disso, ela liberou o serviço independentemente das consequências – que foram muitas.

Kalanick deu muitas declarações ousadas sobre os benefícios que a Uber poderia trazer para as cidades, mas elas eram tão ingênuas ou enganosas quanto o argumento de que os *jitneys* poderiam ter alterado fundamentalmente o rumo da mobilidade urbana. Na história de Kalanick, a "uberização" do transporte faria com que pegar um Uber fosse mais barato do que ter um carro.[7] A introdução da Uber nas cidades reduziria a propriedade particular de carros, atenuaria os congestionamentos, permitiria que estacionamentos fossem convertidos para outros usos e complementaria o serviço público de transporte ao oferecer um serviço *"last mile"* [de última etapa, em tradução livre]. O serviço seria bom para cidades e residentes e, ao reduzir o uso de veículos, diminuiria as emissões de gases do efeito estufa.

Todos esses benefícios seriam produto do aplicativo inovador da Uber e do sistema subjacente de planejamento algorítmico de viagens, e esse posicionamento fez com que a empresa de tecnologia recebesse uma avaliação de mercado significativa com base no pressuposto de que ela seria capaz de crescer de modo exponencial – como se fosse um produto de software, e não uma companhia de transporte tradicional. Mas, para que

---

[6] Extraído de uma carta que Mark Zuckerberg, fundador do Facebook (atual Meta), escreveu para investidores em 2012, o lema *"move fast and break things"* foi adotado pela indústria de tecnologia de modo geral para refletir uma filosofia de trabalho pautada por um senso de urgência, velocidade e experimentação livre de preocupações quanto aos danos que possam vir a ser causados no processo. [N. T.]

[7] "Fireside Chat with Travis Kalanick and Marc Benioff". *Salesforce*, set. 2015.

os objetivos de Kalanick fossem atingidos, o "cartel dos táxis" teria que ser derrotado, de modo que parasse de inviabilizar esse futuro melhor e não repetíssemos o estrangulamento dos *jitneys* pelo "monopólio" dos bondes.

Não há dúvidas de que a narrativa tecida por Kalanick é muito atraente. Fomos ensinados a acreditar que as soluções tecnológicas conseguiriam enfrentar problemas difíceis sozinhas, e usuários e jornalistas compraram a história que Kalanick estava vendendo. Nos anos que se seguiram ao lançamento da Uber, e especialmente ao movimento de competição com a indústria do táxi, a mídia adotou a linguagem do Vale do Silício para ecoar declarações de marketing segundo as quais novas tecnologias inovadoras estavam sendo desenvolvidas para mudar as indústrias tradicionais para melhor.

Muitos dos jornalistas que cobriam a indústria de tecnologia não se aprofundaram nas histórias das indústrias que essas empresas diziam estar revolucionando e não fizeram as devidas investigações para conferir se elas realmente realizavam o que alegavam. Em vez disso, havia um incentivo para publicar novas matérias rápido, cair nas graças das empresas e dos fundadores em ascensão e acreditar nas afirmações que faziam.[8] Anos mais tarde, mesmo depois de uma série de escândalos em meio às principais empresas de tecnologia disparar um "*techlash*"[9] que forçou a imprensa tradicional a adotar uma perspectiva ligeiramente mais crítica em relação a essa indústria e às afirmações feitas por ela, empresas como a Uber ainda conseguiam se safar

---

8   Sam Harnett, "Words Matter: How Tech Media Helped Write Gig Companies into Existence" in Deepa Das Acevedo (org.), *Beyond the Algorithm: Qualitative Insights for Gig Work Regulation*. Cambridge: Cambridge University Press, 2021.
9   Formado pela junção de "*tech*" (tecnologia) e "*backlash*" (repercussão negativa), o termo "*techlash*", cunhado em 2013 por Adrian Wooldridge, um dos editores da *The Economist*, designa a recepção cada vez mais negativa do público diante dos novos produtos e práticas das grandes empresas de tecnologia. [N. T.]

das consequências da manipulação de dados sobre seu faturamento, cujos valores eram repetidos de maneira acrítica mesmo por jornalistas financeiros.

A representação midiática da Uber e da economia de trabalho autônomo de modo mais amplo induziu o público, os políticos e os reguladores em erro quanto aos efeitos que esses serviços causavam na sociedade. Matérias acríticas de repórteres deram permissão para que o público não considerasse as implicações do uso de serviços sob demanda, e isso teve consequências. As promessas de que serviços de transporte de passageiros por aplicativo melhorariam a mobilidade urbana não se concretizaram, ao tempo que as condições dos motoristas continuaram a piorar. Mas a Uber também representava um desafio ao sistema geral de regulamentos e leis trabalhistas, cuja destruição serviu não aos trabalhadores e aos residentes urbanos, e sim a seus próprios interesses e aos de outras grandes companhias – um contexto que esteve escandalosamente ausente nas análises da grande mídia sobre a companhia até que fosse tarde demais.

Os executivos da Uber afirmavam que os serviços da empresa ofereceriam uma oportunidade de ataque contra o clientelismo na indústria do táxi – e, em particular, contra a forma como as cidades limitavam a quantidade de táxis, o que levava a preços mais altos e serviços mais lentos. Eles agiam como se a situação houvesse sido projetada para beneficiar alguns monopolistas em detrimento dos residentes e dos trabalhadores. Mas essa narrativa ignorava a história da indústria e os motivos pelos quais ela havia sido regulamentada dessa forma para começo de conversa.

O desaparecimento dos *jitneys* das ruas da América do Norte não significou efetivamente a morte da mobilidade "compartilhada". Ao menos até que a Grande Depressão se fizesse sentir nos anos 1930, os táxis cruzavam as ruas das cidades e das metrópoles de todos os Estados Unidos sem muita regulamentação. Com a disparada das taxas de desemprego, algumas pessoas que se viram sem trabalho fizeram exatamente o que os motoristas de *jitney* haviam feito uma década e meia antes: começaram a pegar passageiros como táxis "de tarifa reduzida". Antes da Depressão, havia 84 mil táxis nas ruas dos Estados Unidos, mas em 1932 esse número praticamente dobrou para 150 mil.[10] É óbvio que isso também criou uma série de problemas.

Em muitas cidades, já havia uma sobreoferta de táxis antes do início da Depressão. Na versão das empresas modernas de transporte de passageiros por aplicativo, a sobreoferta não seria um problema, já que tornaria a experiência dos passageiros mais conveniente: seria mais fácil encontrar uma corrida e o preço a ser pago seria mais baixo em função da grande concorrência. Mas, assim como ocorreu com os *jitneys*, nem todos os efeitos eram positivos. Conforme o número de táxis aumentou, os congestionamentos nos centros urbanos como Manhattan pioraram bastante. A fim de chegar ao destino, os veículos particulares só adentram a rua por períodos curtos, mas os táxis continuam a circular por horas e horas enquanto transportam pessoas e procuram pela próxima corrida. E, quanto maior a oferta de táxis na rua, mais os motoristas (e seus veículos) terão de circular para encontrar o próximo passageiro, o que cria um grande excesso de quilômetros percorridos que piora o trânsito e aumenta a lentidão de todos.

A sobreoferta de táxis também levou a uma "guerra de tarifas", na qual os valores cobrados foram sendo cortados conforme os operadores de táxi lutavam contra os táxis de tarifa reduzida e contra as corridas a preço fixo. Isso não é algo que possa ser analisado apenas pela ótica dos clientes: como ficou mais difícil encontrar passageiros e como os valores cobrados eram meno-

---

[10] Dana Rubinstein, "Uber, Lyft, and the End of Taxi History". *Politico*, 30 out. 2014.

res do que o habitual, a renda dos motoristas despencou. Esses fatores se combinaram para fazer com que a indústria do táxi ficasse insustentável, o que forçou os governos locais a intervir no final dos anos 1930. A solução foi limitar o número de táxis autorizados a operar nas ruas das cidades, regular o preço das corridas e assegurar certos padrões de segurança com a exigência de cobertura de seguro e de manutenção veicular. Como resultado, talvez demorasse um pouco mais para que um táxi chegasse, mas os problemas de congestionamento foram parcialmente enfrentados e os motoristas de táxi tinham a garantia de uma vida decente. A indústria e as regulamentações aplicadas a ela certamente flutuaram desde então, porém uma estrutura normativa similar à estabelecida nos anos 1930 continuou em vigor em muitas cidades – ao menos até a chegada dos serviços de transporte de passageiros por aplicativo.

Conforme a Uber foi se espalhando nos anos que se seguiram a 2012, as ruas das cidades nos Estados Unidos e ao redor do mundo foram inundadas com veículos de aplicativo, e os governos locais demoraram a regulamentá-los. Como afirmavam que não eram serviços de táxi, mas empresas de tecnologia – ainda que na prática oferecessem o mesmo produto –, essas companhias argumentavam que as regras existentes não se aplicavam a elas. A única diferença, no entanto, estava no fato de que o serviço era mediado por aplicativos, que, de resto, foram adotados por muitas companhias de táxi nos anos que se seguiram. Mesmo que Kalanick e outros executivos de transporte de passageiros por aplicativo fizessem promessas ousadas para o futuro que afirmavam estar introduzindo – não mais um tempo de propriedade particular de carros, mas de uma mobilidade compartilhada que pretensamente resolveria os congestionamentos e muitos outros problemas de transporte –, a realidade era quase que o contrário.

São Francisco é o núcleo urbano do Vale do Silício, e, como seria de esperar, também é um dos maiores mercados da Uber. As pessoas da área da Baía de São Francisco que trabalham na indústria de tecnologia estão entre os maiores usuários das soluções baseadas em aplicativos desenvolvidas por ela, já que esses aplicativos existem para resolver aquilo que esses indivíduos consideram ser problemas ou inconveniências no cotidiano. Assim, se a Uber estivesse mesmo diminuindo o trânsito, naturalmente veríamos menos congestionamentos em São Francisco – mas não é isso que os pesquisadores constataram.

Entre 2010 e 2016, o número de horas que os motoristas de São Francisco gastaram presos no trânsito aumentou 62%, e a velocidade média dos veículos nas ruas da cidade caiu 13%. Muitos fatores influenciaram o que aconteceu nesse intervalo de tempo, mas os acadêmicos responsáveis pelo estudo concluíram que os veículos de transporte de passageiros "são o maior fator responsável pelo rápido crescimento dos congestionamentos e da deterioração da previsibilidade nos tempos de viagem em São Francisco" e que superavam "os efeitos combinados do crescimento populacional, do aumento dos postos de trabalho e das mudanças da rede".[11] Em suma, a Uber não está diminuindo o trânsito em São Francisco; ela o está piorando ainda mais.

Os órgãos de trânsito de São Francisco respaldaram os achados desses estudiosos. Em suas pesquisas internas, descobriram que os motoristas dos arredores da área da Baía dirigiam até São Francisco porque tinham chances maiores de encontrar passageiros no núcleo da cidade. Como resultado, houve um acréscimo de veículos nas vias e, assim, congestionamentos bem maiores nas ruas do centro – ainda que essa fosse a parte da cidade em que os

---

11   Gregory D. Erhardt, "Do Transportation Network Companies Decrease or Increase Congestion?". *Science Advances*, n. 5, v. 5, 2019, p. 11.

moradores ou visitantes poderiam facilmente fazer seus trajetos a pé ou via transporte público.[12] Infelizmente, São Francisco não é a única cidade a experimentar esse resultado negativo.

Na cidade de Nova York, o consultor de transporte Bruce Schaller examinou os efeitos de serviços de transporte de passageiros por aplicativo e descobriu que, ainda que o número de táxis nas ruas e a quilometragem total deles diminuíssem, essa queda era mais do que compensada pelo aumento no número e na quilometragem dos veículos de aplicativo. Entre 2013 e 2017, o número total de táxis e de veículos de aplicativo aumentou 59%, enquanto a quilometragem geral saltou mais de 30%.[13] Assim como em São Francisco, o excesso de veículos de aplicativo significou mais congestionamentos e lentidão no trânsito. Um dos achados mais interessantes de Schaller foi o fato de que nem os serviços de transporte privado de passageiros por aplicativo nem os serviços de corrida conjunta – em que um passageiro pode decidir compartilhar seu trajeto com alguém para pagar menos – reduzem o número de quilômetros rodados. Ele estimou que cada quilômetro de viagem concluído com um veículo particular exigiria 2,8 quilômetros de deslocamento em uma corrida individual ou 2,6 em uma viagem compartilhada – e isso faz muito sentido.[14]

Se eu dirijo um automóvel, vou direto para onde preciso ir, e o único excesso de deslocamento está em ter que encontrar um lugar para estacionar. Enquanto isso, caso eu abra o aplicativo da Uber e chame um carro, o motorista terá que sair de

---

12 "TNCS Today: A Profile of San Francisco Transportation Network Company Activity". San Francisco County Transportation Authority, 2017.
13 Bruce Schaller, "Empty Seats, Full Streets: Fixing Manhattan's Traffic Problem". Schaller Consulting, 2017.
14 Id., "The New Automobility: Lyft, Uber and the Future of American Cities". Schaller Consulting, 2018.

onde quer que esteja para me buscar. Depois de me deixar em meu destino, ele voltará a circular até conseguir outra corrida, e, como a Uber dribla o limite de motoristas de táxi na maioria das cidades em que opera, há mais pessoas dirigindo por aí à espera de um passageiro. O modelo da Uber coloca mais veículos na rua e cria mais tráfego, sobretudo porque o aplicativo incentiva os motoristas a estarem ativos durante os horários de pico em que o trânsito já está parado.

Contudo, o problema não se deve apenas ao fato de que as pessoas trocam seus próprios carros por veículos de transporte de passageiros por aplicativo. Vários estudos mostraram que a Uber não só induz mais viagens como também encoraja o uso de carros por pessoas que de outro modo pegariam o transporte público, pedalariam ou andariam até seus destinos. Em Boston, estimou-se que 54% das viagens que os usuários fizeram em veículos de aplicativo teriam sido feitas por transporte público, bicicleta ou a pé caso o serviço não estivesse disponível, e 5% delas nem sequer teriam acontecido.[15]

Enquanto isso, uma sondagem maior que cobriu Boston, Chicago, Los Angeles, Nova York, São Francisco, Seattle e Washington, DC, descobriu de modo similar que entre 49% e 61% das viagens via transporte por aplicativo não teriam acontecido caso esses serviços não estivessem disponíveis, ou retiraram pessoas de modais de transporte mais eficientes. Os pesquisadores também descobriram que era muito pouco provável que as pessoas que usavam a Uber pretendessem se livrar de seus carros particulares.[16]

---

15   Michael Graehler Jr., Richard Alexander Mucci e Gregory D. Erhardt, "Understanding the Recent Transit Ridership Decline in Major US Cities: Service Cuts or Emerging Modes?". 98º Encontro Anual da Transportation Research Board, jan. 2019.
16   Regina R. Clewlow e Gouri Shankar Mishra, "Disruptive Transportation: The Adoption, Utilization, and Impacts of Ride-Hailing in the United States". *Institute of Transportation Studies*, 2017.

Isso mostra que a Uber não está reduzindo os congestionamentos ou a quantidade de carros particulares, nem reduzindo as emissões de gases do efeito estufa no trânsito ou complementando o sistema de transporte público tradicional.

Todos os veículos da Uber e da Lyft que inundaram as ruas da América do Norte também reduziram a confiabilidade e a eficiência dos serviços de transporte público. Os ônibus ficam presos no trânsito com mais frequência e, assim, como é natural, os passageiros passam a procurar alternativas. Em Toronto, menos da metade dos usuários de transporte por aplicativo tinha um cartão de transporte público, em comparação com pouco mais de 33% em Boston,[17] e um estudo em 22 cidades dos Estados Unidos estimou que a chegada da Uber e da Lyft vem reduzindo o número de passageiros de ônibus e de metrô a cada ano em que as empresas estiveram em operação.[18] Não deveria ser necessário dizer que tirar as pessoas do transporte público e colocá-las em carros piora o trânsito, além de aumentar a pegada ambiental de cada viagem. De fato, estima-se que uma corrida de Uber crie 69% mais poluição quando considerado o número de viagens que teriam sido feitas de modo mais eficiente caso o serviço não estivesse disponível.[19]

Apesar de suas grandes promessas, a Uber não está melhorando a mobilidade urbana. Serviços de transporte de passageiros por aplicativo pioram o trânsito, aumentam as emissões de gases

---

[17] Steven R. Gehrke, Alison Felix e Timothy Reardon, "Fare Choices: A Survey of Ride-Hailing Passengers in Metro Boston". Conselho de Planejamento da Região Metropolitana, 2018; Mischa Young e Steven Farber, "The Who, Why, and When of Uber and Other Ride-Hailing Trips: An Examination of a Large Sample Household Travel Survey". *Transportation Research Part A: Policy and Practice*, n. 119, 2019.

[18] M. Graehler, R. Mucci e G. Erhardt, "Understanding the Recent Transit Ridership Decline in Major US Cities", op. cit.

[19] Don Anair et al., "Ride-Hailing's Climate Risks: Steering a Growing Industry Toward a Clean Transportation Future". *Union of Concerned Scientists*, 2020.

do efeito estufa e reduzem o transporte público – mas é fato que beneficiam algumas pessoas, ainda que não seus usuários desfavorecidos. Ao exigir o uso de um smartphone e de um pacote de dados móveis, o transporte por aplicativo exclui de modo desproporcional pessoas pobres e mais idosas. Ao aumentar os preços nos horários de pico por meio daquilo que é chamado de "tarifa dinâmica", também exclui residentes de baixa renda. E, ao defender que a Americans with Disabilities Act [Lei dos Estadunidenses com Deficiência] não se aplica a serviços de transporte por aplicativo sob o falso argumento de que se trata de empresas de tecnologia, e não de companhias de transporte, as pessoas em cadeiras de rodas precisam esperar mais tempo por uma corrida – e isso se conseguirem encontrar uma. Talvez não cause espanto, então, descobrir que os clientes do transporte por aplicativo tendem a ser jovens urbanos com ensino superior completo e salários superiores a 75 mil dólares por ano.[20] Esse número é mais do que o dobro da renda mediana nos Estados Unidos em 2019. Em Toronto, estima-se que mais de metade dos usuários de Uber ganhe acima de 100 mil dólares canadenses por ano.[21]

Esses dados nos mostram que não só a Uber produz efeitos negativos sobre a mobilidade urbana e o meio ambiente, como também está fazendo tudo isso para servir a pessoas que não têm dificuldade em se deslocar. A maior parte dos usuários não são as pessoas que passam horas em filas de ônibus ou que precisam andar longas distâncias porque não podem pagar por outras opções. Em vez disso, são usuários que poderiam facilmente dirigir, pagar um motorista ou chamar táxis caso não quisessem andar, pedalar ou pegar o transporte público. Mas essas opções não eram baratas ou convenientes o bastante, e por isso essas pes-

---

20   Clewlow e Mishra, "Disruptive Transportation", op. cit.
21   M. Young e S. Farber, "The Who, Why, and When of Uber and Other Ride-Hailing Trips", op. cit.

soas tiveram que dinamitar o sistema e a estrutura regulatória existentes em prol de seus próprios interesses. Ainda assim, do mesmo modo como aconteceu com os *jitneys* e os táxis nos anos 1930, essa não é só uma história sobre passageiros ou sobre as ruas. Os motoristas também estão envolvidos; se as pessoas que trabalham na indústria de tecnologia e seus patrões têm sido os beneficiados pela Uber, quem tem arcado com as consequências são as pessoas que dirigem os carros de aplicativo.

As empresas de transporte de passageiros por aplicativo afirmam que seus trabalhadores não são motoristas de táxi, e, por isso, não devem ser protegidos pelas mesmas regras e regulamentos, ainda que forneçam o mesmo serviço. Apesar da força das organizações laborais de taxistas em várias cidades de todos os Estados Unidos, a Uber e a Lyft têm sido bem-sucedidas em desorganizar a indústria do táxi e em burlar as regulamentações que se aplicam aos táxis tradicionais e aos taxistas. Antes de nos aprofundarmos em como essas empresas conseguiram fazer isso – e nas implicações mais amplas para os trabalhadores –, precisamos situar as conquistas das empresas de transporte por aplicativo em seu contexto histórico.

 Em um artigo detalhado sobre a história da indústria do táxi de São Francisco, a estudiosa do direito Veena Dubal explicou que o êxito na desregulamentação da indústria levada a cabo pela Uber foi a culminação de décadas de uma lenta retirada de direitos de motoristas de táxi. Até os anos 1970, os taxistas eram tipicamente empregados sindicalizados com padrões de vida decentes que incluíam planos de saúde e acesso aos direitos e benefícios que advinham da condição de contratado. As coisas, no entanto, estavam começando a mudar. As empresas de táxi queriam se livrar dos sindicatos, ainda que desde os anos 1950 eles já fossem bem menos radicalizados. Em outras cidades dos Estados Unidos, as companhias conseguiram mudar de um modelo de contrato de trabalho para uma situação em que o motorista de táxi era um prestador independente de serviços que alugava um dos veículos da empresa e estava coberto por uma apólice de seguro corporativo.

Já no final dos anos 1970, também os taxistas de São Francisco haviam sucumbido ao modelo de aluguel. Como um ex-motorista contou a Dubal, mesmo que fossem classificados como prestadores independentes de serviço, "nada havia mudado, a não ser pela assinatura de um documento. Todo o resto era igual. A relação com a empresa não mudou uma vírgula".[22] Os motoristas ainda faziam o mesmo trabalho, mas eram tratados como prestadores de serviço, e não mais como empregados. Mesmo assim, ainda havia uma ferramenta a que eles tinham acesso.

As décadas de força sindical deixaram São Francisco e outras cidades com uma forte estrutura regulatória que podia ser usada a favor dos motoristas. O número de táxis na rua era regulamentado, o que significava que o mercado não poderia ser inundado com o objetivo de diminuir salários. As leis também protegiam os preços a serem cobrados pelas corridas. Ainda que não tenham conseguido recuperar o status de empregados ou o direito de organização sindical – prestadores de serviços estão excluídos da US National Labor Relations Act [Lei Nacional de Relações Trabalhistas dos Estados Unidos] –, em 1998 os motoristas foram bem-sucedidos em fazer com que a cidade regulamentasse o preço do aluguel diário dos veículos, de modo a limitar a capacidade que as empresas tinham de explorá-los. Mas, naquele mesmo momento, já havia uma outra tentativa de afrouxar as leis de proteção ao trabalhador.

22 Veena B. Dubal, "The Drive to Precarity: A Political History of Work, Regulation, & Labor Advocacy in San Francisco's Taxi & Uber Economies". *Berkeley Journal of Employment and Labor Law*, n. 38, v. 1, 2017, p. 109.

Nos anos 1990, *think tanks* libertários fizeram uma grande pressão para desregulamentar a indústria estadunidense do táxi em linha com seus vieses ideológicos contra a intervenção estatal e a favor de mercados pretensamente livres. O consultor de transporte Hubert Horan explicou que esses esforços não vieram dos moradores das cidades de todo o país, mas "foram inteiramente organizados e financiados por interesses externos que reiteraram sistematicamente suas mensagens-chave em toda uma gama de contextos e publicações".[23] A pressão dos *think tanks* pela desregulamentação fracassou de modo geral, mas o plano de comunicação usado foi adotado a torto e a direito no começo da década de 2010, depois que a Uber lançou seus serviços e tentou burlar as leis que eram a última linha de defesa para a proteção da subsistência dos motoristas.

O modelo da Uber deu continuidade ao sistema de aluguel de veículos dos anos 1970 ao garantir que seus motoristas seriam prestadores independentes de serviços num modelo em que a empresa não teria nenhuma obrigação com eles. Só que, agora, em vez de oferecer carros e seguros como os que acompanhavam as frotas de táxi no modelo de aluguel, todos os custos e riscos associados eram terceirizados para os motoristas. Ainda que a Uber não exista sem motoristas, a companhia afirmava que seu único papel era o de facilitadora da relação entre motoristas e passageiros através de seu aplicativo de celular, e foi nisso que a maioria dos órgãos reguladores acreditou por grande parte da primeira década de operação da empresa. Mas isso trouxe consequências graves para os motoristas, fossem eles condutores de aplicativo ou taxistas.

Quando lançava seus serviços em novas cidades, a Uber não só buscava inundar o mercado ao permitir que praticamente

---

[23] Hubert Horan, "Can Uber Ever Deliver? Part Nine: The 1990s Koch Funded Propaganda Program That Is Uber's True Origin Story". *Naked Capitalism* (blog), 15 mar. 2017.

todo mundo que tivesse sinais vitais (e um carro) se tornasse um motorista, mas também oferecia incentivos pensados para atrair os taxistas já existentes. A empresa queria que as pessoas acreditassem que a Uber era mais conveniente do que os táxis, proporcionava uma visão para um sistema mais eficiente de transporte compartilhado e oferecia um negócio melhor para motoristas. Em várias de suas campanhas, a empresa argumentava que motoristas de Nova York ganhavam até 90 mil dólares por ano, enquanto condutores em São Francisco recebiam até 74 mil – muito mais do que muitos taxistas estavam ganhando. Sem surpresa, grande parte da mídia agiu de bom grado como líder de torcida para a Uber e repetiu essas afirmações de forma acrítica, enganando os usuários a respeito da forma como a empresa tratava os motoristas e permitindo que se alastrasse o mito de que a Uber estava lançando as bases para a concretização de sua abordagem tecnológica e supostamente inovadora.

Em 2017, a Uber aceitou pagar uma indenização depois que a Comissão Federal de Comércio descobriu que as declarações da empresa sobre altos rendimentos em Nova York, São Francisco e em outras cidades grandes eram falsas – mas àquela altura o estrago já estava feito. A Uber já havia se estabelecido, afastado décadas de regulamentações projetadas para proteger taxistas e dizimado a indústria do táxi ao burlar as regras que se aplicavam a ela.

Uma vez que a Uber fortaleceu sua posição de mercado e os passageiros se acostumaram com o uso do aplicativo em vez das formas tradicionais de chamar um táxi, os incentivos oferecidos pela empresa foram retirados e os pagamentos dos motoristas, sistematicamente cortados. Ao mesmo tempo, a Uber disse aos motoristas que os preços mais baixos atrairiam mais clientes, o que permitiria a realização de mais corridas para compensar a diferença – mas, na prática, raramente foi isso o que aconteceu.

Independentemente do que se diga, um corte de pagamento ainda é um corte de pagamento, e isso fez com que a situação dos motoristas se deteriorasse.

Os motoristas de Uber tinham que arcar com todos os custos relacionados aos veículos – parcelas de empréstimos, manutenção, combustível e seguro – e, como trabalhavam jornadas maiores para tentar compensar a diferença, muitos desses custos aumentaram. Apesar das narrativas positivas divulgadas pela empresa, os motoristas relatavam altos níveis de estresse e a incapacidade de pagar suas contas, e alguns tiveram até mesmo que dormir nos veículos em que transportavam passageiros de melhor situação econômica. Ao criar uma sobreoferta de motoristas e burlar as regulamentações para os preços de corrida, a inundação provocada pela Uber no mercado aprofundou a deterioração das condições dos trabalhadores em comparação à experiência dos taxistas sob o modelo de aluguel. De uma hora para outra, a Uber estava no controle, e seus motoristas não foram os únicos a sofrer com isso.

Os taxistas também viram seus rendimentos despencarem após a chegada a Uber, e, não importa por quanto tempo dirigissem, não conseguiam compensar a diferença. Além de perderem passageiros, tinham grandes dívidas que já não eram capazes de pagar. As limitações no número de táxis em cidades como Nova York e São Francisco eram gerenciadas com a concessão de licenças, o que na prática dava aos motoristas o direito de operar na cidade – mas, como os centros urbanos viam esse processo como uma fonte adicional de receita, essa documentação custava caro.

Em São Francisco, a privatização do sistema de licenças de táxi aconteceu em março de 2009, quando o país lutava contra os efeitos da recessão. As licenças custavam 250 mil dólares, e os motoristas tinham que angariar o equivalente a um depósito de 5%, mas a cidade garantia a segurança do investimento. Apesar disso, a Uber e a Lyft entraram no mercado poucos anos depois que os motoristas assumiram essas dívidas significativas, e a cidade não honrou com sua parte do combinado.

A vida dos motoristas se desmantelou nos anos que se seguiram à rápida transformação da indústria em prol dos interesses das companhias multinacionais de transporte de passageiros por aplicativo, e parte deles sentiu que não havia forma de sair do buraco em que havia se metido. Em 2018, um motorista de Chicago contou à NBC News que alguns de seus colegas haviam morrido de ataque cardíaco e de derrame depois que a Uber e a Lyft os deixaram em apuros financeiros. Naquele mesmo ano, quatro taxistas, três motoristas de aluguel e um motorista de Uber se suicidaram em Nova York.[24]

O suicídio que mais chamou atenção foi o de Douglas Schifter. Ele era um motorista de aplicativo que passara 42 anos dirigindo todos os tipos de veículo pelas ruas da Big Apple.[25] Mas suas fontes de sustento foram dizimadas. Já não havia muitas corridas e, como explicou em sua mensagem de suicídio, mesmo depois de aumentar sua jornada de trabalho original de 40 a 50 horas por semana para uma de 120 horas, ele continuou a perder tudo o que tinha. Schifter escreveu que sua profissão havia se transformado em uma "nova escravidão", já que alguns executivos "recebiam grandes bônus" enquanto os motoristas estavam começando a ficar "sem teto e com fome".[26] Na manhã

---

24 Corky Siemaszko, "In the Shadow of Uber's Rise, Taxi Driver Suicides Leave Cabbies Shaken." NBC News, 7 jun. 2018.
25 Durante o século XIX, a expressão *"big apple"* (grande maçã) era utilizada para fazer referência a um objeto muito desejado, algo que estava acima de todo o resto em termos de importância ou significado. Nos anos 1920, o termo passou a designar também a cidade de Nova York, em um apelido popularizado pelo jornalista de turfe John J. Fitz Gerald, que, em uma série de artigos de jornal, equiparava a vitória no circuito da cidade à conquista da "Grande Maçã". [N. T.]
26 Doug Schifter, postagem no Facebook, 5 fev. 2018.

de 5 de fevereiro de 2018, Schifter publicou sua mensagem no Facebook e estacionou seu carro preto em frente à prefeitura, onde pegou uma escopeta e puxou o gatilho para acabar com a própria vida. Ele esperava que sua morte forçasse a cidade a finalmente enfrentar as dificuldades de seus colegas.

Em 2013, o capitalista de risco e investidor da Uber Shervin Pishevar disse à revista *Inc.* que a empresa estava "na fase de construção de seu império".[27] Na época, a Uber havia forçado passagem em 32 cidades ao redor do mundo; hoje, ela opera em mais de 10 mil. Desde os primeiro dias, as pretensões de Kalanick e das pessoas a seu redor não se limitavam à captura de uma grande fatia do mercado em cidades cruciais; eles também queriam reformular o transporte urbano para dominá-lo em prol de seus objetivos particulares e estabelecer um monopólio que permitiria a extração dos enormes lucros que os investidores estavam esperando.

A Uber buscou seguir o modelo de crescimento iniciado pela Amazon. Em vez de gerar lucros o mais rápido possível a fim de criar valor para os investidores, o CEO da Amazon, Jeff Bezos, se dedicou ao longo prazo. Levou quase uma década para que sua empresa lucrasse, e, mesmo então, os ganhos não foram significativos. Quando a Amazon dava dinheiro, os lucros eram reinvestidos para aprimorar os serviços existentes e expandi--los para novas categorias de produtos e, mais tarde, para linhas inteiras de negócios. Em 1994, a Amazon era uma loja virtual de livros sediada em Bellevue, Washington, mas, menos de três décadas depois, já era a plataforma líder de *e-commerce* e o principal provedor de computação em nuvem dos Estados Unidos, com braços na produção de filmes, no *streaming* de jogos, no

---

27 Christine Lagorio-Chafkin, "Resistance Is Futile". *Inc.*, jul.-ago. 2013.

setor farmacêutico, em supermercados e muito mais. A Uber queria construir seu próprio monopólio, mas o elemento central do sucesso da Amazon não se encaixava no setor do transporte.

À medida que foi crescendo, a Amazon se aproveitou de economias de escala para garantir que, conforme seus negócios se expandissem, ela conseguisse fazer com que suas operações de entrega e de logística fossem mais eficientes, com a redução de custos de retirada, empacotamento e entrega dos pedidos. Mas a Uber não tinha como reproduzir os cortes de custos que eram possibilitados pelo crescimento. Como explicou Horan, cerca de 85% do custo de um serviço de carros urbanos está ligado a motoristas, veículos e combustível, e esses não são custos que diminuam com o crescimento da empresa – especialmente quando, em vez de administrar uma frota de automóveis, a Uber exige que cada motorista cuide de seu próprio veículo.[28] O que é chocante no caso da Uber é que, apesar da narrativa sobre a eficiência proporcionada pelos algoritmos de intermediação de corridas, o serviço efetivamente prestado é bem menos eficiente do que o de uma empresa de táxi tradicional. Isso ajuda a explicar como, depois de uma década, ela ainda está perdendo enormes quantias.

Em 2020, a Uber perdeu 6,77 bilhões de dólares em operações globais – isso, no entanto, não foi uma anomalia causada pela pandemia; na verdade, foi uma melhora em comparação com a perda de 8,5 bilhões de dólares em 2019. Com efeito, quanto menos a Uber operar, melhor será para suas finanças, dado que a empresa continua a perder dinheiro na maior parte das corridas. A persistência dessas perdas significativas, mesmo depois da abertura de seu capital, nos diz algo sobre seu modelo de negócios e sobre as potenciais motivações daqueles que continuam a estimulá-lo.

28 Hubert Horan, "Can Uber Ever Deliver? Part One: Understanding Uber's Bleak Operating Economics". *Naked Capitalism* (blog), 30 nov. 2016.

Não há dúvidas de que achar uma corrida pela Uber é mais conveniente do que ter que ligar para uma central de táxi, mas, além disso, o aplicativo fazia com que as pessoas se sentissem no futuro: o cliente tocava um botão na tela do celular, via onde o motorista estava em um mapa virtual e o pagamento era realizado automaticamente assim que o trajeto estivesse concluído. Mas não foi graças à tecnologia que a Uber explodiu; isso aconteceu porque o valor do serviço estava abaixo dos preços cobrados pelos concorrentes.

Não só as empresas de táxi estavam submetidas a regulamentações de tarifas em muitas cidades, mas os taxistas também tinham que cobrir os gastos operacionais antes que pudessem pagar as próprias contas. Não havia ninguém mais a quem recorrer em busca de dinheiro para seu próprio sustento caso cobrassem preços abaixo dos custos de operação. Mas esse não era o caso da Uber. Empresas de transporte de passageiros por aplicativo em todo o mundo conseguiram bilhões de dólares de investimentos que tinham como objetivo tirar os concorrentes tradicionais do mercado de transporte. Burlar as leis certamente ajudou, entretanto as práticas predatórias de preço foram fundamentais.

Quando entrava em uma nova cidade, a Uber não oferecia apenas incentivos para estimular os motoristas; ela também garantia que os preços fossem mais baixos do que os cobrados por serviços similares. Em 2016, Horan estimou que os usuários da Uber pagavam apenas 41% dos custos totais de suas viagens; o resto era coberto pela empresa.[29] Naturalmente, os táxis não tinham como competir, mesmo que suas estruturas de custos fossem mais eficientes. Uma empresa de táxi tradicional tinha motoristas, veículos e centrais de atendimento para custear, mas a Uber tinha muitas outras despesas que lhe custavam uma pequena fortuna.

29 Ibid.

Os executivos da Uber recebiam milhões de dólares por ano, e isso antes de suas opções de compra de ações. A empresa tinha que manter sedes dispendiosas em várias cidades ao redor do mundo, as quais empregavam engenheiros muito bem remunerados na parte técnica do negócio. Também tinha um setor de pesquisa e desenvolvimento que torrava centenas de milhões de dólares por ano em veículos autônomos, carros voadores e outras ideias fantasiosas que não trouxeram retorno algum. Em suma, a Uber não só não se beneficiava da eficiência de dispor de uma frota de veículos e de apólices de seguro internas, como tinha vários custos a mais do que as empresas de táxi – o que, apesar de afirmações em sentido contrário, tornava mais cara a prestação de seus serviços.

Conforme suas atividades foram retomadas no verão de 2021, com a liberação das vacinas contra a covid-19 nos Estados Unidos, os usuários tiveram um gostinho de como os serviços de transporte de passageiros por aplicativo se parecerão à medida que essas empresas tentem gerar lucros. Os usuários reclamaram de corridas mais caras, sobretudo para viagens ao aeroporto, e de tempos de espera muito maiores. Houve um reconhecimento geral de que os dias de corridas subsidiadas estavam acabando, e alguns usuários chegaram a relatar que haviam voltado aos táxis ou às bicicletas para uma parcela maior de suas viagens.

A Uber não conseguiu cumprir suas promessas de redução de congestionamentos e de resolução de outros problemas urbanos, tampouco foi capaz de proporcionar a seus motoristas um bom padrão de vida e rendimentos estáveis. E, mesmo depois da quebra de todas essas promessas, a empresa ainda não conseguiu gerar lucros. A pergunta, então, é como ela ainda é capaz de operar esse tipo de serviço apesar de prejuízos pesados e de poucas indicações de benefícios ao público. A resposta é que talvez os interesses que se amalgamaram a seu redor tenham objetivos maiores em mente.

Voltemos à história dos *jitneys*: os táxis de tarifa reduzida que surgiram em 1914, mas foram rapidamente regulamentados em 1915 e 1916 e já haviam praticamente desaparecido alguns anos mais tarde. Não só esses veículos eram intrusos nas ruas, que ainda eram vistas como espaços compartilhados em que pedestres poderiam vagar livremente, mas também se colocavam como obstáculos aos então predominantes bondes, cujos operadores não queriam que os *jitneys* desorganizassem os padrões existentes de transporte. Os governos locais ouviram as preocupações desses operadores e dos pedestres, mas perceberam igualmente como os *jitneys* ameaçavam as receitas e os serviços oferecidos pelos bondes. As regulamentações implementadas foram pensadas para garantir que os *jitneys* oferecessem benefícios ao público, e não cerceassem os direitos de outros usuários da rua. Porém, como muitos desses carros mal davam algum lucro – e isso quando chegavam a ganhar algum dinheiro –, os motoristas individuais e as pequenas empresas não conseguiram aguentar o fardo regulatório e cederam espaço para outras formas de mobilidade.

Os *jitneys* tentaram abrir um espaço para si mesmos, separado das opções de transporte existentes – mas fracassaram. Eram conduzidos por motoristas não organizados que gozavam de pouco apoio no establishment da época, e, ainda que tenham criado uma organização para representar seus interesses, sua força não chegava perto do poder dos agentes dominantes. Com os serviços de transporte de passageiros por aplicativo, no entanto, as coisas foram diferentes. Nesse caso, os motoristas trabalham para algumas das poucas grandes empresas do setor, e essas corporações lutam para garantir que o sistema regulatório e a rede de transporte beneficiem os objetivos de seus negócios.

Com a promessa de criação de empregos – uma mensagem que tem a garantia de angariar apoio de políticos –, a Uber pôde tirar vantagem da grande reserva de trabalhadores precarizados que passou a existir após a recessão de 2008. Além disso, os anos pós-recessão foram uma época de incrível otimismo tecnológico. As pessoas queriam acreditar que o Vale do Silício e as empresas de tecnologia de expansão rápida salvariam a economia, e uma parte bastante considerável da mídia e da classe política comprou tanto as narrativas de inovação que permeavam a cultura quanto os novos serviços que beneficiavam trabalhadores de colarinho branco à custa da exploração daqueles que haviam sido abandonados em meio ao colapso econômico. Mas não se tratava apenas de uma febre coletiva; forças poderosas trabalhavam nos bastidores.

A Uber não só tinha o apoio de agentes poderosos do Vale do Silício, incluindo executivos do Google e capitalistas de risco influentes, como, em razão de reproduzir a agenda de desregulamentação dos anos 1990, ainda que com um toque tecnológico, também dispunha da assistência da rede de *think tanks* conservadores e libertários que havia sido construída nas décadas anteriores por bilionários de direita, como os irmãos Koch. Ao operar em escala nacional e, depois, global, a Uber pôde se valer de muito mais recursos em sua luta contra empresas de táxi e taxistas que operavam em uma única cidade ou região.

Quando sentia a ameaça de regulamentação no nível local, onde tipicamente os táxis estavam submetidos a regramentos específicos, a Uber levava operações maciças de lobby até os legisladores estaduais e, em antecipação às leis municipais, fazia com que criassem normas mais permissivas e de abrangência estadual para codificar os serviços de transporte de passageiros por aplicativo como algo diferente dos táxis. O lugar em que isso aconteceu primeiro foi, naturalmente, a Califórnia. A Public Utilities Commission [Comissão de Empresas de Serviços Públicos] (PUC) criou a classificação de "companhia de rede de transportes" em

151

2013 para abarcar as empresas de transporte de passageiros por aplicativo, o que teve como efeito o esvaziamento da autoridade regulatória de São Francisco e de outras cidades do estado.

Na época, a San Francisco Cab Drivers Association [Associação de Motoristas de Táxi de São Francisco] afirmou que, na prática, as ações da PUC desregulamentavam a indústria. Em uma declaração, um porta-voz da organização disse que "qualquer classe adicional de provedor de transporte que ofereça o mesmo serviço de deslocamento de passageiros por chamada/sob demanda sem a aplicação dos mesmos padrões regulatórios esvazia o sentido dos regulamentos existentes".[30] A associação considerou que se tratava de um caso de concorrência desleal, já que as empresas de transporte de passageiros por aplicativo e seus motoristas não teriam que seguir as mesmas regras aplicáveis aos taxistas. A despeito disso, a Uber ainda desenvolveu ferramentas para burlar a aplicação da lei.

Em 2017, o jornalista do *New York Times* Mike Isaac relatou que desde 2014 a Uber vinha usando um recurso chamado Greyball, que identificava autoridades que estivessem usando o aplicativo e atribuía a elas uma designação especial. A partir daí, os celulares dessas autoridades exibiam uma interface diferente, na qual tentativas de chamar um carro não eram concluídas e o mapa ficava abarrotado de carros falsos, de modo a dificultar a identificação dos veículos de aplicativo. A ferramenta foi usada em cidades de todos os Estados Unidos e da Europa a fim de burlar a aplicação de regulamentos enquanto a empresa violava leis locais para que pudesse continuar em operação. Isaac explicou que, na cidade de Portland, no estado do Oregon, a Uber, que havia iniciado suas atividades sem permissão municipal e

---

30   Anthony Ha, "California Regulator Passes First Ridesharing Rules, a Big Win for Lyft, Sidecar, and Uber". *TechCrunch*, 19 set. 2013.

acabou banida, usava o Greyball para continuar funcionando e sufocar a capacidade das autoridades de encerrar suas operações.

Ainda que por fim o serviço tenha sido normalizado no nível regulatório em cidades de todo o mundo, os motoristas não pararam de se organizar para recuperar os direitos perdidos com a desregulamentação da indústria levada a cabo pela Uber. A mais notável dessas campanhas aconteceu, mais uma vez, na Califórnia.

Durante o crescimento da Uber, sempre se debateu se seus motoristas eram realmente prestadores de serviços reais ou se deveriam ser reconhecidos como empregados. É possível dizer que foram classificados de forma errônea desde o começo, e, em 2018, uma decisão da Suprema Corte da Califórnia fez com que essa afirmação pudesse ser feita com muito mais facilidade. No caso *Dynamex*, os julgadores alteraram a forma de determinar quais trabalhadores são prestadores de serviço e quais são empregados. O novo padrão estabelecido presumia que todos os trabalhadores eram empregados, a menos que o empregador provasse o contrário com base em novos parâmetros bastante rígidos. Em setembro de 2019, a decisão foi codificada na forma de lei quando o Legislativo da Califórnia aprovou a Assembly Bill 5, que estabeleceu 1º de janeiro de 2020 como data-limite para que os empregadores reclassificassem seus trabalhadores – com ênfase especial em empresas da economia de bicos, incluindo Uber e Lyft.

Essa data passou sem alterações no status dos trabalhadores autônomos por aplicativo, mas as pressões sobre os legisladores para garantir que a lei fosse observada perduraram. Em maio de 2020, o procurador-geral da Califórnia e os procuradores locais de São Francisco, Los Angeles e San Diego processaram a Uber e a Lyft pela classificação errada de seus trabalhadores e, no mês seguinte, a PUC decidiu que motoristas de Uber e de

Lyft eram empregados, e não prestadores de serviços. Em 10 de agosto, um juiz determinou que as empresas tinham dez dias para reclassificar seus trabalhadores como empregados, mas, no último minuto, a decisão foi adiada para depois da eleição de 3 de novembro. Enquanto essas contestações se desenrolavam, as empresas de aplicativos se valeram de outro plano para evitar a reclassificação.

A Uber e a Lyft uniram forças com outras empresas de aplicativos, como a DoorDash e a Instacar, para preparar um referendo a ser votado pelos eleitores da Califórnia a fim de cimentar o status dos trabalhadores como prestadores independentes de serviços. A Proposta 22, como foi nomeada, também prometia a esses trabalhadores um salário mínimo e alguns benefícios, mas a garantia de remuneração só valia para os momentos em que estivessem com um passageiro ou no caminho de entrega de algum pedido – o que significava um valor efetivo estimado de 5,64 dólares por hora.[31] Os benefícios eram restringidos de forma similar, de modo que poucos trabalhadores realmente teriam acesso a eles.

As empresas investiram mais de 200 milhões de dólares nessa campanha. Elas inundaram os usuários e os motoristas com notificações favoráveis à Proposta 22; pagaram para que figuras de destaque apoiassem o referendo, incluindo a líder do braço californiano da National Association for the Advancement of Colored People [Associação Nacional para a Promoção de Pessoas de Cor], que mais tarde pediu seu afastamento por conflito de interesses; e enviaram malas diretas falsas para passar a impressão de que a Proposta 22 era apoiada por grupos progressistas ligados ao senador Bernie Sanders. Como resultado, a iniciativa

---

31 Ken Jacobs e Michael Reich, "The Uber/Lyft Ballot Initiative Guarantees Only $5.64 an Hour". UC Berkeley Labor Center, 21 out. 2019.

foi aprovada com mais de 58% de apoio – mas, nas semanas que se seguiram, muitos eleitores disseram terem sido enganados e levados a acreditar que a medida ajudaria os motoristas, e não que negaria seus direitos trabalhistas. Poucos meses após a votação, as empresas subiram os preços, apesar de afirmações de que não o fariam caso a Proposta 22 fosse aprovada, e os trabalhadores revelaram que os valores recebidos na verdade caíram.

Depois de desregulamentar a indústria, as companhias de aplicativo tinham efetivamente reescrito as leis trabalhistas do estado a serviço dos próprios interesses. Mas, ao fazê-lo, também abriram a porta para que, no futuro, outras empresas reclassificassem seus trabalhadores como prestadores de serviços. Dubal chamou a Proposta 22 de "o desmonte mais radical de legislações trabalhistas desde Taft-Hartley, em 1947",[32] uma lei federal que restringia as atividades e o poder dos sindicatos, e ainda não testemunhamos todos os seus efeitos.

A história da Uber demonstra a continuidade da relevância da ideologia californiana. A fé da empresa na capacidade do mercado e das novas tecnologias de transformar a indústria do táxi foi inabalável – e, no mínimo, oferecia ao público a justificativa de que melhoraria o mundo. Para esse fim, a Uber ignorou regras e regulamentos que impediam sua rápida expansão e se envolveu com o sistema político exclusivamente para sufocar qualquer tentativa de aplicação da lei. Mas, apesar de todas as declarações ousadas sobre seu potencial transformador, a Uber acabou por servir a uma agenda insidiosa que prejudica os trabalhadores e o público enquanto aumenta o poder corporativo.

Quando disse que a Uber esmagaria o cartel dos táxis, Kalanick não estava falando das empresas de táxi, ainda que elas tenham

---

32   Wilfred Chan, "Can American Labor Survive Prop 22?". *Nation*, 10 nov. 2020.

sido arrastadas no processo; estava falando, na verdade, dos últimos vestígios do poder que os taxistas exerciam sobre as condições da indústria. Essa campanha não foi realizada em benefício do público como um todo, e certamente não beneficiou os motoristas. Em vez disso, os frutos da desregulamentação foram colhidos pelos trabalhadores de colarinho branco que escaparam da aniquilação que acompanhara a recessão e pelos jovens profissionais da indústria de tecnologia e das finanças que, na década seguinte, prosperaram à custa daqueles que – junto com os pobres, os imigrantes e os trabalhadores racializados que jamais conseguiram sair da precariedade, para começo de conversa – foram aniquilados pela quebra da economia.

Infelizmente, essa não é a história apenas da Uber, mas a realidade de tantas ideias da indústria de tecnologia para o futuro do transporte e das cidades. Mais tecnologia e menos regulamentação não resolvem problemas fundamentalmente políticos; só permitem que pessoas ricas e poderosas imponham suas vontades sobre todos os outros. No caso da Uber, a tecnologia pelo menos funcionou, mas nem sempre é assim. E como, quando se trata de tecnologia, a fé na inovação pode exceder as capacidades reais, o lançamento nas ruas de produtos ainda não finalizados pode ter consequências mortais.

5. CARROS AUTÔNOMOS QUE NÃO ENTREGAM RESULTADOS

O Google foi uma ferramenta essencial do início da internet, contudo, conforme a empresa cresceu e se tornou uma das maiores do mundo graças aos lucros que extraía de seu monopólio como motor de buscas, também conquistou poder para se impor em indústrias que estavam além de sua competência principal. Na primeira metade dos anos 2010, a empresa e seus fundadores desenvolveram um interesse especial no futuro do transporte, e, naturalmente, influenciaram o modo como a indústria inteira – e muito do público – pensava sobre como nos deslocaríamos nos anos e décadas à frente.

Entre sucessos e fracassos, Sergey Brin, um dos cofundadores da empresa, vinha tentando se transformar em um visionário da tecnologia enquanto tocava a divisão experimental Google X e gerava euforia sobre várias tecnologias que estavam sendo desenvolvidas ali. Em 2012, Brin tentou vender a ideia de que um par de óculos *smart* bastante feio chamado Google Glass seria o próximo grande produto de tecnologia, mas a ideia foi um fiasco. No entanto, e ao menos de início, parecia que sua visão para um futuro urbano em que carros autônomos dominariam as ruas de todo o mundo evitaria um destino similar.

Em setembro de 2012, o então governador da Califórnia, Jerry Brown, apareceu ao lado de Brin na sede do Google no Vale do Silício para assinar uma lei que pretendia acelerar os testes com veículos autônomos. No evento, Brin contou aos repórteres que acreditava que "os carros autônomos serão muito mais seguros do que os carros dirigidos por humanos".[1] Além disso, os veículos reduziriam os congestionamentos, melhorariam a eficiência no uso de combustíveis, estariam preparados para todos os imprevistos que pudessem aparecer e serviriam melhor

---

[1] James Niccolai, "Self-driving Cars a Reality for 'Ordinary People' within 5 Years, Says Google's Sergey Brin". *Computer World*, 25 set. 2012.

àqueles "que recebem menos atenção do que deveriam do atual sistema de transporte".

Era uma visão ousada; uma visão que não só parecia enfrentar muitos dos problemas centrais criados pela adoção em massa dos automóveis na segunda metade do século XX, mas que também confiaria na tecnologia, e não no governo ou em órgãos reguladores, para resolvê-los. Mais importante ainda, esse futuro mágico de automobilidade tecnológica não estaria muito longe. "Podemos contar nos dedos de uma mão em quantos anos as pessoas comuns poderão experimentar isso", Brian disse a repórteres, enquanto assegurava que, ainda que as metas da empresa fossem ambiciosas, ele não achava que estava prometendo demais.[2] Mas essa ingenuidade quanto às dificuldades que apareceriam na fase de desenvolvimento e as incertezas com relação à viabilidade dos futuros ousados que nos eram oferecidos podem acabar se tornando a história definitiva do carro autônomo.

A ideia era de que o Google e outras empresas que estivessem trabalhando em carros autônomos instalariam alguns sensores em uma frota de veículos para que esses carros pudessem "ver" seus arredores, e, depois, equipes de engenheiros treinariam um sistema de inteligência artificial, ou IA, com simulações e percursos no mundo real para que o veículo fosse capaz de manobrar em todas as condições de pista. Pessoas como Brin tinham tanta fé no poder dessa tecnologia que acreditavam que ela logo conseguiria trafegar por ruas abertas muito melhor do que um motorista humano – o que nos tornaria efetivamente obsoletos.

A visão de Brin para o sistema de mobilidade que os veículos autônomos introduziriam era muito similar às promessas das empresas de transporte de passageiros por aplicativo, que, não

---

2   John Paczkowski, "Google's Self-Driving Cars Now Legal in California". *All Things D*, 25 set. 2012.

por coincidência, naquele mesmo momento estavam decolando no Vale do Silício. A UberX, a versão de baixo custo do serviço da Uber concebida especificamente para atacar o negócio do táxi, foi lançada em julho de 2012, apenas alguns meses antes da aparição de Brin ao lado do governador Brown. Também ela prometia acabar com congestionamentos, servir aos que precisavam, reduzir emissões de gases do efeito estufa e introduzir um sistema de transporte que não dependesse mais da propriedade de carros particulares. Sempre que precisássemos ir a algum lugar, bastaria solicitar uma viagem para que um carro aparecesse e nos levasse aonde quiséssemos.

Nos dois anos seguintes, o burburinho ao redor dos carros autônomos cresceu. Antes de começar a construir um hardware rudimentar para operar um sistema do tipo em novos veículos em setembro de 2014, Elon Musk já havia contado a jornalistas que estava explorando um sistema de piloto automático para os veículos da Tesla em 2013. A Toyota, a Nissan e outras montadoras também se envolveram com a questão da automação dos carros, ainda que esperassem que a implementação da tecnologia fosse demorar mais do que o proposto por Brin. Na conferência Code [Código] de maio de 2014, Travis Kalanick, CEO da Uber, pulou no bonde dos carros autônomos e contou a Kara Swisher, uma das cofundadoras do evento, que "a razão pela qual as corridas de Uber às vezes não são baratas está no fato de que você está pagando pelo outro cara dentro do carro", e, ainda que a automação não fosse acontecer da noite para o dia, sua intenção era automatizar os motoristas humanos dos quais a entrega do produto central da Uber dependia.[3] No mesmo momento em que Kalanick dava essas declarações, a

---

3   Nicholas Carlson, "Uber Is Planning for a World Without Drivers: Just a Self--Driving Fleet". *Business Insider*, 28 maio 2014.

Uber travava uma batalha de relações públicas contra relatos sobre pagamentos terrivelmente baixos recebidos por motoristas – e, da mesma forma que a empresa começava a perder seu brilho, também havia problemas nos bastidores do projeto de veículos autônomos do Google.

No dia anterior à subida de Kalanick no palco, Brin fez sua aparição na conferência, e, mais uma vez, tinha o pensamento dominado pelos veículos autônomos. Ele descreveu como o Google X estava trabalhando em projetos para "transformar o mundo" e usou um protótipo do veículo mais tarde denominado Firefly para se exibir.[4] O automóvel parecia mais uma cápsula do que um sedan ou um coupé e não tinha volante nem pedais. A ideia era de que ele fosse conduzido pelo sistema de direção autônoma e de que os passageiros jamais precisassem se preocupar em assumir o controle. A visão utópica dos veículos autônomos estava contida no próprio design do veículo: a noção de que os engenheiros do Google desenvolveriam um sistema capaz de dirigir em todas as condições de pista e de eventos meteorológicos, sem importar o que acontecesse ao seu redor, e em qualquer momento do dia ou do ano. Brin repetiu a visão que havia exposto dois anos antes sobre a redução de congestionamentos, vagas de estacionamento, mortes no trânsito e colisões, e continuava a acreditar que a empresa transportaria pessoas comuns em veículos autônomos dentro do limite original de cinco anos – e, assim, ainda restavam dois ou três anos pela frente.

De modo notável, o evento também ofereceu um vislumbre do papel que a mídia de tecnologia desempenhava na legitimação dos carros autônomos e de outras ideias grandiosas provenientes de figuras influentes da indústria. Swisher, que também é

---

[4]   Kara Swisher, "Self-Driving into the Future: Full Code Conference Video of Google's Sergey Brin". *Recode*, 11 jun. 2014.

cofundadora do site de notícias de tecnologia *Recode*, apareceu em um vídeo promocional curto para o Firefly em que afirmava que o veículo era agradável e descolado e que essa era, "conceitualmente, a direção para a qual as coisas estão caminhando". Mais tarde, durante a entrevista, ela disse acreditar que "os carros autônomos são de importância fundamental".[5]

Como resultado, Brin não encontrou muita resistência quando explicou por que os carros elétricos confeririam ao Google "a capacidade de mudar o mundo e as comunidades ao nosso redor" – e pôde declarar, ainda, que os veículos não haviam se envolvido em nenhum acidente. Mas, apesar de a segurança ser o argumento central em favor da abolição dos motoristas humanos, já havia alguns problemas com o histórico de acidentes da equipe. A priorização do desenvolvimento da tecnologia em detrimento da segurança viria a ser um problema à medida que mais empresas buscassem competir na corrida pelo ilusório carro autônomo.

Já em meados de 2010, o Vale do Silício e muitas das principais montadoras haviam conseguido levar um segmento significativo da mídia e, por extensão, do público, a acreditar que um futuro de veículos autônomos onipresentes estava a apenas alguns anos de distância. Eles transformariam o mundo, moldariam nossas comunidades e resolveriam todos os problemas que havia tanto tempo acompanhavam a adoção em massa dos automóveis – só precisaríamos ter paciência e confiar que as mentes brilhantes dos engenheiros dessas empresas entregariam produtos revolucionários ao mercado. Não havia como isso não acontecer; bastava que tivéssemos fé no poder da tecnologia. Mas essa não era, de modo algum, a primeira vez em que se dizia que veículos autônomos revolucionariam a mobilidade automotiva.

5   Ibid.

Enquanto os automóveis inundavam as vias urbanas e acumulavam altas taxas de mortalidade nos anos 1920 e 1930, apresentações de "carros fantasmas" espantavam o público por todos os Estados Unidos. Um jornal de Ohio observou em 1932 que "é verdade que o carro sem motorista cruzará a cidade mesmo nos congestionamentos mais pesados – dará partida, freará, buzinará, virará à direita ou à esquerda, pegará retornos ou rotatórias e prosseguirá como se um motorista invisível estivesse ao volante".[6] Eles eram "um dos produtos mais incríveis da ciência moderna", pilotados não por um sistema de computador, mas por controle remoto. Os veículos não tinham motorista no sentido de que não havia alguém atrás do volante – e, desse modo, ocultavam o trabalho humano em prol do espetáculo, e isso, ao contrário do que possa parecer, não é tão diferente do que acontece hoje.

Os carros autônomos viraram um atributo corriqueiro na ficção científica barata da época e adentraram até mesmo visões aparentemente mais realistas do futuro. A exposição *Futurama*, da General Motors, na Feira Mundial de 1939, em Nova York, imaginou não só mais alguns milhões de automóveis nas ruas e passarelas elevadas que separariam os pedestres dos carros, mas também autoestradas automatizadas em que os veículos seriam controlados por ondas de rádio. A ideia era que todas essas invenções estariam implementadas já em 1960, mas, ainda que os subúrbios e as vias expressas tenham se tornado mais comuns nas duas décadas seguintes, não foi isso que aconteceu com as autoestradas tecnologicamente aprimoradas.

Nos anos 1950, a Radio Corporation of America [Corporação de Rádio dos Estados Unidos], mais conhecida como RCA, começou a testar um sistema de cabos enterrados no asfalto para

---

6   Adrienne LaFrance, "Your Grandmother's Driverless Car". *Atlantic*, 29 jun. 2016.

guiar os veículos ao longo de rodovias. Os "choferes eletrônicos" eram projetados para eliminar acidentes e garantir a segurança nas estradas. Quando o sistema foi apresentado para jornalistas em 1960 com o uso de veículos da GM equipados com bobinas nas dianteiras para capturar os campos eletromagnéticos, o jornal *Press-Courier* declarou que a RCA havia "colocado carros sem motorista nas ruas" e que andar em um deles "podia ser tão assustador quanto ver um fantasma até que nos acostumássemos com a ideia. Mas algum dia talvez tenhamos de viver com isso".[7] Passados mais de sessenta anos, ainda não temos de viver com nada parecido com isso, contudo os testes com carros autônomos continuaram nos Estados Unidos e em outros países.

Em 1977, a Tsukuba Mechanical exibiu no Japão um veículo autônomo próprio, que aprimorava experimentos anteriores com o uso de duas câmeras que detectavam marcações nas ruas a uma velocidade máxima de 32 km/h. Uma década mais tarde, o engenheiro alemão Erns Dickmanns exibiu o VaMoRs, um veículo equipado com câmeras na frente e na traseira. Ao usar unidades de microprocessamento, o carro adquiria uma "visão dinâmica" que detectava objetos relevantes na pista e, desse modo, trafegava na *Autobahn*[8] em velocidade de até 96 km/h.[9] Mas, apesar de todos esses avanços, o veículo autônomo continuou a ser um experimento.

O governo dos Estados Unidos também estava interessado nas perspectivas da direção autônoma, tanto para uso militar como civil. Nos anos 1980, a Iniciativa de Computação Estraté-

---

7   Doc Quigg, "Reporter Rides Driverless Car". *Press-Courier*, 7 jun. 1960.
8   Sistema federal de rodovias de acesso controlado da Alemanha, que, em trechos sem restrições (fora de zonas urbanas e em boas condições climáticas), é famoso por não ter limites de velocidade – ainda que as autoridades de trânsito recomendem o tráfego a no máximo 130 km/h. [N. T.]
9   "A Brief History of Autonomous Vehicle Technology". *Wired*, s/d.

gica da DARPA financiou o projeto Veículo Terrestre Autônomo como parte de seus esforços para "levar novas tecnologias para o campo de batalha".[10] O projeto fez avanços significativos no uso da detecção remota a laser e da visão computacional para navegação autônoma. Um dos beneficiários desse financiamento foi a Universidade Carnegie Mellon, que usou o dinheiro da DARPA para criar seu primeiro veículo autônomo Navlab. O experimento serviu como fundação para pesquisas futuras voltadas a usos civis.

Com esse objetivo, a Intermodal Surface Transportation Efficiency Act [Lei da Eficiência do Transporte Intermodal de Superfície], de 1991, determinou que o Departamento de Transportes (DOT) desenvolvesse "um protótipo de rodovia e de veículo automatizados a partir do qual futuros sistemas veículo-rodovia inteligentes e totalmente automatizados possam ser desenvolvidos".[11] Para alcançar essas metas já em 1997, quase 100 milhões de dólares foram entregues a parceiros no setor privado e a centros universitários de pesquisa, incluindo a mesma equipe em Carnegie Mellon. Em 1995, o quinto Navlab fez uma viagem interestadual semiautônoma em que o computador controlou o volante e um motorista humano fez todo o resto. O DOT encerrou o programa em 1997, mas esse não foi o fim do envolvimento do governo.

O financiamento militar continuou até os anos 2000 com programas específicos voltados ao aprimoramento das capacidades de sistemas de direção autônoma para uso no campo de batalha, mas o financiamento não se limitava aos vários parceiros do setor privado. A DARPA também criou uma série de desafios

---

10   Robert D. Leighty, "DARPA ALV (Autonomous Land Vehicle) Summary". U.S. Army Engineer Topographic Laboratories, mar. 1986.
11   Robert A. Ferlis, "The Dream of an Automated Highway". *Public Roads*, n. 71, v. 1, jul.-ago. 2007.

que estavam abertos a equipes do mundo todo e que concediam prêmios em dinheiro para quem conseguisse projetar um veículo autônomo capaz de trafegar por um percurso de obstáculos predeterminado. O Grande Desafio consistia em um percurso *off-road* que nenhuma equipe conseguiu completar em 2004, e, assim, uma segunda rodada foi organizada em 2005, na qual um grupo da Universidade de Stanford venceu por pouco os colegas da Carnegie Mellon e levou o prêmio milionário.

Em 2007, o Desafio Urbano foi lançado com um percurso que simulava o ambiente de uma cidade, no qual os veículos teriam de interagir com pedestres e outros tipos de veículos em terrenos desnivelados. Dessa vez, a DARPA concedeu 1 milhão de dólares para cada uma das onze equipes para auxiliá-las no desenvolvimento de seus respectivos sistemas de direção. A equipe da Carnegie Mellon ficou com o prêmio de 2 milhões de dólares para o primeiro lugar, enquanto a equipe de Stanford ficou em segundo e ganhou 1 milhão. Muitos dos experimentos realizados nesses desafios aconteceram em universidades e em empresas privadas, mas também corresponderam à ascensão do Vale do Silício e à transformação de várias de suas empresas centrais em gigantes à procura de soluções tecnológicas que estivessem além de seu núcleo de negócios. Como era de esperar, essas empresas prestaram atenção no que as equipes de pesquisadores estavam fazendo.

Entre as pessoas que trabalhavam nos veículos que competiram no primeiro Grande Desafio estava Anthony Levandowski, estudante de engenharia da Universidade da Califórnia em Berkeley. Antes de ingressar em Berkeley em 1998, Levandowski havia se mudado para a Califórnia vindo da Bélgica em meados dos anos 1990, mas seu papel como líder de uma das equipes do Grande Desafio abriu caminho para que se juntasse ao Google X e trabalhasse no Street View em 2007. Esse recurso permitia que as pessoas usassem o Google Maps para ver como bairros e negócios eram no nível da rua, mas isso exigia a captura de imagens de todas as vias e cidades dos Estados Unidos e, depois, ao redor do mundo.

Por volta da mesma época em que foi contratado pelo Google, Levandowski cofundou a 510 Systems, que desenvolveu – e vendeu a seu empregador – a caixa de sensores que é instalada no teto de todos os carros do Google Maps para capturar todas as fotos necessárias. Em 2008, ele também fundou a Anthony's Robots com o objetivo de montar um Toyota Prius autônomo para um programa de televisão do Discovery Channel. No ano seguinte, Brin e o cofundador do Google Larry Page aprovaram um projeto de carro sem motorista que seria encabeçado por Sebastian Thrun, líder da equipe de Stanford que competira nos desafios da DARPA, e que teria Levandowski trabalhando no hardware. Surgiram problemas quase imediatamente.

Levandowski adquiriu a reputação de ser "um babaca", nas palavras ditas por um ex-colega para Charles Duhigg, um jornalista da *New Yorker*,[12] e a equipe sentia que ele estava mais preocupado com sua ascensão pessoal do que com o avanço do projeto. Para acelerar o desenvolvimento, o Google empregou algumas das tecnologias que já haviam sido desenvolvidas pela 510 Systems, mas que Levandowski também estava oferecendo para concorrentes ao mesmo tempo em que o produto se tornava parte fundamental do projeto de carros sem motorista do Google. Quando essas ações foram descobertas, a equipe pensou que Levandowski seria demitido, mas o que aconteceu foi o oposto. Page considerou que a empresa precisava de pessoas como ele,

---

12 Charles Duhigg, "Did Uber Steal Google's Intellectual Property?". *New Yorker*, 15 out. 2018.

já que o ritmo de inovação em seus principais produtos estava começando a desacelerar, e, assim, apesar da resistência de Thrun e de seus colegas, Levandowski ganhou mais autoridade. O Google também adquiriu a 510 Systems e a Anthony's Robots e estruturou a compra de modo que Levandowski recebesse um valor significativo, já que Page sabia que enriquecer era uma de suas principais motivações. Mas ser recompensado por suas ações só intensificou as piores qualidades de Levandowski.

No começo dos anos 2010, enquanto Brin fazia turnês para falar do futuro maravilhoso que seria possível graças aos veículos autônomos, Levandowski cuidava do desenvolvimento – e a abordagem que adotou encarnava a mentalidade do "avance rápido e não tenha medo de errar", que, para chegar ao mercado antes dos concorrentes, considerava que a segurança era uma questão secundária. O software que os veículos usavam estava limitado a algumas rotas específicas em que a equipe acreditava que seria seguro operar, mas, após voltar ao trabalho, Isaac Taylor, um executivo do Google, descobriu que, no tempo em que estivera de licença-paternidade, em 2011, Levandowksi havia desativado o protocolo de segurança para que pudesse usar o veículo onde quisesse.

Em uma tentativa de mostrar que o que estava fazendo era seguro, Levandowksi levou Taylor para dar uma volta. Mas, quando o Prius em que estavam encontrou um Toyota Camry que tentava entrar na via expressa, o que foi demonstrado foi o oposto. Como explica Duhigg:

> Um motorista humano poderia ter lidado facilmente com a situação ao desacelerar e deixar que o Camry adentrasse o tráfego, mas o software do Google não estava preparado para esse cenário. Lado a lado, os carros continuaram a acelerar na via expressa. O motorista do Camry jogou o veículo para o acostamento da direita.

Depois, aparentemente tentando evitar uma mureta, desviou para a esquerda; capotando, o Camry atravessou a via e invadiu o canteiro central.[13]

Quando assumiu a direção, Levandowski teve que fazer uma manobra tão brusca que causou lesões na espinha de Taylor, que, mais tarde, precisou de várias cirurgias. Nem Levandowski nem Taylor revelaram seu envolvimento às autoridades ou informaram que um veículo autônomo havia participado do acidente.

Levandowski não se arrependeu e, mais tarde, ao enviar o vídeo do ocorrido a seus colegas, defendeu que o incidente era "uma fonte valiosíssima de dados". Ele não foi punido; na verdade, continuou a circular por rotas que não faziam parte do software. Ex-executivos do Google disseram a Duhigg que houve mais de uma dúzia de acidentes nos primeiros anos do projeto e que ao menos três haviam sido graves, mas isso não impediu Brin de continuar a falar sobre como os veículos eram seguros.

A reportagem de Duhigg foi publicada na *New Yorker* em 2018, em um momento em que o sonho dos veículos autônomos já começava a perder o brilho e o entusiasmo com as máquinas estava em queda livre. Mas, tivessem essas informações chegado ao público alguns anos mais cedo, quando Brin ainda se associava ao início do burburinho, a percepção sobre os carros autônomos e suas capacidades teria sido muito diferente. Em vez disso, fomos submetidos a anos de ciclos de notícias que ajudaram a criar o mito de veículos autônomos onipresentes que resolveriam todos os nossos problemas de transporte – e em tal grau que grupos libertários financiados pelos bilionários irmãos Koch usaram a promessa dos carros sem motorista para atacar projetos de expansão dos sistemas de transporte público nos Estados Unidos.

13   Ibid.

Assim como acontecera no caso dos serviços de transporte de passageiros por aplicativo, as críticas ao transporte público se tornaram uma das narrativas definidoras do futuro sem motorista. Havia quem defendesse a ideia da automação dos ônibus e a preservação de uma forma de mobilidade coletiva, mesmo que essas propostas ignorassem a importância desses trabalhadores para além da condução dos veículos. Mas muitos adeptos nem sequer fingiam querer a continuação do transporte público. Os passageiros não teriam mais de dividir espaço com outras pessoas – como Musk disse certa vez, algum de nossos companheiros de viagem poderia ser um *serial* killer! – ou andar até um ponto de ônibus. Em vez disso, um carro autônomo buscaria as pessoas em qualquer lugar e as deixaria onde quisessem – a solução perfeita para o dilema da *last mile* que deixava de lado todos os problemas espaciais relacionados ao sonho de cada pessoa ter a própria cápsula autônoma. Apesar de todo o burburinho, há vários problemas implicados na visão grandiosa de um futuro de mobilidade autônoma, e fazer com que as pessoas os aceitem exigirá uma nova mudança no modo como pensamos as ruas.

Nos primeiros anos do automóvel, acreditava-se que essa nova forma de mobilidade encontraria um jeito de coexistir com o arranjo multimodal que já ocupava as ruas, no qual carruagens puxadas a cavalo, vendedores de rua, pedestres, bondes e ciclistas compartilhavam o mesmo espaço. A baixa velocidade de viagem e a capacidade de enxergar um ao outro sem um para-brisa com insulfilm permitiam a circulação por ruas movimentadas, mas, conforme a velocidade dos automóveis foi aumentando, os carros deixaram de ser só mais um dos modais de transporte e passaram à condição de intrusos que ofereciam uma ameaça mortal para os outros usuários da rua.

O desejo por maior velocidade acabou por jogar os interesses conflitantes em campos separados para que lutassem por suas respectivas visões sobre a rua: o que favorecia o arranjo existente e o que queria o domínio dos automóveis. Como sabemos, os interesses automotivos levaram a melhor, mas o processo de reformulação das ruas e cidades para o automóvel não foi rápido ou fácil. Como explica Peter Norton, foram necessárias não só a reconstrução física, mas também uma reconstrução social para que as pessoas aceitassem as novas regras das ruas.[14]

Entre as décadas de 1910 e 1930, campanhas para mudar a forma como as pessoas percebiam a rua e a utilizavam aumentaram lentamente de intensidade em cidades de todos os Estados Unidos. Nas escolas, as crianças aprendiam a prestar atenção quando estavam perto da rua e a só atravessar nos lugares marcados. Mesmo que ainda pudessem usar a rua, na prática esse direito havia sido perdido, já que a velocidade dos carros as colocava em grande perigo. Os jornais também aderiram à campanha, sobretudo quando a entrada de dólares de anúncios pagos pelas empresas automotivas começou a aumentar. A cobertura de acidentes de trânsito foi alterada para colocar maior ênfase na vítima, e não no motorista, o que com o tempo moldou os sentimentos do público. Ainda hoje essa é uma prática comum nos Estados Unidos, com mortes e ferimentos atribuídos com mais frequência ao veículo do que à pessoa detrás do volante.[15]

Mas uma das mudanças mais impactantes foi a criação de uma fama ruim para os pedestres que andavam na rua, que passaram a ser chamados de "*jaywalkers*". O termo foi popularizado na década de 1920 e sugeria que pessoas que não atravessavam

---

14 Peter D. Norton, *Fighting Traffic*, op. cit.
15 Kelcie Ralph et al., "Editorial Patterns in Bicyclist and Pedestrian Crash Reporting". *Transportation Research Record: Journal of the Transportation Research Board*, n. 2673, v. 2, 2019.

nos lugares apropriados eram jecas ou caipiras – indivíduos que não entendiam as regras da vida na cidade. No entanto, o *"jaywalker"* não foi um conceito inventado pelos próprios residentes urbanos. Na verdade, ele foi produto da indústria automotiva, que o elegeu para constranger os pedestres a renunciar a seus direitos sobre a rua alterando a forma como essas pessoas pensavam sobre si mesmas – e foi um sucesso. Os pedestres foram expulsos da rua, que foram física e juridicamente reformuladas para os automóveis. As vias foram pavimentadas com um asfalto liso, receberam linhas para direcionar o fluxo do tráfego, novos sistemas de iluminação foram feitos para os cruzamentos e o sistema de automobilidade se desenvolveu a partir daí.

No curso de várias décadas, o automóvel deixou de ser um veículo de lazer para ricos que, ainda que imperfeitamente, cabia na paisagem urbana então prevalecente e passou a dominá-la por completo, com consequências severas para o ambiente, para a vida urbana e para a saúde e segurança de todos que estejam na rua – tanto pedestres como motoristas. As visões de como o veículo autônomo caberá hoje nas dinâmicas de rua existentes são igualmente ingênuas, se é que não totalmente desonestas, e pressupõem um conjunto de benefícios enquanto deixam de ponderar seus inconvenientes ou fazem pouco-caso deles.

Quando os automóveis adentraram as ruas das cidades, as montadoras não falaram para os estadunidenses sobre os milhões de pessoas que seriam mortas por eles só nos Estados Unidos, nem sobre o fato de que eles seriam uma das forças motrizes do aquecimento do planeta – mesmo assim essas coisas aconteceram, enquanto muitos dos benefícios prometidos pela indústria automotiva nunca se concretizaram. De modo similar, em vez de aceitar a utopia dos veículos autônomos que companhias e executivos tentam nos vender, devemos ser mais críticos diante do que parece ser o resultado mais provável dessa nova tecnologia de transporte. Assim como os automóveis exigiram uma reconstrução social em acréscimo a uma reconstrução física, o mesmo acontecerá com os carros autônomos – e algumas das pessoas envolvidas já admitiram isso.

Quando o prazo em que os veículos autônomos deveriam estar prontos se esgotou e os desafios a serem enfrentados pela tecnologia ficaram evidentes tanto para as pessoas da indústria que tentavam fazer progressos nos sistemas de direção como para o público em geral, que começou a ver cada vez mais histórias sobre veículos autônomos que se acidentavam de modos preocupantes, alguns experts passaram a discutir como seria necessário mais do que apenas uma inteligência artificial afiada para trazer essas fantasias à vida. Em 2018, o site *The Verge* relatou que Andrew Ng, um dos cofundadores da equipe de inteligência artificial de aprendizagem profunda Google Brain, havia dito que "o problema é menos a construção de um sistema perfeito de direção e mais o treinamento das pessoas nas proximidades para que prevejam o comportamento da direção autônoma". E acrescentou: "Deveríamos estabelecer uma parceria com o governo para pedir que as pessoas cumpram as leis e prestem atenção. A segurança não depende só da qualidade da tecnologia de inteligência artificial".[16]

O que Ng descreveu estava muito longe do que pessoas como Brin e Musk diziam que os veículos autônomos seriam capazes de fazer. No lugar da detecção dos arredores, a resposta de Ng sugeria que as normas sociais e o comportamento dos pedestres teriam que ser alterados mais uma vez para abrir espaço para os carros autônomos. Em um reflexo da forma como a aplicação de regulamentos para automóveis expandiu enormemente os

---

[16] Russell Brandom, "Self-driving Cars Are Headed toward an AI Roadblock". *The Verge*, 3 jul. 2018.

poderes da polícia no século XX, a vigilância policial também seria necessária para garantir que as pessoas seguissem as novas regras. Logo depois, vários defensores dos veículos autônomos rejeitaram esses comentários, mas, comparada às visões utópicas mais frequentes, a admissão de Ng é uma análise mais realista daquilo que será preciso fazer para que os carros autônomos "funcionem" de fato.

Nos anos que se seguiram, outras declarações preocupantes foram feitas sobre as mudanças a serem introduzidas em um mundo feito para carros autônomos. Em 2019, o *New York Times* publicou um artigo que ecoava o receio de que "jaywalkers" impedissem a adoção de carros autônomos. "Se os pedestres souberem que nunca serão atropelados", dizia o artigo, "o número de travessias fora da faixa poderá explodir e fazer com que o tráfego fique paralisado."[17] Um agente não identificado da indústria automotiva sugeriu que "portões em cada esquina, abertos periodicamente para permitir o cruzamento de pedestres", poderiam ser uma resposta para o problema, e, ainda que tenha descartado essa solução em particular, o artigo reconhecia que "esse era um exemplo das ideias daqueles que se preocupam com o planejamento do futuro".[18] Em suma, há muitas pessoas que pensam que os veículos autônomos estão chegando e que os pedestres terão de sofrer ainda mais restrições para que o funcionamento se dê adequadamente em grande escala.

Pesquisadores da Universidade de Princeton, por exemplo, se perguntaram: se os veículos autônomos precisarão de conexão constante para transitar pelas ruas, por que não conectar também os pedestres? Eles sugeriram que todas as pessoas fossem obrigadas a vestir refletores de radar, de modo que os sensores

---

17   Eric A. Taub, "How Jaywalking Could Jam Up the Era of Self-Driving Cars". *New York Times*, 1 ago. 2019.
18   Ibid.

dos veículos pudessem identificá-las em condições de baixa visibilidade,[19] mas a noção de que todos deveriam ser obrigados a usar sensores para não serem atropelados por veículos autônomos naturalmente soou ridícula para muitos leitores – ao menos até que uma medida similar incluída na Infrastructure Investment and Jobs Act [Lei de Investimentos e Empregos em Infraestrutura] fosse assinada pelo presidente Joe Biden em novembro de 2021. Se sinalizadores do tipo são necessários para que os veículos funcionem com segurança, por que, afinal, esses carros deveriam estar nas ruas?

Mas remodelar comportamentos pode ir além de mudar a forma como os pedestres agem. No começo do século XX, os planejadores urbanos pararam de tentar moldar como as ruas seriam usadas em prol do interesse público e adotaram uma abordagem que respondia à demanda percebida, de modo a aumentar muito a oferta de vias e, por extensão, incentivar as pessoas a dirigir automóveis. A continuidade dessa abordagem com os veículos autônomos poderá ter consequências imprevisíveis sobre como nos deslocamos e planejamos nossas comunidades.

Muitos entusiastas dos veículos autônomos partem do pressuposto de que esses carros reduzem o número de vagas necessárias, o que libera espaço para outras atividades, aumenta a densidade urbana e reduz o espalhamento das cidades – mas não há garantias disso. Dependendo de como seu preço seja definido, os veículos autônomos poderão incentivar trajetos mais longos, sobretudo se os passageiros – que não terão que dirigir e poderão usar o telefone, ver vídeos, dormir ou fazer uma série de outras coisas – os considerarem mais confortáveis. Para uma empresa como o Google, cuja principal fonte de receita é a publicidade, ter

---

[19] Matthew Sparkes, "Should We All Wear Sensors to Avoid Being Run Over by Driverless Cars?". *New Scientist*, 5 mar. 2021.

uma grande audiência cativa à qual possa servir anúncios durante as viagens seria uma expansão atraente desse segmento do negócio. Mas outras dinâmicas capitalistas também podem levar as pessoas para mais longe do núcleo urbano em vez de trazê-las para dentro dele.

Mesmo após o rompimento da bolha imobiliária em 2008, a financeirização de terrenos e da propriedade fez com que os preços da habitação disparassem nas cidades grandes. A habitação passou à condição de investimento especulativo a ser adquirido por pessoas ricas que nem mesmo têm interesse em morar em suas propriedades, porque são vistas como aplicações seguras com altos rendimentos – e, depois que viram seus patrimônios disparar durante a pandemia da covid-19, em 2020, os bilionários têm mais dinheiro do que nunca para aplicar em ativos especulativos.

Com os custos da propriedade já em patamares inacessíveis para um segmento cada vez maior da população, os veículos autônomos (na forma prometida por executivos de tecnologia) poderiam atuar como uma válvula de escape que daria a mais pessoas a possibilidade de se mudar para ainda mais longe dos centros das cidades em busca de casa e aluguel que não engulam quase todo o salário, já que os deslocamentos diários seriam mais toleráveis. Foi exatamente essa a experiência do automóvel: depois que permitiu que comunidades brotassem em áreas distantes das paradas de bonde, elas o fizeram – e continuaram a se expandir à medida que os interesses automotivos e imobiliários levaram o governo a gastar dinheiro público em apoio a essa forma de desenvolvimento urbano. Muitas dessas mesmas políticas e incentivos fiscais continuam em vigor, e, com Musk promovendo um futuro de subúrbios verdes (ver capítulo 8), é possível que montadoras "verdes" que ainda queiram vender muitos veículos não pretendam vê-los revogados.

Precisamos ser capazes de imaginar formas melhores de organização da mobilidade; mas, no processo, também devemos considerar os sistemas regulatórios que essas visões exigirão e como as medidas existentes terão de ser alteradas para abrir espaço para eles. Este é um dos problemas das elites da tecnologia: ao tentar evitar a política, elas ignoram como as estruturas existentes restringirão a capacidade de alcançar os mesmos resultados que justificam as soluções propostas. Dada a natureza tecnológica dessas ideias, elas também dependem da construção de novas e amplas infraestruturas, e esse é um aspecto crucial da visão dos veículos autônomos que é muitas vezes ocultado nas artes conceituais e nos pronunciamentos públicos. Mesmo assim, as infraestruturas e os algoritmos que organizam o sistema de mobilidade autônoma podem gerar um novo conjunto de desafios próprios.

Em seu romance de estreia, *Infinite Detail* [Detalhes infinitos], Tim Maughan imaginou um futuro em que a internet caiu – em conjunto com todos os sistemas conectados nos quais não pensamos enquanto vivemos nosso dia a dia. Na visão do autor, a sociedade seria mudada irreparavelmente por esse evento; apesar disso, continuamos a inserir conscientemente vulnerabilidades nos sistemas de que dependemos no cotidiano e que poderiam nos levar a resultados similares. Na eventualidade de um apagão prolongado da internet, por exemplo, ou mesmo de um vírus que consiga romper a ligação entre navios cargueiros e seu cérebro computacional, como aconteceu com a Maersk no caso do malware NotPetya, em 2017, a cadeia de suprimentos de que dependemos poderia ser paralisada, o que provocaria um caos econômico e privaria as pessoas das mercadorias essenciais de que dependem para a sobrevivência básica. Os veículos autônomos inseririam vulnerabilidade similar nas redes de transporte.

Em 2019, Thomas Sedran, diretor de veículos comerciais da Volkswagen, abriu o jogo quanto aos desafios que ainda havia para a adoção em massa de veículos autônomos, a qual o público havia sido levar a acreditar que, àquela altura, já teria acontecido. Sedran comparou a complexidade do desenvolvimento de um sistema de direção autônoma que funcione em todas as condições com a de "uma missão tripulada para Marte" e estimou que a ideia nunca funcionaria em escala global. Da perspectiva dele, seriam necessários pelo menos mais cinco anos de desenvolvimento – mas isso não era tudo.

> Precisamos de uma infraestrutura de dados móveis de última geração em todos os lugares, assim como de mapas digitais em alta definição constantemente atualizados. E ainda precisaríamos de marcações quase perfeitas nas ruas. Isso só acontecerá em pouquíssimas cidades. E, mesmo assim, a tecnologia somente funcionará sob condições meteorológicas ideais. Se houver grandes poças na rua durante uma chuva pesada, esse já será um fator que obrigará o motorista a intervir.[20]

Sedran descreveu o que já era evidente para muitas pessoas que trabalhavam ou que estavam prestando atenção no desenvolvimento de veículos autônomos. Esses carros não só exigirão um nível de manutenção de ruas e de adesão a regras de direção que não existem em muitas cidades, mas também demandarão uma infraestrutura técnica expandida e ainda mais estável para que possam funcionar e coordenar todas as viagens realizadas nesse novo sistema de mobilidade.

---

20 Edward Taylor, "Volkswagen Says Driverless Vehicles Have Limited Appeal and High Cost". *Reuters*, 5 mar. 2019.

Isso não quer dizer que não haja sistemas de planejamento computadorizado em outros modais de transporte. Linhas de ônibus e de metrô são traçadas e monitoradas com o uso de sistemas técnicos operados por agências de trânsito, mas há redundâncias inerentes: caso a rede caia, o ônibus pode continuar com sua rota. Mas, se a rede que coordena uma frota distribuída de carros elétricos cair ou se os mapas disponíveis para uma área em particular não estiverem atualizados, aí a história é outra. Não haverá motorista que possa simplesmente assumir a direção, sobretudo se os veículos já não tiverem volantes e pedais – como no Firefly do Google ou nos veículos autônomos de traslado em uso em cidades como Las Vegas – ou se os passageiros não souberem dirigir porque supõem que o computador fará isso por eles.

Fala-se que as redes sem fio de quinta geração que estão sendo construídas pelas companhias de telecomunicação são a bala de prata que permitirá o uso de veículos autônomos e toda uma gama de novas formas de administração algorítmica de aspectos da vida urbana. Mesmo assim, já há alertas de que nossos soberanos tecnológicos podem estar exagerando nas promessas sobre o que essas redes realmente farão. Conforme o 5G era implementado nos Estados Unidos, suas limitações ficaram bem mais patentes. O alcance do sinal é muito curto, o que significa que muitas estações-base são necessárias; até agora, o aumento de velocidade foi mínimo; e as ondas têm dificuldade em atravessar objetos comuns, como os painéis de vidro das janelas. Fazer com que esse sistema funcione exigirá investimentos maciços, mas também há algumas implicações importantes.

A construção de uma infraestrutura nova e complexa que tire o controle das mãos do público e das pessoas contratadas por governos eleitos para agir em nosso interesse será um desafio marcado por dilemas ambientais próprios. Os veículos autônomos são divulgados como formas de economia de energia e de redução de emissões, mas exigem uma capacidade computacional significativa para operar, e cada carro coletará uma quantidade imensa de dados a serem enviados de volta para os *data centers*. Talvez os próprios veículos exijam mais energia do que os automóveis tradicionais – sejam eles movidos a combustíveis fósseis ou bateria –, e os *data centers* de que dependem estão rapidamente se tornando fontes significativas de novas emissões que já rivalizam com a indústria da aviação civil.

Além disso, deixar uma parte tão grande do sistema de transporte nas mãos de planejadores algorítmicos cria riscos similares àqueles que já existem nas redes de transporte marítimo: não só tudo pode ser rastreado, mas também está vulnerável a ciberataques e a outras formas de pane. O argumento a favor dos veículos autônomos sugere que a única forma de corrigir os problemas graves que afetam os sistemas de transporte depende da digitização pesada das operações e da garantia de que todos os seus aspectos sejam constantemente rastreados e geridos – mas isso não garante o enfrentamento efetivo de nenhum dos problemas com que estamos lidando. Por muitas décadas, políticas racistas e discriminatórias moldaram as cidades e seus tecidos sociais, e os sistemas de direção autônoma podem simplesmente aprofundar esses padrões.

A verdade é que a solução dos problemas com a automobilidade não exige uma nova e ampla infraestrutura técnica formada tanto por hardware como por software; essa é apenas a direção mais atraente para pessoas no Vale do Silício que não só acreditam que a tecnologia digital poderá solucionar praticamente todos os problemas, mas que também têm incentivos financeiros para inserir esses sistemas em todos os aspectos da sociedade. Os problemas que os veículos autônomos afirmam resolver – sobretudo os congestionamentos e a segurança nas ruas – podem ser efetivamente enfrentados com meios *low-tech*, mas isso exigirá um engajamento com políticas de transporte e com a distribuição dos ônus e dos bônus que surgirem tanto no sistema existente como nas propostas para o futuro.

    Parte da promessa do Vale do Silício está na afirmação de que suas soluções são apolíticas e não envolvem o aprofundamento em questões difíceis, ainda que a natureza aparentemente apolítica dos veículos autônomos oculte como esses carros mantêm e reforçam as dinâmicas desiguais que já definem as redes de transporte. Em suma, o que eles prometem é uma mentira.

Na noite de 18 de março de 2018, a bolha de entusiasmo ao redor dos carros autônomos estourou. Uma operadora de segurança de 44 anos chamada Rafaela Vasquez estava em seu segundo turno da semana para testar o veículo autônomo da Uber nas vias públicas de Tempe, Arizona. Pouco depois de ter ativado o sistema de direção autônoma (ADS) e de o carro ter iniciado seu trajeto, uma mulher empurrando uma bicicleta entrou na estrada para atravessar para o outro lado, mas Vasquez não percebeu porque havia tirado os olhos da pista seis segundos antes do impacto.

    O ADS teve dificuldades em classificar a mulher sobre a pista. O sistema oscilou entre considerá-la um veículo, uma bicicleta e não saber o que ela era, mas, como não foi capaz de realizar previsões quanto ao trajeto que a pessoa com a bicicleta faria, em nenhum momento considerou que poderiam colidir. Quando a mulher finalmente entrou na faixa do veículo, o sistema percebeu que ambos se chocariam quando só restava 1,2 segundo para brecar, mas não fez nada. Os engenheiros haviam programado um atraso de um segundo, de modo que o carro só começou a desacelerar dois milissegundos antes de atingir a ciclista. A essa altura, Vasquez já tinha voltado a olhar para frente. Ela viu o que estava para acontecer, porém não pôde impedir que o veículo acertasse a mulher a cerca de 65 km/h. A ciclista morreu no hospital um pouco depois. Seu nome era Elaine Herzberg, e ela foi a primeira pedestre a ser registrada como vítima de um carro autônomo.

Para uma sociedade precondicionada, é fácil colocar a culpa do acidente em Herzberg. Não havia faixas de pedestres no local em que ela escolhera atravessar, exames médicos encontraram drogas em sua corrente sanguínea e ela já não estava mais aqui para se defender. Mas isso não muda o fato de que Herzberg era uma pedestre. Ela não estava dentro de uma gaiola de metal que se move em velocidade mortal.

Também poderíamos colocar a culpa em Vasquez. Ao não prestar atenção na estrada, ela estava desempenhando seu trabalho de monitoramento do veículo de forma irresponsável – não há como negar isso. Mas, aqui, a situação é diferente. A empresa que supervisionava o experimento é uma corporação multibilionária, e decisões tomadas pela liderança e pela gerência executiva do Grupo de Tecnologias Avançadas (ATG) da Uber, a divisão responsável pelo ADS, produziram impactos no resultado da batida e nos eventos que a geraram.

Mesmo antes de 18 de março de 2018, era um fato bem estabelecido que as tentativas de direção autônoma do ATG estavam sendo abandonadas pela concorrência. Quando um operador assume a direção de um ADS, esse processo é chamado de "intervenção". Nos dias anteriores ao acidente, o *New York Times* relatou que a equipe da Uber estava sofrendo para cumprir a meta de uma intervenção a cada 20 quilômetros no Arizona, enquanto sua concorrente Waymo, uma empresa-irmã do Google, tinha uma intervenção a cada 9 mil quilômetros na Califórnia. Os documentos obtidos pelo jornal também revelaram que o ATG estava sob enorme pressão para alcançar uma "corrida sem falhas" antes da visita do CEO Dara Khosrowshahi em abril de

2018 para que pudessem mostrar a tecnologia e buscar a autorização dos agentes reguladores para um serviço sem motoristas no Arizona em dezembro daquele ano. Essa pressão levou a equipe a tomar alguns atalhos em questões de segurança.

Em outubro de 2017, apenas alguns meses depois que Khosrowshahi assumiu como CEO, o ATG deu uma sacudida em suas operações. Os testes com o serviço de passageiros que vinham sendo realizados foram efetivamente encerrados e o enfoque passou a ser a coleta de mais dados com o objetivo de aprimorar o sistema o mais rápido possível. Durante esse processo, o número de motoristas de segurança por veículo foi cortado de dois para um, de modo a possibilitar um maior número de veículos na rua. A Uber alegou que essa mudança não impactou a segurança, mas o *New York Times* descobriu que, na verdade, alguns empregados haviam mencionado para seus supervisores preocupações com a segurança, e especificamente quanto ao fato de que "dirigir sozinho fará com que seja mais difícil permanecer alerta por várias horas de direção monótona".[21]

Em seu relatório final sobre o acidente, a National Transportation Safety Board [Comissão Nacional de Segurança no Transporte] (NTSB) fez uma denúncia mais profunda do histórico de segurança da Uber. Na época em que o acidente fatal aconteceu, o ATG não tinha nem uma divisão de segurança, nem um gerente dedicado exclusivamente ao setor; nem mesmo um plano a ser seguido. A NTSB também reforçou as preocupações dos operadores no sentido de que a retirada de copilotos "removia uma camada protetiva de redundância" e concluiu que as distrações dos operadores eram "um efeito típico da complacência com a automação" contra o qual o ATG *não havia desenvolvido*

---

21 Daisuke Wakabayashi, "Uber's Self-Driving Cars Were Struggling Before Arizona Crash". *New York Times*, 23 mar. 2018.

contramedidas preventivas.[22] Esses achados são gravíssimos e ilustram como as ações da companhia criaram riscos adicionais que poderiam ter sido evitados – mas os pedestres também estavam sendo colocados em perigo por problemas com o próprio veículo e com o ADS.

Em 2016, a Uber substituiu sua frota de veículos de teste, anteriormente formada por Ford Fusion, por SUVs Volvo XC90. Ambos os modelos eram equipados com câmeras, radares e sensores *lidar* – lasers que detectam os arredores do veículo. Com a troca, no entanto, o número de sensores *lidar* foi reduzido de sete, originalmente instalados no teto e ao redor dos Ford Fusion, para apenas um sensor de 360º colocado no teto dos Volvo XC90. O sensor único tinha um alcance vertical menor que dificultava a detecção de objetos próximos ao solo, incluindo pessoas. Além disso, a NTSB descobriu que o projeto do ADS "não incluía considerações quanto a pedestres que caminhassem pela rua fora dos locais indicados".[23] O sistema supunha que pedestres detectados em cruzamentos estavam atravessando a rua, mas, quando encontrados em outros lugares, não havia "atribuição de objetivos explícitos", o que explica por que foi tão difícil determinar a trajetória de Herzberg.

Esses detalhes podem fazer parecer que a morte de Herzberg era inevitável, porém, não fosse uma outra decisão da equipe do ATG, ela ainda poderia estar viva. Os Volvo XC90 tinham sistemas automáticos de frenagem próprios, que, no entanto, haviam sido desligados para dar controle total ao ADS da Uber. Com base nos achados da NTSB, caso estivessem ativados, "estima-se que o SUV teria evitado colisões com pessoas em 17 das 20 variações de

---

22 "Collision between Vehicle Controlled by Developmental Automated Driving System and Pedestrian, Tempe, Arizona, March 18, 2018". Highway Accident Report NTSB/HAR-19/03 preparado pela Comissão Nacional de Segurança no Transporte, 2019, pp. 43-45.
23 Ibid.

movimentos de pedestres",[24] e, mesmo que Herzberg tivesse sido atingida, o carro teria desacelerado o suficiente para garantir sua sobrevivência.

Em suas atribuições de responsabilidade, a NTSB atribuiu a culpa principal a Vasquez, que estava distraída e falhou em monitorar o veículo e seus arredores. Um vídeo que supostamente mostrava Vasquez assistindo a um episódio de *The Voice* no celular circulou nos dias que se seguiram ao acidente, mas, no momento em que este livro é escrito, essa versão está sendo contestada. Vasquez foi denunciada por homicídio culposo, mas seus advogados argumentam que dados essenciais sobre a culpabilidade da Uber não foram apresentados ao júri e que a polícia de Tempe não investigou as informações passadas por um delator que entrara em contato para denunciar as práticas de segurança da Uber. Os advogados também contestam a narrativa sobre o uso do telefone por Vasquez com a afirmação de que a versão integral da gravação revela que a operadora de segurança retirara um celular corporativo da bolsa, e não seu telefone pessoal, e que o fizera para monitorar a tela de informações sobre o ADS, e não para assistir ao programa *The Voice*.

Ainda que a NTSB tenha atribuído à Uber uma participação menor no acidente com base na falta de segurança e de monitoramento de condução, assim como à própria Herzberg por conduzir sua bicicleta sob o efeito de drogas e ao Departamento de Trânsito do Arizona pela insuficiência de supervisão quanto aos veículos autônomos, está claro que a empresa queria evitar a criação de um precedente em que os desenvolvedores de veículos autônomos fossem responsabilizados por acidentes. A decisão da agência não foi uma surpresa, mas, tanto no sentido tecnológico como no do planejamento urbano, jogar a culpa no indivíduo torna difícil vislumbrar o panorama.

24 Ibid.

As ações dos executivos e dos engenheiros da Uber estão em linha com a cultura "avance rápido e não tenha medo de errar" promovida no Vale do Silício, uma cultura motivada acima de tudo pela tomada da dianteira na corrida contra a concorrência graças ao lançamento de produtos de viabilidade mínima e à captura de fatias do mercado o mais rápido possível em busca da criação de monopólios. Não só as decisões de hardware e software da Uber deixaram de considerar adequadamente a segurança dos pedestres, como o local em que o acidente ocorreu era hostil a eles – como é o caso de muitas regiões em cidades da América do Norte. A colisão aconteceu perto de uma via expressa elevada, e a área foi projetada na escala dos automóveis, com grandes distâncias entre tudo. Havia ciclofaixas pintadas sobre a pista que iam em ambas as direções, mas sem proteção real contra automóveis que passassem em alta velocidade. Enquanto isso, o canteiro central entre as pistas que seguiam para o norte e para o sul era cortado por algo que parecia um trecho para pedestres, ainda que não houvesse faixas que levassem até ele.

Mesmo que a área seja descrita no relatório da NTSB, a agência não considerou de modo mais amplo a paisagem urbana em que o acidente ocorreu – e isso é um problema. Como esse evento nos mostra, as tecnologias desenvolvidas no contexto de um sistema de transporte projetado para servir aos automóveis em detrimento dos pedestres não solucionarão os problemas desses sistemas, mas os replicarão. Qualquer pessoa que espere consertar as falhas do sistema de transporte existente e da paisagem urbana que se desenvolveu a partir dele deverá escavar até as raízes desses problemas em vez de se iludir com a ideia de que a adição de novas soluções tecnológicas será capaz de confrontá-los.

Nos anos que se seguiram à morte de Elaine Herzberg, também surgiram preocupações com a segurança do sistema Autopilot da Tesla. Musk o propagandeou como um sistema completamente autônomo de direção, mas se trata mais de um apanhado das tecnologias de direção assistida que já estão presentes em muitos outros veículos, especialmente carros de luxo e SUVs. Como resultado, um tribunal de Munique decidiu que a Tesla nem sequer poderia chamar o sistema de "Autopilot" na Alemanha, já que o nome era enganoso quanto a suas reais capacidades. O sistema está se envolvendo em um número cada vez maior de acidentes – alguns dos quais, tragicamente, tiraram vidas – e, em vez de enfrentar as preocupações que ele vem suscitando ou de adotar medidas adicionais de segurança, Musk seguiu adiante e chegou até mesmo a permitir que motoristas de Teslas usassem versões de teste do software em vias públicas e colocassem pedestres e outros motoristas em risco.

Em um mundo sensato, os órgãos reguladores teriam agido para frear a implementação pela Tesla de sistemas de direção que não estão prontos para o uso do público. Mas parece que só agora, depois de anos de batidas e de muito barulho para exigir a tomada de ação vindo de um coro crescente de pessoas, incluindo o advogado ativista dos direitos do consumidor Ralph Nader, a tecnologia finalmente passará por um escrutínio regulatório.

Até abril de 2021, a National Highway Traffic Safety Administration [Secretaria Nacional de Segurança no Trânsito em Rodovias] (NHTSA) havia aberto 28 investigações sobre acidentes com veículos da Tesla – 24 das quais ainda estavam ativas –, e a NTSB iniciara 9 investigações próprias.[25] Nesses acidentes, veículos da Tesla com Autopilots ligados bateram em veículos de

---

25   Lora Kolodny, "Tesla Faces Another NHTSA Investigation after Fatal Driverless Crash in Spring, Texas". *CNBC*, 19 abr. 2021.

carga, caminhões de bombeiro, carros de polícia, árvores, canteiros centrais e muito mais, matando e ferindo passageiros no processo. Em junho de 2021, a NHTSA começou a exigir que as montadoras relatassem à agência, no prazo máximo de um dia, todas as colisões que envolvessem sistemas de veículos parcial ou totalmente automatizados – uma regra que foi vista como destinada especificamente à Tesla – e, dois meses depois, abriu uma investigação formal de segurança contra o sistema Autopilot.

Esses acontecimentos poderiam finalmente produzir a ação regulatória necessária para garantir que os sistemas de direção autônoma entregariam os benefícios prometidos, em vez de continuarmos a confiar em montadoras e empresas de tecnologia que são incentivadas a exagerar suas capacidades em prol, ao menos no curto prazo, do ganho corporativo. Ainda que esse processo esteja avançando, parte da própria indústria admite, no entanto, que as visões ambiciosas divulgadas pelos impulsionadores do Vale do Silício não se concretizarão.

Em 2018, seis meses depois da batida da Uber, o CEO da Waymo, John Krafcik, disse ao público em um evento do *Wall Street Journal* que "a autonomia sempre terá certas limitações". Ele explicou que sempre haverá condições em que os veículos autônomos jamais conseguirão dirigir e que a linha do tempo para sua disseminação teria de ser medida não em anos, mas em décadas.[26] No ano seguinte, Jim Hackett, CEO da Ford, fez comentários similares. Em um evento no Detroit Economic Club [Clube Econômico de Detroit], Hackett disse que a empresa havia "superestimado a chegada dos veículos autônomos" e que, quando a tecnologia porventura estiver pronta, "sua aplicação será limitada àquilo a que chamamos de 'geocercada' [*geo-fenced*], uma vez

---

26   Shara Tibken, "Waymo CEO: Autonomous Cars Won't Ever Be Able to Drive in All Conditions". CNET, 13 nov. 2018.

que o problema é muito complexo".[27] Já em 2021, a Waymo havia até mesmo abandonado o termo "autônomo" após sentir que a Tesla o havia manchado demais ao enganar consumidores quanto à capacidade da versão "totalmente autônoma" do Autopilot.

O sonho de veículos autônomos onipresentes que nos foi vendido no começo e em meados da década de 2010 não vai se concretizar. Musk é uma das únicas figuras de destaque que continua a estimulá-lo, e algumas pessoas da indústria acreditam que ele está dando má fama à tecnologia e poderá arruinar até mesmo as funções mais limitadas a serem alcançadas. Mas, apesar das declarações públicas de Musk, a Tesla admitiu em documentos enviados à Comissão de Valores Mobiliários dos Estados Unidos que talvez nunca consiga entregar as capacidades de direção autônoma há tanto prometidas.[28]

Os carros autônomos ofereceram o sonho de que todos poderíamos descansar e deixar que o setor de tecnologia resolvesse os problemas acumulados neste último século de más decisões políticas para o transporte – decisões que custaram milhões de vidas, trilhões de dólares e, ao espalhar as pessoas, deixando-as tão longe umas das outras, devastaram por completo nossas comunidades.

A realidade é que, mesmo se funcionassem como Brin, Kalanick, Musk e muitos outros prometeram ao longo dos anos, os veículos autônomos não seriam a solução para os problemas criados pelos automóveis, já que eles mesmos *ainda* são automóveis. Ainda ocupariam espaço demais em nossas comunidades; dariam continuidade a padrões de desenvolvimento carro-orientados; e trariam consigo toda uma gama de novas vulnerabilidades que os governos locais não estão equipados para enfrentar,

---

27   A. Khalid, "Ford CEO Says the Company 'Overestimated' Self-driving Cars". *Engadget*, 11 abr. 2019.
28   Connie Lin, "Tesla Admits It May Never Achieve Full-Self-Driving Cars". *Fast Company*, 29 abr. 2021.

sobretudo depois de décadas de orçamentos estrangulados por cortes de impostos e medidas de austeridade. O fracasso do projeto grandioso dos veículos autônomos deveria ser um sinal de que, caso realmente queiramos resolver esses problemas, remendar nossas comunidades e encontrar modos mais sustentáveis de vida, teremos que confrontar as políticas de transporte e começar a reconstruir nossas vizinhanças em torno de formas mais igualitárias de mobilidade. Mas muitas pessoas poderosas não aprenderam essa lição e, em vez disso, sonham com soluções de transporte ainda mais extravagantes e sem chance alguma de sucesso em grande escala.

6. CONSTRUINDO RUAS NOVAS PARA OS CARROS

Na virada do milênio, Houston tinha um problema. O trecho da Rodovia Interestadual 10 que corria por cerca de cinquenta quilômetros do centro da cidade e atravessava os subúrbios que cresciam em sua margem ocidental estava sempre travado pelo trânsito. Uma das interseções na Katy Freeway, como a via era chamada, chegou a receber a distinção de segunda via mais congestionada do país em 2004.[1] Dado que o planejamento do transporte ainda é movido pela ideia de que os órgãos públicos devem responder à demanda, sobretudo quando parece que os motoristas precisam de mais pistas, o estado esboçou um projeto de expansão significativa da via. Se os carros ficavam parados, era o raciocínio, então dar mais espaço a eles permitiria que dirigissem com mais liberdade até seus destinos.

O estado do Texas despejou quase 3 bilhões de dólares na expansão da Katy Freeway, que passou de 8 para 23 pistas. Quando as obras foram concluídas, em 2011, a via estava entre as maiores do mundo – mas os benefícios esperados não se materializaram. Houve uma melhora inicial no tempo de viagem na via, mas, dentro dos poucos anos que se seguiram, a lentidão piorou de modo substancial, a ponto de 85% dos usuários demorarem mais em seu trajeto do que antes da expansão.[2] Desesperado a ponto de não aprender com os próprios erros, o Texas está planejando seguir adiante com outro grande projeto de alargamento da Rodovia Interestadual 45, que, segundo estimativas, custará ao estado ao menos 7 bilhões de dólares. Mas, quando se trata de infraestrutura de transporte, o Texas dificilmente é o único estado a tomar más decisões de planejamento.

Na cabeça de muitos liberais estadunidenses, a Califórnia não só é mais progressista do que o Texas, como é um estado que, por

---

[1] Joe Cortright, "Reducing Congestion: Katy Didn't". *City Observatory*, 16 dez. 2015.
[2] Patrick Sisson, "Houston's $7 Billion Solution to Gridlock Is More Highways". *Curbed*, 5 ago. 2019.

estar sob controle firme do Partido Democrata, adota políticas públicas melhores. Sem dúvida, nos últimos anos a cidade de Los Angeles tem investido em melhorias do sistema de transporte público, mas também tem expandido sua infraestrutura rodoviária com base em uma lógica similar à que prevalece no Texas.

O trecho da Rodovia Interestadual 405 em Los Angeles é sabidamente congestionado, e, por isso, 1,6 bilhão de dólares foi gasto entre 2009 e 2014 para acrescentar 16 quilômetros de uma faixa exclusiva de uso compartilhado para veículos a um segmento particularmente ruim da via expressa que cruza a região de Sepulveda Pass. Mesmo assim, mais uma vez o trânsito piorou apesar do espaço adicional para tráfego. Meses depois da conclusão das obras, o tempo de viagem já era um minuto mais demorado do que no ano anterior, e, entre 2015 e 2019, aumentou em mais 50%.[3] O dinheiro do contribuinte foi gasto em uma expansão de infraestrutura rodoviária que não gerou benefícios concretos.

Seria fácil pinçar dois exemplos que apoiam meu argumento, mas as experiências em Houston e Los Angeles são parte de uma tendência muito mais ampla que está recebendo cada vez mais atenção nas últimas décadas. Um estudo de 1998 realizado pelo Surface Transportation Policy Project [Projeto de Políticas de Transporte de Superfície] analisou setenta áreas metropolitanas ao longo de quinze anos e descobriu que aquelas regiões que "investiram pesado na expansão da capacidade de suas vias não se saíram melhor na redução dos congestionamentos do que as áreas metropolitanas que não o fizeram".[4] Isso pode parecer difícil de entender. Assim como os planejadores em Houston e em Los Angeles, poderíamos supor que a ampliação de espaço nas

---

[3] Aaron Short, "A Great Big Freeway: Thanks to Induced Demand". *Streetsblog USA*, 8 maio 2019.
[4] Jeff Speck, *Walkable City: How Downtown Can Save America, One Step at a Time*. New York: North Point Press, 2012, p. 83.

ruas permitiria que os carros se espalhassem melhor e, assim, chegassem ao destino mais rapidamente. Mas esse raciocínio deixa de considerar os novos incentivos que são criados quando novas vias são construídas.

Em 2011, os economistas Gilles Duranton e Matthew Turner publicaram um estudo que comparava a quantidade de novas estradas e vias expressas construídas em cidades dos Estados Unidos com a quantidade de novos quilômetros rodados entre 1983 e 2003.[5] Eles encontraram uma relação de causalidade entre ambas, a que chamaram de "a lei fundamental do congestionamento viário": quando a quantidade de estradas ou vias expressas de uma cidade aumenta, a quantidade de quilômetros rodados tende a aumentar de forma proporcional nas estradas e de modo ligeiramente menor nas principais vias urbanas. Assim, conforme novas capacidades viárias vão sendo criadas, as pessoas são incentivadas a dirigir mais, inclusive em trajetos que se afastem mais do núcleo urbano e que tenham tempos maiores de viagem. No planejamento do transporte, esse conceito recebe outro nome: demanda induzida.

A decisão de abandonar uma visão em que as vias são espaços compartilhados em que os agentes públicos escolhem quais meios de transporte incentivar a serviço da maximização do bem comum e de adotar uma concepção que responda à demanda percebida de transporte preparou o terreno para a expansão do uso de automóveis. Conforme mais pistas foram abertas nas vias existentes e novas estradas – e, com o tempo, sistemas de vias expressas que cimentaram a supremacia dos carros – foram construídas, cada uma dessas ações não só respondia à demanda existente, mas também induzia uma procura maior por automóveis e por

---

[5] Gilles Duranton e Matthew A. Turner, "The Fundamental Law of Road Congestion: Evidence from US Cities". *American Economic Association*, n. 101, v. 6, 2011.

lugares em que eles pudessem ser utilizados. À medida que o trânsito piorou, essas demandas cresceram, e vias adicionais foram construídas como um resultado que serviu apenas para agravar ainda mais o problema: não só as pessoas eram estimuladas a dirigir mais, mas bairros passaram a ser estabelecidos sob o pressuposto de que todas as pessoas dirigiriam – e, assim, o acesso a outras alternativas foi bloqueado.

Como vimos nos dois capítulos anteriores, o trânsito está no centro dos interesses da indústria de tecnologia no setor de transporte. Trata-se de uma das poucas desvantagens do sistema automotivo de que os executivos da indústria não conseguem escapar com facilidade. Claro, há vias com pedágio em algumas áreas em que é possível pagar por acesso privilegiado às pistas exclusivas e correr na frente de todas as outras pessoas, mas, em geral, quando um engarrafamento se forma, os motoristas ricos ficam parados ao lado dos motoristas pobres – e, se há alguém que sinta que seu tempo é valioso demais para ser desperdiçado de forma tão perdulária, é uma pessoa com muito dinheiro. Naturalmente, isso significa que, quando pensam sobre o transporte, esses executivos pensam no tempo que perdem em congestionamentos e como seria possível se distanciar deles. O problema é que, em geral, eles não são especialistas em transporte, de modo que, como observado por Jarrett Walker, quando pensam em soluções, tendem a acreditar que ideias de foco bastante limitado a serviço exclusivamente de seus próprios interesses podem ser implementadas em escala para todas as outras pessoas.

Da última vez que isso aconteceu, quando os automóveis passaram de objeto de luxo para algo que poderia ser adquirido e usado por quase todo mundo, começaram a surgir os mesmíssimos problemas que os executivos de tecnologia interessados em transporte afirmam estar tentando resolver. Relembrando o que André Gorz e John Urry escreveram sobre o automóvel como um objeto do individualismo – um objeto que faz com que o usuário individual se sinta poderoso e no controle de seu próprio destino, mesmo que o carro só aumente sua dependência –, os ricos não estão dispostos a abrir mão de seus meios privados e separados de transporte para se sentar ao lado da plebe nos ônibus ou no metrô. Isso quer dizer que suas ideias para o futuro do transporte estão limitadas por um apego ao automóvel, e isso já as precondiciona ao fracasso logo de saída.

Em 17 de dezembro de 2016, Elon Musk pegou seu iPhone – preso no trânsito, presumivelmente – e postou uma declaração para seus milhões de seguidores: "O trânsito está me deixando louco. Vou construir uma tuneladora e simplesmente começar a cavar". Para aqueles que não acreditaram no bilionário dono de uma montadora de veículos, Musk mandou uma atualização várias horas depois em que dizia "eu vou mesmo fazer isso".

Sem dúvida, havia muitas razões para ceticismo. A Tesla tinha passado por um ano difícil entre seu "inferno na linha de produção", causado em parte pelo fracasso do plano de Musk para a automação da intricada montagem final dos veículos, e a aquisição da SolarCity, uma empresa de painéis solares fundada por primos de Musk cujo estado financeiro lastimável foi escondido da direção da Tesla para garantir que a operação se concretizasse. Enquanto isso, Musk também havia anunciado, muitos anos antes, um sistema de transporte entre cidades chamado Hyperloop que não tinha intenções de implementar e que, mais tarde, admitiu ter sido divulgado apenas para matar a linha de trilhos de alta velocidade que estava sendo construída na Califórnia.[6] Musk não queria que o governo construísse um

---

6   Ashlee Vance, *Elon Musk: Tesla, SpaceX, and the Quest for a Fantastic Future*. New York: HarperCollins, 2015.

sistema de trens de última geração; em vez disso, ele queria distrair as pessoas com uma tecnologia que não seria viável antes de pelo menos várias décadas para, nesse meio-tempo, manter as pessoas dependentes de veículos particulares. E esse mesmo tipo de truque estava no âmago da empresa que veio a ser chamada de Boring Company.[7]

Em 2017, Musk começou a construir um túnel de testes no terreno da SpaceX em Hawthorne, uma área ao sudoeste de Los Angeles, e a inflar as expectativas sobre como sua empresa de escavação de túneis e o sistema de transporte que ela estaria supostamente planejando transformariam a forma como nos deslocamos.

De início, Musk afirmou que planejava construir entre dez e trinta camadas de túneis sob as ruas de Los Angeles; já em 2018, esse número havia crescido para cem, ou ainda mais conforme fossem necessários. Como o *tweet* inicial sugeria, Musk havia sido motivado pelo trânsito, e essa percepção foi fortalecida por declarações posteriores de que os congestionamentos eram "destruidores de almas". Ele chegou até a dizer que o trânsito de Los Angeles havia passado "do sétimo nível do inferno para, tipo, o oitavo nível do inferno" desde que se mudara para lá.[8] A motivação para a criação da Boring Company era aliviar esse trânsito, mas Musk propôs um meio incrivelmente ineficiente – e até mesmo impraticável – de alcançá-la, e isso ficava mais evidente conforme ele tentava transformar seu sistema de transporte subterrâneo em realidade.

Na cabeça de Musk, o problema era que o transporte só existia na superfície. Como ele descreveu:

[7] O nome da empresa contém um jogo de palavras que pode significar tanto *companhia* (no sentido de empresa) *de perfuração* como *companhia* (no sentido de alguém que acompanha) *chata*. [N. T.]

[8] "The Boring Company Event Webcast". The Boring Company, 19 dez. 2018.

o problema inerente à forma como as cidades são construídas é que você tem todos esses prédios altos que estão em 3D e, aí, uma rede de ruas em 2D, e então todo mundo quer entrar e sair dos prédios 3D ao mesmo tempo. Isso necessariamente resultará em trânsito [...] Você tem que fazer com que o transporte seja 3D.[9]

Algumas pessoas vivem em apartamentos e condomínios ou trabalham em prédios comerciais e, quando todas elas tentam se deslocar ao mesmo tempo, pode haver congestionamentos, seja de pessoas, seja de veículos particulares, em ônibus ou metrôs, com bicicletas ou mesmo em caminhadas nos horários de pico nas partes mais movimentadas do centro urbano. Mas Musk só estava pensando no que os congestionamentos significam para motoristas como ele.

Ainda que muitas cidades, incluindo Los Angeles, já tenham sistemas de transporte "tridimensionais" na forma de linhas de metrô ou de trens que podem ser muito eficientes para o deslocamento de grande número de pessoas caso as cidades e os incentivos sejam projetados de forma que seus usos sejam práticos e atrativos, Musk as considerou apenas "bidimensionais", já que não havia camadas suficientes de túneis para os trilhos. Em 2017, Musk disse que o transporte público era "um saco" e que "tem, tipo, um monte de desconhecidos aleatórios, e um deles pode ser um *serial killer*",[10] o que oferece uma boa indicação de como ele se sente sobre qualquer forma de transporte coletivo e reflete suas afinidades pela individualidade do automóvel, pelo desejo de evitar a proximidade de pessoas com quem não está familiarizado e pela suposição de que todos os outros também se sentem assim.

9   Ibid.
10 Aarian Marshall, "Elon Musk Reveals His Awkward Dislike of Mass Transit". *Wired*, 14 dez. 2017.

Em vez de solucionar o problema do transporte com a melhoria dos serviços de ônibus e a expansão dos sistemas de metrô, Musk demonstrou preferência pelo "transporte individualizado que vai aonde você quer, quando você quer". A Boring Company foi planejada para "aumentar a felicidade tanto dos motoristas como dos usuários do transporte público em massa graças à redução do trânsito e à criação de um sistema de transporte público acessível e eficiente",[11] mas não há evidências de que o sistema planejado teria sido capaz de alcançar algo parecido com isso. O deslocamento em carros sempre ocupará muito mais espaço do que o deslocamento em meios coletivos de transporte, em bicicletas ou a pé, e a melhor forma de reduzir os congestionamentos é fazer com que as pessoas saiam de seus carros e se desloquem dessas outras formas. Mas, ao mostrar preferência clara pelo "transporte individualizado", Musk estava interditando com firmeza as outras possibilidades, e, por extensão, fazendo com que fosse impossível acreditar em suas afirmações sobre a solução dos congestionamentos urbanos com o uso de túneis.

O sistema de transporte da Boring Company se chama Loop. No projeto original de Musk, ele consistiria em uma série de túneis projetados para levar passageiros aonde quer que desejassem ir. O acesso dos veículos se daria por plataformas chamadas *skates*, que os guiariam pelo conjunto de túneis e os conduziriam a seus destinos em velocidade de até 210 km/h. Na chegada, os veículos seriam conduzidos para fora das plataformas e continuariam seus trajetos. Tudo soava razoavelmente simples, mas fazer com que essa visão sem fricções funcionasse no mundo real acabou não sendo tão fácil.

[11] Ibid.

Ao menos no projeto inicial, os pontos de acesso ao Loop seriam colocados sob vagas de estacionamento no nível da rua que operariam como elevadores para o sistema de túneis. Mas a Boring Company nunca explicou como isso impediria os outros carros de cair nos buracos deixados dos lados da rua quando as plataformas baixassem. Nenhuma das artes ou dos vídeos conceituais mostrava algum tipo de grade ou cerca que impedisse que isso acontecesse. Como não é nada surpreendente, esse não foi o único aspecto do projeto a desaparecer no curso de múltiplos ajustes e reformulações.

Depois que Musk detalhou sua ideia, o projeto foi duramente criticado por ser só mais um sistema de transporte que buscava deslocar carros, e não pessoas. Os críticos disseram que o sistema poderia fazer sentido caso os túneis fossem construídos para trens, mas a capacidade de fazer alguma diferença seria muito menor se fossem usados para carros. Em resposta, Musk moderou ligeiramente seu tom para falar de transportes públicos e, em um dos eventos da empresa, disse que "não nos opomos ao transporte público em massa; o transporte público em massa é bom. Vamos tentar todas as soluções possíveis, mas a vantagem dos túneis é que você pode se tridimensionalizar no subsolo", ignorando mais uma vez a existência dos sistemas de metrô.[12]

Para enfrentar as críticas, Musk colocou uma ênfase maior em outro modelo de *skate*. Em vez de uma plataforma que transportava carros, o veículo conceitual era recoberto por um domo de vidro grande o bastante para carregar de oito a dezesseis pedestres ou ciclistas. Não estava claro como as pessoas poderiam acessar esses *skates* ou por quanto tempo teriam de esperar para embarcar em um deles, mas o sistema nem sequer existia, e, assim, pareceu que alguns aprimoramentos estavam sendo feitos no papel.

12 "The Boring Company Event Webcast", The Boring Company.

Em dezembro de 2018, Musk ergueu a cortina que cobria o protótipo de túnel que a Boring Company vinha construindo em Hawthorne. A ideia era de que esse fosse o grande evento que mostraria que o Loop era real e poderia ser transformado em algo maior, mas, em vez disso, sua viabilidade foi ainda mais questionada. Musk havia prometido deslocamentos de até 210 km/h, no entanto, quando Laura Nelson, repórter do *Los Angeles Times*, fez uma viagem de teste, a velocidade máxima alcançada foi de 85 km/h e o deslocamento foi "tão irregular em algumas partes que parecia que estávamos andando em uma estrada de terra".[13] Em vez de esperar até que as coisas estivessem funcionando direito, o túnel parecia incompleto e feito às pressas – e essa não é a sensação que queremos ter com uma infraestrutura essencial de transporte. Além disso, não havia *skates*.

No evento, Musk explicou que os *skates* haviam sido descartados – tanto para carros como para pedestres – e que, em vez deles, só teriam acesso aos túneis veículos elétricos conduzidos de forma autônoma e especialmente equipados com rodas-guia que seriam ativadas na entrada. Naturalmente, isso significava que os túneis privilegiariam não só quem tinha veículo próprio como quem era dona de um Tesla. Mais tarde, entusiastas de montanhas-russas apontaram que o sistema de rodas-guia da Boring Company já vinha sendo usado havia mais de um século em montanhas-russas de fricção lateral. Tratava-se de uma tecnologia "tão ultrapassada que apenas um punhado de parques de diversão vintage ao redor do mundo ainda a utilizava", mas, por alguma razão, ela estava sendo empregada em um sistema de transporte supostamente futurístico.[14]

13 Laura J. Nelson, "Elon Musk Unveils His Company's First Tunnel in Hawthorne, and It's Not a Smooth Ride". *Los Angeles Times*, 18 dez. 2018.
14 Dennis Romero, "Vintage Roller Coaster Fans See Familiar Tech in Elon Musk's Loop Tunnel". NBC *News*, 28 dez. 2018.

Para compensar a falta de *skates* para pedestres, Musk disse que "haveria carros em constante operação" no Loop para todos os que não tivessem veículo próprio. Mais uma vez, não só não estava claro como esses veículos seriam acessados, como essa mudança reduziu a capacidade original de oito a dezesseis pessoas para um máximo de quatro ou cinco por veículo, além de ter gerado novas preocupações com segurança. Não haveria motoristas ou funcionários nas estações, o espaço para os veículos seria limitado e não haveria paradas em que novos passageiros pudessem embarcar ou onde os passageiros pudessem descer caso sentissem estar em perigo. A visão ousada de camada sobre camada de túneis de carros que levassem os motoristas aonde desejassem ir já estava sendo podada, mas, quando Musk finalmente teve a chance de construir o sistema, o projeto foi ainda mais simplificado, mostrando o quão enganoso ele realmente era.

Musk tentou tirar vários projetos da Boring Company do papel. Em 2018, a empresa construiria um sistema Loop do centro de Chicago até o aeroporto O'Hare que correria por uma rota quase exatamente igual à da Linha Azul do metrô, mas com capacidade para transportar bem menos pessoas. Depois da eleição local, o projeto foi cancelado. Mais tarde, Musk propôs que o Loop conectasse a Linha Vermelha do metrô de Los Angeles ao estádio dos Dodgers. Em um evento público, nove pessoas falaram a favor do projeto, mas, depois, jornalistas descobriram que ao menos três delas tinham laços com a SpaceX, a companhia aeroespacial de Musk. A ideia não foi adiante.

Em Las Vegas, Musk finalmente teve sua chance. Em vez de um sistema de transportes que abarcasse a cidade inteira como o que havia começado em Los Angeles, a empresa foi contratada para construir um túnel de 2,7 quilômetros para conectar uma das pontas do Centro de Convenções de Las Vegas à outra. No evento de comemoração do início das obras, em novembro de 2019, o presidente da Autoridade de Convenções e Visitantes, Steve Hill, disse: "Acho que daqui a dez, quinze, vinte anos, olharemos para trás e veremos esta ocasião como um momento do tipo Kitty Hawk".[15] Depois de estabelecer metas tão altas, Hill deve ter ficado desapontado com os resultados.[16]

Quando o túnel foi inaugurado, em 8 de abril de 2021, o principal assunto da mídia foram as luzes coloridas instaladas nele – a única forma de distrair as pessoas de quão incrivelmente decepcionante a estrutura era. Depois de todas as grandes promessas que Musk fizera sobre o Loop, os carros passavam pelo túnel a uma velocidade máxima de 56 km/h, e nem sequer eram autônomos; todos os carros tinham motoristas humanos. Depois de todas aquelas declarações ambiciosas e artes conceituais futuristas, o sistema parecia mais uma atração infantil com a marca da Tesla que poderia ser encontrada na Disney World. A empresa tentou desviar atenção de quão patético era seu produto final ao enfatizar projetos para um sistema maior que se estenderia até o aeroporto, mas não havia realmente como esconder o fato de que, mais uma vez, Musk havia exagerado nas promessas e entregado resultados bem abaixo do esperado.

Em dezembro de 2019, Musk tuitou uma pesquisa em que perguntava a seus seguidores se deveria construir "túneis superseguros e à prova de terremotos embaixo das cidades para resolver o trânsito", mas um dos usuários respondeu com um link para um artigo da Wikipédia sobre demanda induzida e um pedido para

---

15   Alissa Walker, "Stop Calling Elon Musk's Boring Tunnel Public Transit". *Curbed*, 8 jan. 2020.
16   A cidade de Kitty Hawk ficou célebre por ter sido a região em que os irmãos Wright realizaram, em 17 de dezembro de 1903, o que os estadunidenses consideram ser o primeiro voo controlado de uma aeronave. [N. T.]

que o bilionário o lesse. Em resposta, Musk, que não estudou planejamento de transportes, descartou o conceito e escreveu: "Demanda induzida é uma das teorias mais irracionais que já li. Correlação não é causalidade. Se o sistema de transporte exceder as necessidades de viagens do público, haverá bem pouco trânsito. Eu apoio tudo o que melhorar o trânsito, já que é algo que afeta negativamente quase todo mundo". Mas os esforços de Musk estavam colocando mais carros nas vias e propondo túneis estreitos que não resolveriam o problema. Assim, não é espantoso ler que ele menospreza a demanda induzida e quer preservar o modelo de planejamento urbano que privilegia os subúrbios.

Em uma das ocasiões em que propagandeava o sistema de transporte da Boring Company, Musk usou um argumento particularmente esclarecedor sobre como a ideia corrigiria os problemas já existentes. Em 2018, ele explicou que:

> podemos entremear a rede de túneis do sistema Boring no tecido urbano sem mudar o caráter da cidade. A cidade continuará a mesma; não entraremos na frente de ninguém; não obstruiremos a visão de ninguém [...] Teremos esse sistema de transporte revolucionário e nossa cidade ainda parecerá nossa cidade.[17]

A linguagem usada por Musk espelha as preocupações de um certo tipo de organização antidesenvolvimento urbano que ganhou uma influência notável na Califórnia e é tipicamente constituída de proprietários brancos e financeiramente estáveis que não querem que habitações mais densas sejam construídas perto de suas casas. Eles são em geral conhecidos como grupos "não no meu quintal" [*not in my backyard*], ou NIMBY, e o apelo direto de Musk a eles reflete sua própria visão de sustentabili-

---

17 "The Boring Company Event Webcast", The Boring Company.

dade, que abarca carros elétricos, casas suburbanas com painéis solares e, presumivelmente, túneis estreitos para carros que evitem as vias expressas travadas.

Depois de alguns anos em que o entusiasmo foi lentamente murchando, o Loop da Boring Company acabou por se mostrar pouco mais que um sistema de túneis estreitos para carros de luxo – e é pouco provável que venha a ser algo mais do que isso. A adição de alguns túneis para carros em cidades grandes não aliviará os congestionamentos, e, como foi pensado para automóveis, e não pessoas, o plano de Musk falha ao não considerar quão poucos passageiros o sistema conseguiria acomodar. Além disso, o projeto inicial do Loop estava marcado por inúmeras falhas. Se ele realmente viesse a ser usado como um sistema de transporte em massa, os elevadores de entrada no nível da rua seriam um gargalo considerável, que pararia constantemente o trânsito. Ao mesmo tempo, a velocidade prometida por Musk – até 210 km/h – era completamente fantasiosa, a não ser que o sistema só transportasse pessoas em linha reta.

Depois de analisar como o sistema se desenvolveu, é impossível concluir outra coisa a não ser que o plano nunca foi solucionar os congestionamentos para todos, mas apenas para uma pessoa em particular: Elon Musk. A Boring Company foi mais um caso de projeção da elite no qual Musk retratou um túnel que seria pessoalmente conveniente como algo que funcionaria para todos. Na verdade, o primeiro túnel que Musk propôs havia sido pensado para correr ao lado da Rodovia Interestadual 405 – a mesma via que Los Angeles havia ampliado para tentar reduzir os congestionamentos – e conectaria uma área próxima à então residência de Musk, em Bel-Air, à sede da SpaceX, em Hawthorne, onde o bilionário costumava trabalhar. Tratava-se de um túnel que permitiria que Musk evitasse o trânsito em seus deslocamentos diários, mas em torno do qual uma visão maior foi construída – uma visão que permitiu que ele o vendesse não só para o público e para a mídia, mas também para os legisladores, cuja aprovação seria necessária para concretizá-lo.

Se ainda precisássemos de provas das más decisões de Musk no setor de transporte, bastaria olhar para as soluções para os congestionamentos que ele havia apoiado antes de começar a alardear seus túneis. Em 2013, Musk defendeu a criação de vias expressas de dois andares e, para não perder tanto tempo no trânsito, chegou até a oferecer dinheiro para acelerar a ampliação da Rodovia Interestadual 405.[18] Mas já sabemos que isso não resolveu o problema.

Mais uma vez, as grandes promessas do sistema de transporte proposto se revelaram nada mais que a consolidação dos privilégios de um homem que já tem um acesso muito maior à mobilidade do que praticamente todas as outras pessoas na face do planeta. Mas a Boring Company não é a única solução especificamente voltada para os congestionamentos a ser impulsionada por visões grandiosas que jamais deveriam ter sido levadas a sério. Enquanto Musk queria mandar carros para o subsolo, o renascimento de uma visão de carros voadores onipresentes imaginava, em vez disso, a escavação de novas vias nos céus que cobrem nossa cabeça. E seus maiores proponentes partiram das justificativas de Musk para reivindicar para si mesmos um pouco da credibilidade que havia sido atribuída ao sistema de túneis – mas também essas ideias estavam condenadas ao fracasso desde o começo.

O sonho dos carros voadores não é novo. Em meados do século XX, as pessoas previam que todos estaríamos voando por aí já no ano 2000 – sem falar em voos comerciais para o espaço ou

---

[18] Jenna Chandler e Alissa Walker, "Elon Musk First Envisioned Double-Decker 405 before Tunnel Idea". *Curbed*, 9 nov. 2018.

mesmo para colônias em outros planetas. O primeiro artigo sobre carros voadores da revista *Popular Science* foi escrito nos idos de julho de 1924 e estimava que os carros voadores estariam prontos dali a vinte anos. Como o escritor E. V. Rickenbacker garantia, essa previsão era "mais do que puro capricho. Ela está fundada nos progressos atuais no design de automóveis e de aviões".[19] Assim como vendedores de feijões mágicos modernos preveem revoluções no transporte que estão a poucos anos de distância, as linhas do tempo de apenas algumas décadas de duração propostas pelos vigaristas do passado eram empolgantes, mesmo que também estivessem erradas. Para fins de comparação, depois que o atual frenesi dos carros voadores começou a ganhar tração, em 2018 o *Guardian* publicou um artigo em que se lia que "é provavelmente uma questão de quando, e não de se, as viagens realizadas em ruas e estradas ficarão obsoletas".[20] É espantoso que uma declaração dessas tenha passado por um editor, mas ela também é produto da adesão cega cultivada pelas empresas de tecnologia em alguns círculos.

Na realidade, a versão moderna dos carros voadores não se parece em nada com um carro voador. O veículo de decolagem e aterrisagem verticais [*vertical take-off and landing vehicle*], também conhecido como VTOL ou eVTOL, se assemelha mais a um helicóptero, mas, em vez de ter um grande rotor no topo, ele normalmente é equipado com vários rotores menores posicionados ao longo de sua estrutura. Esses veículos nunca serão vistos cruzando vias expressas e depois ganhando as alturas, e, assim como um carro ou um helicóptero, não carregarão um número muito grande de passageiros. Empresas de todo o mundo estão trabalhando no aprimoramento dessas aeronaves

---

19   E. V. Rickenbacker, "Flying Autos in 20 Years". *Popular Science Monthly*, n. 105, v. 1, jul. 1924, p. 30.
20   Dave Hall, "Flying Cars: Why Haven't They Taken Off Yet?". *Guardian*, 19 jun. 2018.

como um meio de transporte aéreo projetado primariamente para operação no interior de áreas metropolitanas. Entre elas estão companhias aeroespaciais tradicionais, como a Airbus e a Boeing, assim como empresas muito mais recentes, como a Volocopter, na Alemanha, e a EHang, na China, fundadas especificamente para reivindicar uma parte do mercado dos VTOLS. Ainda que algumas dessas empresas sem dúvida esperem que os VTOLS se tornem um produto de consumo de massa, essa ideia não foi popularizada por nenhuma dessas duas categorias de fabricantes de aeronaves, e sim, como não deve causar surpresa, por uma empresa ungida com o selo "*tech*".

Em 2016, depois de lançar seu serviço de transporte de passageiros por aplicativo em várias cidades ao redor do mundo e de anunciar a intenção de automatizar motoristas, a Uber estava de olho em novas formas de se mostrar na vanguarda do futuro do transporte. Ela estava perdendo somas enormes de dinheiro e teve de sair da China, com a venda de suas operações para a gigante chinesa de transporte por aplicativo Didi Chuxing. A Uber precisava de uma nova distração contra os problemas crescentes no âmago de seu negócio, então se voltou para os eVTOLs. Em outubro daquele ano, sua divisão Uber Elevate divulgou um relatório técnico em que expunha sua visão para um futuro de transporte urbano aéreo sob demanda. Depois de possibilitar que seus usuários chamassem carros e motoristas, o serviço Uber Air permitiria a realização de corridas em carros voadores em algumas cidades até 2023. Em vez de ficarem presos no trânsito de superfície, os usuários poderiam ir para a "terceira dimensão".

Refletindo declarações similares às de Musk, o diretor da Uber Elevate, Eric Allison, disse no Elevate Summit de 2019 que "a rede de transportes [...] funciona em duas dimensões, as cidades vivem em três dimensões, e, quando vivemos em três dimensões, também temos de levar nosso transporte para a terceira dimensão".[21] Assim como Musk, a Uber também ignorou a existência dos sistemas de metrô; mas, em vez de construir os próprios túneis "3D", a empresa decidiu voltar os olhos para o amplo espaço aberto que está acima de nós. Allison disse que a Uber queria transformar as cidades em "lugares mais inteligentes, melhores e mais eficientes para viver e trabalhar", ainda que isso seja impossível de acreditar sem a lavagem cerebral feita por sua operação descolada de marketing.

Um sistema de transporte mais inteligente, melhor e mais eficiente não tentaria transformar tecnologias eVTOL ainda não testadas em uma nova forma de mobilidade em massa enquanto as ruas no nível do chão já estão entupidas de veículos de baixa capacidade – sobretudo quando a mesmíssima empresa que propõe o uso de carros voadores é parcialmente responsável por isso. A Uber Air foi uma resposta direta aos congestionamentos que a própria Uber piorou, e, da mesma forma que o serviço de transporte de passageiros por aplicativo fracassou em enfrentar os problemas de um sistema de transporte baseado em veículos particulares, o serviço de transporte aéreo urbano que ela imaginava continuou a ignorar essas questões. Essa não é uma abordagem inteligente, tampouco eficiente, para a mobilidade.

Ao contrário dos carros, que podem dirigir por vias construídas e mantidas com recursos públicos e encostar para pegar passageiros, um serviço de eVTOL demandaria toda uma nova infraestrutura de aeródromos e de estabelecimentos de armazenamento. Além disso, exigiria um sistema de controle de tráfego aéreo inteiramente novo para garantir que os eVTOLs que zunissem ao redor das cidades do futuro não se chocassem uns com os outros ou com algum outro objeto no céu, como drones de empresas, de cidadãos ou da polícia. Mas, mesmo assim, o

---

21 "Urban Air Mobility-Closer Than You Think". Uber, 27 jun. 2019.

automóvel continua prevalecendo nas visões da Uber e de seus parceiros nos projetos para esses locais.

O primeiro vídeo promocional divulgado para exibir a Uber Air em 2017 é o exemplo perfeito do panorama mais amplo de sistema urbano em que o serviço existiria.[22] Ele acompanhava uma mulher que saía do trabalho e embarcava em um VTOL para ir para casa, e três atributos se destacavam. Primeiro, a mulher não viajava de uma parte densa da área urbana para outra. Ela parecia partir de uma área comercial projetada para carros e chegar a uma área suburbana de baixa densidade em que um SUV da Uber a transportava do ponto de aterrissagem para a casa de sua família. A forma urbana imaginada no futuro da Uber permanecia amplamente dependente dos automóveis. Segundo, o próprio VTOL só transportava a mulher, três outros passageiros e o piloto. Para um sistema de transporte de massa, seria necessário que uma grande quantidade deles voasse pelos céus para causar algum impacto nos congestionamentos, uma afirmação colocada ainda mais em xeque pelo terceiro aspecto digno de nota. Durante sua jornada, a mulher sobrevoava um trecho de uma via expressa e de um viaduto onde os carros continuavam totalmente travados no trânsito, o que mostrava que os congestionamentos não haviam sido solucionados no futuro de mobilidade urbana aérea da Uber. A mulher simplesmente podia pagar para acessar a Uber Air e escapar deles. O retrato apresentado pelo vídeo promocional era um reflexo muito mais exato do que o serviço alcançaria do que aquilo que a Uber estava tentando fazer as pessoas crerem com suas declarações públicas.

Os mesmos problemas continuaram presentes em representações conceituais posteriores dos terminais Skyport planejados para servir como centrais do serviço. Apenas dois dos quinze

[22] "UBERAIR: Closer Than You Think". Uber, 8 nov. 2017.

desenhos conceituais especiais compartilhados pelo site da Uber Elevate retratavam áreas urbanas, e ambos estavam cercados de vias amplas sem sinais de transporte público. Um dos conceitos de design urbano até era atravessado por uma via expressa – o que, supreendentemente, não era uma característica incomum –, mas nada foi mais extravagante do que um projeto apresentado pelo escritório de arquitetura Humphreys & Partners.

O prédio proposto consistia em um cilindro coberto de buracos. Árvores e outras formas de vegetação despontavam deles, ao lado de zonas de aterrissagem que se projetavam para fora da estrutura. O Skyport aparentava ser um ponto de conexão movimentado: pedestres vindos de fora do desenho andavam até ele e se amontoavam na entrada, havia uma grande quantidade de veículos (e até mesmo alguns miniônibus) em frente, uma via expressa corria na parte de baixo, com estradas saindo para todos os lados, um tubo Hyperloop emergia dele e existia até mesmo uma linha de veículos leves sobre trilhos (VLT) ao lado de uma via expressa. O desenho se parecia em todos os aspectos com uma central de transporte, mas não estava claro por que alguém a usaria. De um lado do prédio havia uma floresta e, do outro, estacionamentos e prédios de baixa densidade habitacional. Tratava-se de um autêntico Skyport para lugar nenhum.

A Uber via o serviço de transporte aéreo urbano como uma parceria entre ela mesma e várias outras empresas que poderiam, por exemplo, projetar Skyports, produzir VTOLs e gerir o serviço de tráfego. Mas, no fim das contas, era ela quem estabeleceria os termos e moldaria a visão. Assim como ocorreu com os serviços de transporte de passageiros por aplicativo, as artes e os vídeos conceituais divulgados sugerem que a empresa tinha poucas intenções de alterar significativamente as cidades carro-orientadas e os ambientes de transporte já existentes. Eles continuariam a existir como sempre, com todos os problemas associados, e a Uber Air se inseriria apenas como uma camada adicional. Isso claramente limitava sua capacidade de resolver qualquer problema real, mas, diferentemente do que aconteceu com seu serviço de transporte de passageiros por aplicativo, os projetos para os VTOL da empresa tiveram mais dificuldades em enganar o público.

Em 2019, a Uber anunciou um serviço chamado Uber Copter que transportaria passageiros entre Manhattan e o aeroporto internacional John F. Kennedy. Ainda que usasse um helicóptero, e não um VTOL, a empresa apresentou esse serviço como um primeiro passo em seu projeto de mobilidade urbana área. Mas os problemas inerentes à visão mais ampla da empresa ficaram imediatamente à mostra. Ainda que Manhattan seja uma área urbana densa, a única opção que os usuários tinham para chegar ao ponto de decolagem era chamar um Uber para levá-los até lá; não havia alternativas de transporte público. Já há muito tempo, desde o relatório técnico de 2016, a Uber havia admitido que esperava "ver uma grande fatia dos itinerários multimodais realizada em trechos automobilísticos, e não em caminhadas", mesmo em grandes cidades.[23] Mas o maior problema estava no fato de que, para a vasta maioria das pessoas, o produto era um péssimo negócio.

 Alguns jornalistas experimentaram o novo serviço e perceberam que apenas alguém com muito dinheiro sobrando poderia ficar impressionado com ele. Repórteres do *New York Post* que usaram o transporte público chegaram ao aeroporto três minutos mais cedo do que o Uber Copter, enquanto uma equipe da CNBC relatou que o Uber Copter chegava catorze minutos

---

[23] "Fast-Forwarding to a Future of On-Demand Urban Air Transportation", relatório técnico da Uber Elevate, 27 out. 2016, p. 62.

antes, mas a um custo extra de 213,07 dólares.[24] Apesar de ter sido propagandeado como uma opção acessível, o serviço era voltado para os usuários mais ricos da Uber, o que nos lembra de como seu serviço de transporte de passageiros por aplicativo tem muito mais chances de ser usado por pessoas com renda anual acima de 75 mil dólares. Mas havia algo ainda mais insultante na propaganda da Uber.

Quando se tratava de seu serviço de transporte de passageiros por aplicativo, a Uber argumentava não ser uma empresa de transporte, mas uma companhia de tecnologia, e, como resultado, se recusava a obedecer à Lei dos Estadunidenses com Deficiência. Isso significava que ela não estava obrigada a garantir acesso a cadeiras de rodas em seus serviços da mesma forma como as companhias de táxi estavam, de modo que, quando pessoas em cadeiras de rodas tentavam chamar uma corrida via Uber, o tempo de espera era muito mais longo do que o do usuário médio – e isso quando havia algum veículo acessível na rua. Mas, quando o assunto era a Uber Air, um serviço que claramente seria mais caro do que as corridas de carro por aplicativo, a Uber fez uma divulgação voltada especificamente para pessoas em cadeiras de rodas – pessoas cujos rendimentos são inferiores à média em razão da discriminação sistêmica que enfrentam, como demonstrado pelas próprias ações da Uber.

Justin Erlich, diretor de políticas da veículos autônomos e aviação urbana da Uber à época, declarou que a empresa queria "ser atenciosa no longo prazo quanto aos pontos em que as rotas estão, de modo a garantir que estamos servindo comunidades desfavorecidas pelo transporte público e assegurar que essa tec-

---

[24] Elizabeth Rosner, Olivia Bensimon e David Meyer, "We Pit the Uber Copter Vs. Public Transit in a Race to JFK: Here's Who Won". *New York Post*, 6 out. 2019; Ray Parisi, "Battle of the Airport Commute: CNBC Tests Lyft, Uber Copter, Blade Helicopter and Mass Transit in Race to NYC's Busiest Airport". *CNBC*, 19 ago. 2018.

nologia esteja disponível para todos".[25] Mas não havia nenhum modo realista de isso acontecer. Era só mais um exercício de relações públicas que tirava vantagem de pessoas vulneráveis em troca de boa cobertura de imprensa.

Assim como a Boring Company, a Uber Air é outro exemplo em que os executivos usaram declarações sedutoras para fazer com que as pessoas acreditassem que um serviço projetado para atender às elites beneficiaria as massas. A mobilidade urbana aérea assumiria um papel similar ao do helicóptero no transporte de consumidores de hoje. Seria, em suma, algo primariamente para os ricos e, talvez, para turistas dispostos a torrar dinheiro. Mas não é e nunca será uma opção de transporte de massa, e certamente jamais fará alguma diferença para o trânsito nas ruas das cidades.

Em 2017, Musk fez uma provocação contra os VTOL enquanto defendia seus túneis como formas superiores de transporte "tridimensional". Em uma entrevista TED, ele disse que, "se houver um monte de carros voadores indo para todos os cantos, essa não será uma situação que vá reduzir nossa ansiedade [...] Você se pegará pensando 'será que eles fizeram a manutenção das calotas, ou será que elas cairão lá de cima como guilhotinas e cortarão minha cabeça?'".[26] Se ao menos ele pudesse estender o mesmo pensamento crítico para suas ideias desproposicionadas...

Em 1973, enquanto escrevia sobre o automóvel como objeto de luxo, André Gorz também observou que ele "tornou a cidade grande inabitável".

---

25 Megan Rose Dickey, "This Is Uber's Plan to Deliver on Flying 'Cars'". *TechCrunch*, 10 fev. 2018.
26 Elon Musk, "The Future We're Building: and Boring". TED, abr. 2017.

Tornou-a fedorenta, barulhenta, asfixiante, empoeirada, congestionada, tão congestionada que ninguém quer sair mais de tardinha. Assim, uma vez que os carros assassinaram a cidade, necessitamos de carros mais rápidos para fugir em autoestradas para zonas cada vez mais distantes. Que argumento circular impecável: dê-nos mais carros de modo que possamos escapar da devastação causada pelos carros.[27]

Gorz identificou que supostas soluções que preservem a supremacia do automóvel jamais enfrentarão os riscos a que estamos sujeitos, prejudicam o meio ambiente e reduzem nossa qualidade de vida. Da mesma forma que a expansão de vias expressas não reduz engarrafamentos, a adição de túneis estreitos para carros ou a criação de novas vias no céu também não resolverão o problema para mais do que apenas um punhado de pessoas ricas.

A socióloga Mimi Sheller argumentou que muitas das visões supostamente ousadas para a mudança urbana "só rendem benefícios para a elite cinética e causam danos diretos na mobilidade dos pobres", e isso pode ser atestado se nos concentrarmos em quem tem de esperar pelo transporte. Sheller ofereceu o exemplo da cobrança de pedágios urbanos que permitem acesso mais rápido ao centro das cidades para aqueles que podem pagar, enquanto aqueles que não podem são obrigados a esperar no trânsito ou ficam "relegados a longos itinerários que começam antes do amanhecer em várias linhas lentas de ônibus ou nos táxis compartilhados informais que se entremeiam por aí [...] ou ficam expostos à poeira e ao perigo na traseira de mototáxis", dependendo da parte do mundo em que vivem. A capacidade de dirigir mais rápido do que os outros usuários da rua e de ter infraestruturas projetadas para esse propósito é um luxo

---

27 A. Gorz, "A ideologia social do automóvel", op. cit, p. 79.

da elite que não está amplamente distribuído. "Ter de esperar", escreve Sheller, "enquanto outros passam 'voando', é uma forma de poder vivida, por exemplo, por motoristas de carros que se enfiam em 'faixas rápidas' pedagiadas da EZ-Pass nos Estados Unidos", mas o mesmo pode ser dito sobre as visões dos túneis da Boring Company ou dos serviços de VTOL sob demanda.[28]

Essas novas infraestruturas promovidas por Musk e pelos executivos da Uber usam uma linguagem igualitária para conquistar o apoio do público para uma visão de mobilidade em que, na prática, a forma urbana e os sistemas de transporte continuam iguais, mas as pessoas ricas têm novas formas de pagar para escapar dos problemas que os outros residentes precisam viver dia após dia. Particularmente preocupante é como muitos jornalistas e organizações de mídia não questionam as afirmações de marketing da Boring Company e da Uber, ainda que essas empresas tenham alcançado muito menos do que afirmam pretender concretizar.

Nesses casos, a visão não demora a se desfazer. A Boring Company foi reduzida a alguns poucos túneis para carros em Las Vegas que funcionam principalmente como anúncios gratuitos para veículos da Tesla, e, ainda que agentes públicos de algumas cidades afirmem estar interessados no que Musk tem para vender, eles provavelmente só estão tentando se aproximar do bilionário em si.

Enquanto isso, podemos fincar a lápide da visão grandiosa dos carros voadores da Uber. Em dezembro de 2020, a companhia teve de pagar outra empresa para assumir a divisão Uber Elevate – incluindo a Uber Air – em um esforço para melhorar seu balanço patrimonial.

---

28 Mimi Sheller, *Mobility Justice: The Politics of Movement in an Age of Extremes*. London: Verso Books, 2018, pp. 78-79.

O intervalo de tempo entre as afirmações ambiciosas iniciais das figuras da indústria de tecnologia e a percepção generalizada de que tudo não passa de uma fraude parece estar diminuindo, mas isso não significa que novas soluções de visão estreita para os problemas de transporte não emergirão da indústria de tecnologia a cada ano que passa. Enquanto a Boring Company e a Uber Air tentaram criar novos espaços automotivos acima e abaixo da superfície, as ideias de outras empresas dependem da captura de nosso espaço público cada vez menor. A ameaça que elas representam é ainda maior do que a dos túneis fajutos e dos helicópteros reformulados.

7.
A CHEGADA DA DISPUTA PELAS CALÇADAS

Antes que o automóvel transformasse a mobilidade urbana, outro modal de transporte já produzia seu próprio efeito revolucionário sobre a forma como as pessoas se deslocavam. Em 1885, John Kemp Starley inventou a Rover: uma "bicicleta segura" com duas rodas de tamanhos similares muito mais fácil de pedalar do que os modelos que a antecederam. Alguns anos mais tarde, depois de ter sido equipada com rodas pneumáticas que permitiam uma condução mais suave e o deslocamento em maior velocidade, ela começou a dominar a Europa, a América do Norte e além. Uma década mais tarde, a feira de bicicletas do Clube Stanley, em Londres, contou com mais de duzentos fabricantes de bicicletas que exibiram 3 mil modelos diferentes.

O *boom* das bicicletas na década de 1890 desafiou as normas sociais da época. Os bondes já eram mais comuns, mas, à medida que os preços desabavam, as bicicletas deixavam de ser só mais uma ferramenta para homens endinheirados. As classes média e trabalhadora as adotaram para o lazer e para suas atividades, os jovens perceberam que era mais fácil socializar longe da vista dos pais e o novo modo de transporte oferecia benefícios específicos para as mulheres, que ganharam mais liberdade em seus deslocamentos e em sua vida.

Em 1896, a ativista dos direitos da mulher Susan B. Anthony disse ao *New York Sunday World*: "Penso que as bicicletas fizeram mais pela emancipação das mulheres do que qualquer outra coisa no mundo". Naquele mesmo ano, um artigo da *Munsey's Magazine* explicou: "Para os homens, no início a bicicleta não passava de um brinquedo novo, mais uma máquina adicionada à longa lista de aparelhos de que dispunham no trabalho e em suas brincadeiras. Para as mulheres, a bicicleta foi um corcel com que puderam cavalgar rumo a um novo mundo".[1] Mas, ainda

---

1 Sarah Goodyear, "How Women Rode the Bicycle into the Future". *Grist*, 25 mar. 2011.

que a bicicleta melhorasse a mobilidade das mulheres, ela não estava imune a detratores.

A liberdade que as mulheres extraíam da bicicleta suscitou reações negativas de alguns homens que não gostavam de ver o poder pessoal que exerciam sobre o sexo feminino e a posição de dominância que ocupavam na sociedade ameaçados por mulheres que se deslocavam com mais facilidade. A popularidade das bicicletas também teve consequências inesperadas, como mudanças na moda feminina, já que era difícil pedalar com vestidos ou saias pesadas. Como resultado, bombachas, calças e outras vestimentas que facilitavam a prática de atividades físicas se tornaram mais comuns, mas eram ridicularizadas por tradicionalistas que achavam que esse tipo de roupa fazia com que as mulheres parecessem mais masculinas.

Alguns médicos alertavam que o uso de bicicletas aumentava o risco da incidência de condições médicas nas mulheres. A "cara de bicicleta", por exemplo, tinha como base a ideia de que o deslocamento em alta velocidade possibilitado pela bicicleta – alta para a época, pelo menos – alterava o rosto das mulheres, com a implicação de que elas deveriam se abster completamente de pedalar. Outros avisavam que a condução de bicicletas poderia torná-las mais vulneráveis a uma gama de doenças, enquanto certos grupos estavam preocupados com questões mais morais, como a possibilidade de que os assentos das bicicletas as ensinariam a se masturbar.

Com o tempo, é claro, os defensores das bicicletas conseguiram repelir essas enfermidades e preocupações infundadas. Clubes de ciclismo foram criados para exigir melhoramentos nas ruas para que se pudesse pedalar mais rápido e com mais suavidade, e algumas cidades chegaram até a construir ciclofaixas e rotas de uso exclusivo. Em 1892, um artigo imaginou como, com o uso da bicicleta, "o desenvolvimento das cidades não será nada menos do que revolucionário", com cidadãos mais saudáveis, cidades mais calmas e uma possibilidade ainda maior de interação social.[2] Ainda que hoje possa não parecer, as cidades dos Estados Unidos foram tão cativadas pelas bicicletas como os centros urbanos da Europa, mas o *boom* começou a perder força no começo dos anos 1900, o que fez com que projetos mais grandiosos para cidades ciclísticas não saíssem do papel.

Kemp morreu aos 46 anos de idade em 1901. Mas, nos anos que se seguiram, sua empresa começou a instalar motores de combustão interna em bicicletas para torná-las ainda mais rápidas, o que acabou criando algumas das primeiras motocicletas. Posteriormente, a companhia passou a construir automóveis – os mesmíssimos veículos que expulsaram as bicicletas para fora de seu caminho e que reivindicaram as ruas pavimentadas para si.

Vários foram os ressurgimentos da bicicleta ao longo do século XX, e, de modo mais notável, nos anos 1970, quando os preços do petróleo dispararam e criaram pressão suficiente para fazer com que algumas cidades europeias adotassem uma rota de desenvolvimento mais baseada em bicicletas. Em anos mais recentes, conforme o interesse nelas vem aumentando mais uma vez, surgiram novas pressões por infraestrutura que incentive seu uso. Como não é de surpreender, a indústria de tecnologia tentou se inserir nesse movimento à medida que alguns de seus agentes perceberam nele um novo mercado passível de ser capturado e moldado para atender aos próprios interesses.

Em 28 de março de 2018, residentes de São Francisco acordaram com um novo serviço que tinha tomado não tanto suas ruas, mas suas calçadas. A empresa Bird foi uma das primeiras

---

2   Roff Smith, "How Bicycles Transformed Our World". *National Geographic*, 17 jun. 2020.

a participar da investida ocidental em uma nova onda de companhias de mobilidade que imitavam o modelo de aluguel de bicicletas por aplicativo surgido na China alguns anos antes. Em vez de andar até uma estação e destravar uma bicicleta, esses serviços sem pontos de retirada deixam bicicletas convencionais, elétricas e patinetes motorizados (ou *e-scooters*) por toda a cidade, podendo ser ativados com um smartphone, o aplicativo da empresa e um método de pagamento.

A Bird se posicionou de forma similar à Uber; tratava-se de uma empresa de tecnologia inovando a paisagem do transporte, mas que, em vez de dizimar as fontes de sustento de taxistas, promovia uma maneira de as pessoas evitarem o uso de carros. No típico estilo "avance rápido e não tenha medo de errar", ela também desconsiderou autorizações ou permissões das autoridades locais para lançar seus serviços; da noite para o dia, os moradores de São Francisco acordaram e encontraram a cidade atulhada de *e-scooters* com a marca da empresa disponíveis para aluguel via aplicativo.

No dia do lançamento, o maior jornal da cidade, *San Francisco Chronicle*, publicou uma matéria que descrevia as *e-scooters* como "uma versão elétrica dos patinetes que as criancinhas usam para brincar".[3] A jornalista reconheceu que havia algumas questões quanto ao serviço e à existência ou não das autorizações necessárias, mas retratou as *e-scooters* como divertidas e neutras, e mesmo como uma contribuição positiva para a cidade. Mas não demorou para que a cobertura mudasse. Dois dias depois, dizia-se que as *scooters* haviam "recaído" sobre as ruas da cidade, bloqueando a passagem e "fazendo uma grande investida para ganhar dinheiro com as calçadas em detrimento dos pedestres" –

---

3   Kathleen Pender, "Electric Scooters for Grown-Ups Now Available for Rent in SF, San Jose". *San Francisco Chronicle*, 27 mar. 2018.

prática que a San Francisco Municipal Transportation Agency [Agência Municipal de Transportes de São Francisco] disse que não seria tolerada.[4] Já em 1º de abril, a ideia de que as *e-scooters* eram brinquedos para adultos havia desaparecido. O *Chronicle* relatou que as calçadas haviam sido "invadidas" e se transformado em "áreas de descarte" para patinetes que não tinham estações de estacionamento.[5] Pedestres tropeçavam neles e pessoas em cadeiras de rodas se confrontavam de uma hora para outra com novos obstáculos em seus deslocamentos pela cidade – algo que, mesmo nas melhores condições, já não era fácil. As reclamações já se acumulavam quando o procurador municipal disse que estava "analisando todas as opções legais" para proteger os mais de 1 milhão de pedestres da cidade.

Sem dúvida houve bastante cobertura midiática positiva quando os patinetes elétricos chegaram a outras cidades do país, mas em São Francisco a reação – e sua retratação pelos jornais – foi particularmente negativa. Aqueles pedestres eram as pessoas nas linhas de frente da "inovação", e, depois de sofrerem com os efeitos da Uber em suas ruas, com a gentrificação de seus bairros quando os preços dos imóveis dispararam ante o influxo de trabalhadores da indústria de tecnologia e com todas as novas soluções tecnológicas testadas por startups constantemente em busca da próxima grande ideia, parecia que os moradores finalmente estavam fartos.

Os residentes de São Francisco perceberam bem cedo que essas novas empresas que ofereciam opções de bicicletas e patinetes elétricos sem estações de estacionamento (o que passou a ser

---

4   Id., "Scooters Descend on San Francisco Sidewalks". *San Francisco Chronicle*, 29 mar. 2018.
5   Michael Cabanatuan, "As Complaints Roll in, San Francisco Considers Action over Wave of Motorized Scooters". *San Francisco Chronicle*, 9 abr. 2018.

conhecido coletivamente como micromobilidade) não estavam simplesmente tentando fazer com que as pessoas adotassem um novo serviço, mas também reivindicavam uma fatia do pouco espaço público que ainda restava na cidade – e esses moradores não estavam dispostos a deixar que isso acontecesse sem resistência.

A resposta dos moradores de São Francisco às investidas dos patinetes elétricos pode ser vista de duas maneiras. Primeiro, pode ser enquadrada como só mais um exemplo de um grupo de pessoas que reage com exagero à presença de uma nova tecnologia, assim como os tradicionalistas, moralistas e aqueles que não queriam ver a derrubada das dinâmicas de poder e de gênero prevalentes decorrente do empoderamento das mulheres pela bicicleta na década de 1890. Considerada a forte crença no determinismo tecnológico em meio às pessoas poderosas que impulsionam as ideias sobre o futuro da mobilidade, não é surpreendente que essa tenha sido uma das principais explicações, sobretudo porque se encaixava em narrativas já existentes.

Nos últimos anos, houve muita discussão sobre o sentimento "não no meu quintal", ou NIMBY, na Califórnia. Essas pessoas, segundo seus rivais "no meu quintal, sim" e pró-desenvolvimento urbano, se opõem a toda e qualquer mudança na vizinhança – seja a construção de habitações de maior densidade, seja a criação de ciclofaixas ou outras iniciativas que poderiam alterar a área em que vivem. As críticas a elas não são completamente injustificadas, já que há um grupo barulhento veementemente contrário a qualquer tentativa de alteração de ambientes destinados a empreendimentos habitacionais projetados para construções unifamiliares e automóveis – mas isso também não significa que toda vez que um residente se opõe a uma mudança em sua comunidade o faça apenas por motivações estéticas ou para proteger a ideia que possa ter sobre o valor de seu imóvel.

O problema com o enquadramento da resposta negativa à micromobilidade como uma reação típica de pessoas desinformadas ou que simplesmente se opõem a toda e qualquer mudança é que essa concepção ignora as dinâmicas de poder em jogo na implementação desses serviços. Dadas as relações de poder envolvidas, a raiva dos moradores com o entulhamento de patinetes elétricos em suas comunidades deveria ser vista, em vez disso, pela ótica da resistência ao automóvel nos anos 1920, já esboçada no capítulo 1. Quando as bicicletas foram originalmente introduzidas, a liberdade de deslocamento de pessoas com rendimentos mais baixos e vindas de grupos com relativamente pouco poder foi aprimorada, enquanto pessoas que já detinham um poder social significativo continuaram tentando restringi-la.

Mas quando, várias décadas mais tarde, os automóveis se tornaram mais comuns, houve uma revogação real do espaço público a que os moradores se opuseram, e os mais afetados foram as mulheres e as crianças. Essas pessoas tinham menos liberdade para se deslocar pela cidade, já que era menos provável que conseguissem dirigir e também porque as ruas passaram a ser locais perigosos. Elas foram relegadas à calçada, e, ainda que hoje seja muito mais comum que mulheres dirijam, os pedestres nunca recuperaram o direito à rua, sobretudo depois que os automóveis tomaram mais espaço e, em muitos lugares, as calçadas deixaram de ser adequadamente conservadas.

Essa ótica oferece uma segunda forma de entender a oposição aos patinetes elétricos – uma forma bem mais exata do que simplesmente concebê-la como uma resposta retrógrada que rejeita a noção de progresso tal como definida pela indústria de tecnologia. Com um espaço já limitado, as pessoas reagiram à imposição de serviços de micromobilidade que reivindicavam as faixas estreitas de espaço para pedestres que ainda restavam na beira das ruas. Ainda que talvez não conhecessem o contexto histórico, os moradores perceberam que uma indústria poderosa estava tomando o espaço público e que os benefícios desse cercamento seriam colhidos não pelo público em geral, mas principalmente por um pequeno grupo de executivos, investidores e alguns trabalhadores iniciais com opção de compra de ações.

Os são-francisquenses sabem melhor do que ninguém por que a expansão territorial da indústria de tecnologia deve ser confrontada no nascedouro: no momento em que seus serviços forem normalizados, é quase impossível livrar-se deles, independentemente de seus impactos reais. Essas pessoas viveram as desvantagens de serviços onipresentes projetados para servir a uma classe limitada de trabalhadores de tecnologia, mas que, para serem inicialmente aceitos, foram promovidos como se fossem beneficiar um público maior.

Os moradores não queriam sair de casa todos os dias e ter que passar por cima de patinetes elétricos para chegar a seu destino – e isso quando eram capazes de fazê-lo. Para pessoas em cadeiras de rodas, o espalhamento de patinetes elétricos sobre calçadas representou uma limitação ainda mais grave à mobilidade, e as experiências dos usuários vulneráveis e marginalizados das ruas (ou das calçadas) são as que menos têm chances de serem consideradas pela maioria das pessoas no mundo das startups. Isso também nos obriga a perguntar se esses serviços sem estações de estacionamento deveriam estar mesmo nas calçadas, e, como essa questão contraria a ideologia do Vale do Silício, muitos de seus adeptos naturalmente escolheram ver as coisas de outro modo.

Assim como os robôs autônomos de entrega que também estão sendo posicionados nas calçadas, os serviços de micromobilidade não são pensados para colocar a acessibilidade física e econômica em primeiro lugar; em vez disso, conforme forçam passagem pelas calçadas, também tentam consolidar modelos de negócio rentistas que garantem o recebimento daquilo que lhes é devido toda vez que alguém os acessa. Os serviços são projetados para beneficiar a empresa, e o que é melhor para os usuários e para a sociedade de modo geral está em uma posição muito inferior na lista de prioridades.

Menos de duas semanas depois que os patinetes elétricos da Bird chegaram às ruas de São Francisco, a Uber também entrou na corrida da micromobilidade com a aquisição da Jump. A empresa já operava um serviço de compartilhamento de bicicletas sem o uso de estações de estacionamento em São Francisco desde janeiro de 2018, mas, ao contrário dos patinetes da Bird, que podiam ser deixados em quase qualquer lugar depois que os usuários estivessem satisfeitos, as bicicletas da Jump tinham que ser presas a um poste ou a um cavalete ao final da viagem. Essa característica permitia que a empresa evitasse a pior parte dos bloqueios de calçada que os patinetes recém-chegados estavam causando e, por extensão, não fosse alvo das reações negativas do público. Mas isso não significou que o modelo estava pronto para o sucesso. A história da Jump, e, em particular, de como suas operações mudaram durante o tempo em que esteve sob o controle da Uber, ilustra como o *ethos* do Vale do Silício nada tem a ver com um atendimento melhor aos residentes urbanos – seu objetivo é a dominação a serviço de fins corporativos.

Quando a Jump começou, em 2010, seu nome era Social Bicycles, ou SOBI, e sua meta era a expansão do acesso fácil a bicicletas por meio de um sistema de compartilhamento encomendado por prefeituras. Como o jornalista da *Vice* Aaron W. Gordon descreveu depois de falar com ex-funcionários da Jump, o modelo de negócios inicial envolvia a resposta a pedidos formais de governos que tinham como objetivo a implementação de sistemas de compartilhamento de bicicletas, a partir dos quais a empresa dava início a um processo de cerca de dois anos que envolvia "uma parceria profunda com a cidade a fim de minimizar incertezas de longo prazo ou a revolta da comunidade em razão dos locais de instalação dos cavaletes das bicicletas".[6] Nessa época, a SOBI empregava planejadores urbanos para desenhar cavaletes de bicicletas e trabalhar com as comunidades de modo não só a garantir que o sistema atendesse às necessidades delas, mas também para evitar reações negativas após o início das operações. A empresa mantinha os custos operacionais baixos e valorizava seus relacionamentos – até que um modelo de micromobilidade financiado por capital de risco assumiu o controle.

Em vez de passar pelos processos necessários, trabalhar em conjunto com as comunidades e construir um produto confiável que não bloqueasse as calçadas, os serviços de micromobilidade – primeiro os de grupos chineses que usavam bicicletas sem estações, e depois os de empresas ocidentais com patinetes e bicicletas elétricos – tinham motivações muito diferentes. Ou eles investiam pesado para conseguir autorizações sem passar por consultas públicas, ou as ignoravam completamente, e então inundavam as calçadas com bicicletas e patinetes a fim de capturar o mercado. As empresas normalmente compravam produtos baratos que não eram projetados para aguentar um uso constante, e a falta de estações levou a problemas imediatos de acessibilidade. Como um ex-funcionário disse a Gordon, não ter que guardar as bicicletas e patinetes no fim da viagem "transforma os veículos em lixo e bloqueia as calçadas, o que é ruim tanto para os negócios como para as cidades".[7]

Conforme as comunidades eram inundadas por empresas de micromobilidade altamente capitalizadas que largavam veículos nas calçadas e torravam milhões de dólares no processo, a SOBI

---

6   Aaron Gordon, "How Uber Turned a Promising Bikeshare Company into Literal Garbage". *Vice*, 23 jun. 2020.
7   Ibid.

perdeu oportunidades de negócio porque muitas cidades depauperadas escolheram a opção mais fácil, especialmente depois que as empresas fizeram grandes promessas sobre acessibilidade física e econômica sem que soubessem se realmente conseguiriam cumpri-las. Essa mudança também era perceptível dentro da soBi.

Depois de ser reformulada como Jump e comprada pela Uber, as coisas mudaram muito rápido. Em vez de continuar modesta, os ex-funcionários contaram a Gordon que a empresa ficou nadando em dinheiro e que a Uber aplicou "uma mentalidade de negócios de software ao compartilhamento de bicicletas".[8] Eles contrataram tanta gente que não demorou até que tivessem excesso de funcionários, entraram em novos mercados o mais rápido que puderam, gastaram milhões de dólares nesse meio-tempo – e os problemas com que se confrontavam só aumentaram. Não havia peças suficientes para consertar as bicicletas que quebravam, e, depois que a Uber substituiu as trancas robustas das bicicletas por uma corrente mais frágil, os roubos dispararam. Enquanto continuava tentando apagar incêndios, a empresa acabou não conseguindo se recuperar das mudanças feitas pela Uber. Em maio de 2020, a Uber investiu 85 milhões de dólares na Lime (outra empresa de micromobilidade) em troca da entrega do controle da Jump e, o que é mais importante, da retirada da empresa de seu balanço patrimonial. A Jump estava perdendo 60 milhões de dólares por trimestre.

Semanas depois, e apesar da escassez de bicicletas nos primeiros meses da pandemia da covid-19, as bicicletas elétricas da Jump seriam esmagadas em ferros-velhos de todos os Estados Unidos. A percepção de que as bicicletas e patinetes eram tão descartáveis que deveriam ser jogados no lixo em vez de repintados e colocados na frota da Lime, doados para a caridade ou

---

[8] Ibid.

mesmo vendidos para pessoas que quisessem usá-los ilustra o modelo falho em torno do qual a indústria da micromobilidade foi concebida.

A aparição de bicicletas e patinetes elétricos nas calçadas de cidades de todo o mundo sem dúvida deu início a debates sobre o espaço público e sua distribuição nas ruas – e os resultados foram ambíguos. Em 2019, a *Wired* relatou que ativistas da bicicleta estavam se aliando a companhias como a Uber e a Lyft conforme elas se voltavam para a micromobilidade para tentar reivindicar melhor infraestrutura para os ciclistas,[9] ainda que, como a história da SOBI mostra, não esteja claro que vender a própria alma seja uma boa estratégia para conquistar esses objetivos.

Conforme esses serviços eram colocados nas ruas, os capitalistas de risco correram para as empresas, que viam como um novo serviço tecnoadjacente com o qual poderiam tentar capturar um modal de transporte e, mais tarde, auferir lucros monopolísticos. Empresas de micromobilidade como a Bird e a Lime estavam tentando fazer com as bicicletas e patinetes o que a Uber prometera (e não cumprira) com a propriedade dos carros. No lugar de terem suas próprias bicicletas ou de acessarem um sistema de compartilhamento de bicicletas em estações aprovadas pelas prefeituras, as pessoas dependeriam de um modelo rentista de extração baseado em aplicativos. Mas, da mesma forma como os capitalistas de risco queriam ver progressos mais rápidos na micromobilidade do que os que haviam encontrado nos serviços de transporte de passageiros por aplicativo, os problemas com o modelo também ficaram nítidos bem mais cedo.

---

9   Aarian Marshall, "As Tech Invades Cycling, Are Bike Activists Selling Out?". *Wired*, 15 jan. 2019.

A questão com que a Uber teve que lidar em relação às bicicletas da Jump, que tendiam a ter vida útil menor após a remoção das trancas mais robustas, era um problema generalizado da indústria. Em Louisville, no Kentucky, os patinetes da Bird duraram em média meros 28,8 dias entre agosto e dezembro de 2018 até que precisassem ser trocados,[10] e só 126 dias em Los Angeles entre janeiro e abril de 2019. Em Los Angeles, o modelo mais recente e mais grosseiro tinha uma vida útil ainda menor do que os anteriores.[11] Enquanto isso, a Lime passava por problemas significativos com seus patinetes, e um projeto-piloto de bicicletas sem estações de estacionamento em Washington, DC, descobriu que os veículos duravam uma média de apenas setenta dias antes que precisassem ser substituídos, em comparação com 1.614 dias para as cidades com sistemas de compartilhamento de bicicletas com estações.[12]

Consideradas todas as declarações de sustentabilidade feitas por essas empresas, tratar as bicicletas e patinetes como produtos descartáveis não era algo alinhado a esse tipo de meta. Depois de avaliar a vida útil, as informações de fabricação e a frequência de substituição de patinetes elétricos não vinculados a estações, além de como esses veículos eram usados pelos clientes, pesquisadores da Universidade do Estado da Carolina do Norte estimaram que as emissões produzidas ao longo dos ciclos de vida desses veículos eram 65% maiores do que as dos modais de transporte que eles deveriam substituir.[13] Outra avaliação detalhada desse

10   Alison Griswold, "Shared Scooters Don't Last Long". *Quartz*, 1 mar. 2019.
11   Sam Dean e Jon Schleuss, "Can Bird Build a Better Scooter Before It Runs Out of Cash?". *Los Angeles Times*, 5 maio 2019.
12   Mark Sussman, "Five Graphs That Show How Dockless Bikeshare and CaBi Work in DC". *Greater Greater Washington* (blog), 5 set. 2018.
13   Joseph Hollingsworth, Brenna Copeland e Jeremiah X Johnson, "Are E-scooters Polluters? The Environmental Impacts of Shared Dockless Electric Scooters". *Environmental Research Letters*, n. 14, 2019.

ciclo de vida feita por Anne de Bortoli na Universidade Paris-Est foi publicada em abril de 2021 e descobriu que os serviços de mobilidade sem estações de estacionamento produzem uma pegada de carbono significativamente maior por quilômetro rodado do que a gerada por bicicletas particulares. Bortoli também calculou que os patinetes, mais especificamente, poderiam ter pegadas de carbono por quilômetro por passageiro maiores do que algumas formas de transporte público.[14]

Além de toda sua natureza insustentável, os serviços não eram particularmente igualitários. As empresas que prestavam os serviços estavam perdendo dinheiro – como o modelo de crescimento rápido do Vale do Silício exige –, mas os preços cobrados frequentemente eram maiores do que os de serviços de estações de compartilhamento de bicicletas e mesmo os dos bilhetes de transporte público. Como o projeto-piloto de Washington, DC, descobriu, os serviços tinham poucos usuários regulares, que frequentemente eram turistas ou pessoas que os experimentavam pela primeira vez, e muitas das viagens aconteciam no centro da cidade.[15] Com preços altos e uma base pequena de usuários, não é de surpreender que algumas pesquisas tenham descoberto que os usuários dos serviços eram esmagadoramente compostos de homens jovens com rendimentos mais altos do que a média, o que não só se assemelhava aos usuários do transporte de passageiros por aplicativo, mas também reforçava as estatísticas quanto a ciclistas já existentes em vez de expandi-las para abarcar grupos menos propensos a percorrer seus trajetos de bicicleta.

---

14   Anne de Bortoli, "Environmental Performance of Shared Micromobility and Personal Alternatives Using Integrated Modal LCA". *Transportation Research Part D: Transport and Environment*, n. 93, abr. 2021.
15   Sussman, "Five Graphs That Show How Dockless Bikeshare and CaBI Work in DC", op. cit.

Devido à forma como os serviços foram implementados – em uma tentativa de estabelecer rapidamente um ponto de entrada em tantos centros urbanos quanto possível para maximizar sua participação no mercado –, algumas cidades foram deixadas sem cobertura suficiente quando ficou claro que as empresas haviam se expandido rápido demais e não havia demanda suficiente para que um serviço tão ineficiente continuasse em operação. Quando as empresas chinesas originais de bicicletas sem estações de estacionamento começaram a ir embora do Reino Unido, algumas cidades ficaram sem nenhum tipo de serviço de compartilhamento de bicicletas.

Sheffield, por exemplo, tinha um sistema de estações de compartilhamento de bicicletas antes da chegada das bicicletas soltas, mas o encerrou quando a chinesa Ofo implementou seu próprio serviço de bicicletas porque o sistema original deixou de ser financeiramente viável. Os agentes públicos supuseram que, se a empresa estava implementando um serviço, ela continuaria por lá para servir a comunidade, mas estavam enganados. Depois de seis meses, a Ofo saiu de Sheffield, mas o serviço de estações de bicicleta não foi restabelecido e os residentes ficaram com menos opções. As empresas chinesas de micromobilidade não são as únicas a abandonar comunidades sem aviso prévio.

Consideradas todas as promessas de aprimoramento dos padrões de mobilidade urbana, os serviços de micromobilidade fizeram muito pouco. Desafiaram serviços de estações de compartilhamento de bicicletas já existentes com uma alternativa menos sustentável e mais cara e tentaram moldar o uso de bicicletas e patinetes de modo que os usuários tivessem de pagar a cada vez que quisessem usá-los. Ainda que declarassem apoio a tentativas de estabelecimento de mais ciclofaixas e outras formas de infraestrutura, as empresas pareciam fazer pouco para mudar o cálculo de mobilidade existente e, em vez disso, dependiam muito mais da tomada efetiva e sem autorização do espaço das calçadas. Em São Francisco, a cidade chegou por algum tempo a apreender patinetes mal estacionados.

A ineficiência das empresas de micromobilidade foi colocada totalmente em evidência depois da onda inicial da pandemia da covid-19. Com cidades em vários estágios de quarentena e pessoas que precisavam observar o distanciamento social, muitos centros urbanos fecharam ruas ou converteram vagas de estacionamento em extensões para as calçadas. Conforme o verão de 2020 se aproximava, houve escassez de bicicletas ao redor do mundo, já que o número de ciclistas disparou e muitas cidades acrescentaram ciclofaixas temporárias que abriram espaço para mudanças permanentes.

Em 2020, a cidade de Nova York construiu mais de 45 quilômetros de ciclofaixas protegidas e outros 56 quilômetros de ciclofaixas convencionais – uma quantidade recorde para um único ano. Boston anunciou a expansão de seu projeto de ciclofaixas, Austin tornou permanentes algumas de suas ciclofaixas provisórias e outras ações foram tomadas em cidades ao redor dos Estados Unidos. Enquanto isso, apenas para dar alguns exemplos, Paris anunciou projetos para 640 quilômetros de novas ciclofaixas, Montreal planejou 120 quilômetros adicionais de infraestrutura permanente para bicicletas e cidades de toda a América Latina fizeram esforços para a implementação de mais ciclofaixas.

Enquanto tudo isso acontecia, os serviços de micromobilidade estavam sendo retirados das ruas de muitas cidades. Em vez de um serviço relativamente caro de compartilhamento, as pessoas reconheceram com razão que, caso fossem se deslocar sem o uso de carros ou do transporte público, seria melhor fazê-lo com bicicletas convencionais, elétricas ou patinetes elétricos próprios. Afinal de contas, se usassem os serviços de micromobilidade com alguma regularidade, os custos não demorariam a se acumular. Comprar a própria bicicleta não era só mais ambientalmente correto, mas também mais barato, sobretudo porque várias cidades ofereciam incentivos para promover a compra de modelos convencionais e elétricos. A França chegou a fornecer subsídios para que as pessoas consertassem bicicletas antigas.

Apesar de todo o burburinho ao redor dos serviços de micromobilidade e do crescimento exponencial dessas empresas, quando se trata de algo como bicicletas e patinetes, para as pessoas faz muito mais sentido ter veículo próprio e, para as cidades, construir infraestruturas adequadas que permitam que isso aconteça. Aí estão incluídas ciclofaixas, é claro, mas também locais seguros para o estacionamento de bicicletas, sobretudo nas proximidades de centrais cruciais de transporte público. Mas os serviços de micromobilidade foram apenas a parte mais visível de uma campanha maior pela tomada da calçada a serviço de negócios de tecnologia não testados e sem benefícios nítidos para o público.

Enquanto bicicletas e patinetes sem estações de estacionamento estavam chegando às calçadas de todo o mundo, outras startups enxergavam aquelas faixas de concreto como infraestruturas públicas para viabilizar suas próprias empreitadas. Em 2018, a Starship Technologies começou a fazer entregas com o uso de robôs autônomos projetados para deslizar pelas calçadas de Milton Keynes, não muito longe de Londres. No ano seguinte, o serviço foi expandido para universidades de todos os Estados Unidos, mas esse ainda era um produto extremamente de nicho.

Em 2017, outra empresa de robôs de entrega pela calçada chamada Marble se uniu à DoorDash e à Yelp para entregar pedidos de vários restaurantes em cidades selecionadas nos Estados Unidos. Enquanto isso, a Nuro, que tinha um robô maior de entregas projetado para dirigir pelas ruas, operava um serviço-piloto com as farmácias CVS, os mercados Kroger e as pizzarias da rede Domino's.

Quando métodos de entrega sem contato se tornaram uma forma importante de impedir a circulação do vírus durante a pandemia da covid-19 e permitiram que trabalhadores não essenciais ficassem em casa, uma atenção renovada foi dada a empresas de entrega autônoma. Mas algumas delas também viram uma oportunidade para demarcar seus lugares na calçada no mesmo momento em que um número tão grande de pessoas as havia esvaziado.

Já há muito tempo as soluções de transporte da indústria de tecnologia têm sido hostis aos deslocamentos a pé, seja em razão de seus serviços porta a porta individualizados, como o transporte de passageiros por aplicativo ou os veículos autônomos, seja ainda pelos serviços de micromobilidade, que operavam sob o pressuposto de que caminhar mesmo distâncias curtas seria quase inimaginável. Essas empresas afirmam serem motivadas em parte pela descoberta de soluções *"last mile"*, mas não consideram se a maioria das pessoas realmente precisa disso ou a razão de alguns trajetos serem tão longos, para começo de conversa.

Naturalmente, uma visão de mundo com pouca consideração pelo desejo que as pessoas sentem de caminhar sobre calçadas facilita aos fundadores de startups interessados nos setores de transporte e de entregas ver esses locais como espaços vazios a serem conquistados para novas empreitadas comerciais. Em 2017, o *Guardian* mencionou que Matt Delaney, um dos cofundadores da Marble, teria dito que "a calçada é uma infraestrutura mal utilizada".[16] Em 2016, um porta-voz da Starship Technologies

---

16   Julia Carrie Wong, "Delivery Robots: A Revolutionary Step or Sidewalk-clogging Nightmare?". *Guardian*, 12 abr. 2017.

também disse ao *Mercury News* que a empresa vislumbrava "milhares e milhares de robôs em milhares de cidades de todo o mundo fazendo entregas sob demanda".[17] Mas parecia haver pouco interesse quanto ao que esses milhares de robôs de entrega significariam para os pedestres.

As empresas afirmavam que seus robôs não impediriam que as pessoas usassem a calçada, mas mesmo o pequeno número de robôs colocado em operação já criava problemas. Em 2019, Emily Ackerman, estudante da Universidade de Pittsburgh, descreveu sua experiência angustiante de encontro com um deles. Ackerman usa cadeira de rodas e, enquanto atravessava um cruzamento, um robô de entregas da Starship estava esperando do outro lado da rua. Ele se colocou diretamente no meio da rampa de acesso que Ackerman precisava usar para chegar à calçada. "Eu me vi parada no meio da rua quando o semáforo ficou verde", escreveu a estudante, "bloqueada por um ser não senciente incapaz de entender as consequências de seus atos".[18]

Para além desse encontro, Ackerman expôs um argumento mais amplo sobre a implementação de novas tecnologias em espaços físicos e sobre a reduzida consideração dos projetistas por grupos marginalizados.

Os avanços na robótica, na inteligência artificial e em outras tecnologias "futuristas" introduziram uma nova era na luta contínua pela representação de pessoas com deficiência nos processos de tomada de decisões de grande escala. Essas tecnologias vêm com seus próprios conjuntos de problemas de design ético – mais despreparadas para consequências desconhecidas

---

17   Aaron Kinney, "Redwood City Ready to Debut Futuristic Delivery Robots". *Mercury News*, 21 nov. 2016.
18   Emily Ackerman, "My Fight with a Sidewalk Robot". *CityLab*, 19 nov, 2019.

do que nunca. E ainda não tivemos uma discussão sincera e crítica sobre isso.[19]

Como destacado nos capítulos anteriores, as empresas de transporte de passageiros por aplicativo se recusaram a cumprir a Lei dos Estadunidenses com Deficiência (ADA), e empresas como a Uber usaram pessoas em cadeiras de rodas e outros grupos marginalizados como ferramentas de relações públicas para justificar serviços como carros voadores que claramente não foram projetados para esses indivíduos. Os robôs de entrega pela calçada estão replicando esse manual de instruções, e o caso deles é ainda mais escandaloso: eles dependem das rampas de acesso que só existem nos cruzamentos dos Estados Unidos porque a ADA passou a exigi-las após sua aprovação em 1990.

Seis meses após a experiência de Ackerman, Haben Girma, uma mulher surdo-cega com mobilidade plena, deparou-se com um robô Starship enquanto caminhava com seu cão-guia. Ainda que sua vida não tenha sido colocada em risco pelo robô, ele também bloqueou a passagem e não se moveu para que pudessem passar. Como não estava treinado para reagir a um robô de entrega, o cão-guia apenas se sentou em frente a ele. No fim, ela teve de manobrar ao redor do robô para seguir seu caminho. Girma escreveu que, quando se trata de novas tecnologias, "na minha experiência, 'todo mundo' significa todos, menos pessoas com deficiência".[20] Na realidade, a definição é muito mais limitada do que isso.

Mais uma vez, apesar de declarações de que os serviços de entrega beneficiariam pessoas com deficiência, Girma descobriu que o aplicativo da Starship não funcionava com o VoiceOver,

---

19 Ibid.
20 Haben Girma, "The Robots Occupying Our Sidewalks". *TechCrunch*, 11 ago. 2020.

um leitor de tela baseado em gestos para iPhone projetado para pessoas que não conseguem ver seus celulares, o que o tornava inacessível para ela e outras pessoas cegas. "Durante uma pandemia que extingue de modo desproporcional vidas com deficiência", explicou Girma, "a última coisa de que precisamos são cidades que adotam tecnologias que excluem pessoas cegas e colocam pedestres com deficiências de mobilidade em risco."[21] Infelizmente, muitas cidades mostraram estar muito mais interessadas em parecer inovadoras e em atrair a atenção da indústria de tecnologia do que em considerar a serviço de quem essas soluções de fato estão.

Em março de 2021, a Pensilvânia se uniu a muitos outros estados na legalização do uso de calçadas por robôs de entrega, e a legislação aprovada foi vista como uma das menos restritivas do país. O regulamento classificava legalmente os robôs como pedestres e permitia que pesassem até 250 quilos e se movimentassem pelas calçadas a velocidade de até 20 km/h, o que é muito mais rápido que um pedestre, e de até 40 km/h em ciclofaixas. A legislação estadual garantiu que prefeituras não poderiam estabelecer regulamentos mais rigorosos nas áreas de suas próprias competências. Era uma repetição do que havia acontecido em alguns estados com os serviços de transporte de passageiros por aplicativo.

O *Pittsburgh City Paper* observou que pedestres e defensores da acessibilidade, ao lado de sindicatos laborais, se opunham às regras.[22] A National Association of City Transportation Officials [Associação Nacional de Agentes de Transporte Municipal] alertou que os robôs aumentariam a poluição sonora e que as compa-

21   Ibid.
22   Ryan Deto, "Pennsylvania Legalizes Autonomous Delivery Robots, Classifies Them as Pedestrians". *Pittsburgh City Paper*, 2 dez. 2020.

nhias poderiam "inundar as calçadas com máquinas, tornando os deslocamentos a pé cada vez mais difíceis e desagradáveis".[23] O grupo demandou, senão uma proibição direta, ao menos restrições severas ao uso da tecnologia, mas isso não impediu que os legisladores abrissem as comportas e colocassem o espaço dos pedestres em risco.

O entusiasmo ao redor desses robôs ignora quão mal preparado qualquer tipo de serviço de entregas em massa estaria para muitos dos ambientes do mundo real. Robôs de entrega exigem calçadas ou vias (dependendo do que utilizarem) bem conservadas e sem níveis elevados de tráfego, de modo que o percurso não seja interrompido com frequência. É precisamente por isso que a Starship se estabeleceu em universidades, já que os caminhos e ruas são em geral mais bem preservados, os campi têm menos tráfego interno de veículos e, fora dos horários de pico, não há muitas perturbações nas áreas de pedestres.

Os subúrbios também poderiam parecer áreas ideais para esses robôs, já que abrigam muito menos trânsito de pedestres do que as áreas urbanas, mas, dado que os negócios frequentemente ficam longe das casas suburbanas, as distâncias podem ser excessivas. Em acréscimo a isso, à medida que a arrecadação tributária diminui ao longo do tempo, comunidades em cidades e em subúrbios têm encontrado dificuldades em conservar suas ruas e calçadas, o que pode criar obstáculos para os robôs de entrega. Mesmo que eles não precisem viajar tanto em bairros urbanos, há em geral mais pessoas que poderiam entrar em seu caminho nas ruas e calçadas, ou vice-versa. A experiência de entregas sem fricção prometida pelas empresas que operam os robôs de entrega é facilmente atrapalhada pela fricção da vida humana.

23   Jennifer A. Kingston, "Sidewalk Robots Get Legal Rights as 'Pedestrians'". *Axios*, 4 mar. 2021.

Também há a questão de como as pessoas reagem aos robôs. Se um entregador não estiver esperando com o pedido à porta do cliente, por quanto tempo o robô será deixado para fora antes que a encomenda seja buscada? O site *Ars Technica* descobriu que os robôs da Starship não começam a andar até que suas tampas estejam completamente fechadas,[24] o que mostra que será preciso ensinar as pessoas a usá-los adequadamente. Também há preocupações gerais com vandalismo, tentativas de roubo de encomendas ou mesmo com a destruição de robôs que cruzem o caminho das pessoas. A solução das empresas para esse problema é equipar os robôs com a capacidade de ligar para a polícia e filmar seus atacantes, o que pode aumentar a violência urbana exercida pela polícia para defesa de patrimônio.

A última questão digna de nota nessa "solução" para as entregas é sua abordagem do trabalho. Um de seus atrativos está na automação dos trabalhadores de entrega por aplicativo que vêm sendo explorados pelas empresas na última década – o que, não por coincidência, acontece justamente quando os entregadores de alguns países avançam na obtenção do reconhecimento de seus vínculos empregatícios e conquistando outros direitos e benefícios após anos de organização laboral. Os robôs oferecem a ficção de que operam sem trabalho humano, mesmo que, como é o caso de muitas tecnologias de direção supostamente autônoma, as empresas de entrega dependam de motoristas remotos situados em locais tão distantes como a Colômbia ou as Filipinas para assumir o controle quando as máquinas não conseguem navegar por uma situação específica. Não deveria causar espanto que esses trabalhadores não sejam empregados dos Estados Unidos

---

24 Timothy B. Lee, "The Pandemic Is Bringing Us Closer to Our Robot Takeout Future". *Ars Technica*, 24 abr. 2020.

ou da Europa, em uma continuação do processo de uso da tecnologia para destreinar e terceirizar o trabalho.

As empresas de micromobilidade e de entregas autônomas buscaram capitalizar tirando proveito da pandemia. Mesmo que serviços de bicicletas e patinetes sem estações de estacionamento tenham sido prejudicados pelas ruas fechadas na primavera de 2020, o aumento da escala de seus serviços foi retomado em 2021. Ainda assim, a pandemia mostrou que os verdadeiros progressos em deixar que as pessoas adotem bicicletas e patinetes não vieram de serviços baseados em aplicativos, mas de políticas públicas que promoveram o uso e a propriedade desses meios de transporte.

De modo similar, quanto mais robôs de entregas forem implementados, mais eles entrarão no caminho de pedestres e ciclistas, que já precisam lutar pelo pouco espaço que lhes resta. O enfoque até aqui tem estado nas calçadas simplesmente porque elas estão por toda parte, mas os mesmos problemas confrontarão ciclistas à medida que as empresas pretenderem dominar as ciclofaixas. No fim, se em algum momento houver uma implementação em massa de robôs de entrega, a reação negativa provavelmente ecoará a resposta de São Francisco aos serviços de micromobilidade. Quando mais espaço das calçadas for capturado, mais claro ficará para a fatia mais ampla dos moradores que esses serviços têm como premissa a colonização do pouco espaço público que resta às margens de ruas e vias perigosas.

Muitas vezes, os governos dão um passo atrás e permitem que a indústria de tecnologia implemente toda e qualquer ideia com que seus executivos e engenheiros consigam sonhar. Há uma pressuposição de que tudo o que as empresas de tecnologias queiram é inevitável – trata-se, afinal, do futuro – e de que nem governos, nem empresas tradicionais, nem mesmo o público devem se colocar no caminho. Mas, depois de mais de uma década de investidas contra o espaço urbano, precisamos resetar nossos pressupostos. Essas ideias de futuro não são o único caminho, e elas frequentemente beneficiam pessoas iguais a seus criadores à custa de moradores marginalizados e de baixa renda. Não será assim que comunidades mais justas serão criadas; em vez disso, essa rota permitirá que o setor de tecnologia molde nossa existência para que sirva a interesses de visão curta.

Ao lembrarmos do clamor público de São Francisco contra os patinetes elétricos que entulhavam as ruas, vemos que o governo local também oferece um exemplo de certo modo positivo de abordagem ante esses serviços. Em 2017, após uma coalizão de moradores ter exigido a tomada de alguma atitude, Norman Yee, membro da Câmara de Supervisores de São Francisco, propôs inicialmente a proibição de robôs em calçadas, mas, por fim, se decidiu por uma série de medidas restritivas que limitavam significativamente o número de robôs na rua e exigia que eles fossem acompanhados a todo momento por guias humanos – o que acabava por torná-los inúteis.

Yee declarou com ousadia que "nem toda inovação é assim tão boa para a sociedade",[25] e, ao contrário do que aconteceu com serviços de transporte de passageiros por aplicativos, a cidade agiu rápido e não esperou que seu poder regulatório fosse limitado pelo governo do estado. Menos de um ano depois das restrições sobre robôs em calçadas, a cidade também implementou uma proibição temporária de patinetes elétricos, que foram forçados a deixar as calçadas após o estabelecimento de regulamentos e de um processo de autorização para controle do número de bicicletas e patinetes sem estações de estacionamento. Um processo similar foi criado para robôs de entrega em calçadas.

25 Julia Carrie Wong, "San Francisco Sours on Rampant Delivery Robots: 'Not Every Innovation Is Great'". *Guardian*, 10 dez. 2017.

Ainda que a Comissão de Supervisores de São Francisco tenha permitido que as tecnologias voltassem às calçadas após um tempo de afastamento, vale observar que a cidade, que está na linha de frente da inovação, se transformou em um lugar que ocasionalmente adotará abordagens mais restritivas para as tecnologias mais recentes. Mesmo que provavelmente não tenha ido tão longe quanto teria sido necessário – como teria feito se forçasse as empresas a provar que estão mesmo proporcionando os benefícios que afirmam trazer e analisasse se as vantagens concretas justificam a presença dos serviços –, a cidade efetivamente mostra que é possível resistir a essas empresas e que os governos deveriam usar seu poder com muito mais frequência.

As tecnologias liberadas pelo Vale do Silício não são neutras. Em seu âmago, elas contêm a visão de mundo das pessoas que as desenvolvem – e, quando não são questionadas, permitimos que essas mesmíssimas pessoas tomem decisões importantes sobre como e para quem nossa sociedade deve operar sem que essas escolhas sejam submetidas à deliberação democrática. Quando presumimos que a tecnologia só pode se desenvolver de determinada forma, aceitamos o poder dos indivíduos que controlam esses processos, mas não há garantias de que o mundo ideal concebido por eles realmente funcionará para todos.

Eles defendem ideias que garantirão que os automóveis continuem a dominar nosso sistema de transporte, que a mobilidade não motorizada se torne um serviço rentista conforme for sendo adotada e que as calçadas sejam convertidas em espaços para robôs, e não para pessoas. Um futuro como esse seria hostil à meta de cidades mais igualitárias e, no lugar de tentar nos libertar do controle dos interesses comerciais, nos tornaria mais dependentes deles. O futuro proposto pelas tecnologias descritas até aqui não é o tipo de mundo em favor do qual deveríamos lutar.

8.
OS VERDADEIROS FUTUROS QUE A INDÚSTRIA DE TECNOLOGIA ESTÁ CONSTRUINDO

No rescaldo da crise financeira de 2008, a indústria de tecnologia cresceu de forma substancial e reivindicou uma posição dominante não só nos Estados Unidos, mas em toda a economia global. Àquela altura, a internet já estava firmemente estabelecida, e, com a disparada na adoção de smartphones na década de 2010, começou a se deslocar das mesas para as palmas das mãos das pessoas. Em comparação com o passado, a computação em nuvem e outros produtos de software baratearam muito a criação de startups e a entrada na competição por uma fatia de uma indústria de rápido crescimento. Enquanto isso, havia abundância de investimentos não só porque décadas de desigualdade haviam concentrado mais riqueza no topo, mas também devido às políticas escolhidas para combater a recessão.

Mesmo que as perspectivas da maioria dos trabalhadores continuassem estagnadas, os trilhões de dólares impressos pela Reserva Federal dos Estados Unidos e por outros bancos centrais via flexibilização quantitativa e as baixas taxas de juros que persistiram ao longo dos anos 2010 criaram um ambiente que impulsionou o mercado de ações, beneficiou capitalistas de risco e facilitou muito o acesso de novas empresas do setor de tecnologia ao capital. Essa dinâmica assegurou a investidores, fundadores de empresas influentes e executivos de companhias dominantes da indústria um grau significativo de poder para moldar o aspecto geral da economia pós-recessão – e a quem ela serviria.

Em 2010, as gigantes da tecnologia de hoje continuavam a crescer rapidamente, mas ainda não eram os colossos que viriam a se tornar uma década mais tarde. Além de sua ferramenta de busca, o Google tinha alguns outros serviços populares, mas muitas pessoas ainda acreditavam no que o slogan da empresa dizia: "Não seja do mal". As posições da Amazon no *e-commerce* e na computação em nuvem estavam crescendo, mas ainda não eram vistas como uma ameaça existencial para o varejo tradicional. A Apple se reinventava com o iPhone, mas estava longe de ser uma das maiores companhias de capital aberto do mundo. No entanto, à medida que elas se expandiram, outras empresas se valeram do maior acesso a smartphones, das novas ferramentas digitais e do entusiasmo ao redor da economia *tech* para deixarem suas próprias marcas.

O Airbnb foi fundado em 2008, a Uber em 2009 e a WeWork em 2010. Essas empresas eram parte de uma tendência de negócios que se expandiu ainda mais para trazer a indústria de tecnologia para o mundo físico. Elas operavam sob o pressuposto de que levar a mentalidade *tech* para a indústria tradicional não só a modernizaria e transformaria, mas também possibilitaria lucros até então inalcançáveis. Muitas delas também promoviam a ideia de que os aplicativos de smartphone permitiriam que as pessoas trabalhassem e monetizassem seus ativos de forma que aumentariam sua liberdade e prosperidade, ao mesmo tempo que tornariam o consumo mais conveniente. Mas o que elas realmente estavam fazendo era tirar vantagem da – e cimentando a – precariedade dos anos pós-recessão.

Eric Levitz, editor associado da *New York Magazine*, afirmou que, especialmente nesse período, os capitalistas de risco atuaram como planejadores centrais nos Estados Unidos.[1] Enquanto criticava a decisão do governo de oferecer apoio a empresas e setores em particular, a direita ignorava como um grupo poderoso de homens ricos educados nas universidades de maior prestígio do país controlava fundos multibilionários usados para pinçar companhias capazes de dominar certos segmentos do

---

1   Eric Levitz, "America Has Central Planners. We Just Call Them 'Venture Capitalists'". *Intelligencer*, 2 dez. 2020.

mercado e financiá-las por vários anos, enquanto registrassem perdas substanciais, até que acabassem com a concorrência. No processo, campanhas elaboradas de relações públicas foram criadas para divulgar os benefícios generalizados que viriam dessas "inovações", mesmo que os ganhos reais tipicamente fossem colhidos pela mesma classe de homens endinheirados que originalmente as haviam criado. Trata-se não só de uma extensão da projeção da elite de que Jarrett Walker falara – já que esses fundadores de empresas e capitalistas de risco apoiavam projetos que funcionavam para eles e presumiam (ou ao menos afirmavam) que funcionariam para o resto das pessoas –, mas também da continuação da história discutida no capítulo 2.

Após a recessão, as mesmas ideias que haviam nascido nos anos 1970 e 1980 estavam mais uma vez em operação – as mesmas ideias que levaram à criação da ideologia tecnodeterminista de livre mercado do Vale do Silício por homens que defendiam ideais da contracultura, mas as utilizaram para justificar a própria participação no sistema capitalista. Mesmo depois que a indústria de tecnologia já havia se tornado uma força poderosa na economia dos Estados Unidos e, conforme as pessoas se tornaram dependentes de hardware e software produzidos por empresas estadunidenses, espalhado sua influência ao redor do mundo, os titãs da indústria continuaram a se ver como empresas de garagem que haviam alcançado o sucesso com seus próprios esforços; Davis que lutavam com um Golias cada vez mais abstrato. Martin Kenney e John Zysman, pesquisadores da Universidade da Califórnia, argumentaram que a dinâmica que esses capitalistas de risco criaram produziu consequências sociais e econômicas – e que não foram positivas. Em vez disso, eles financiaram "um impulso à inovação sem benefícios sociais" que não só distorcia os fundamentos do mercado com a busca de estratégias predatórias de crescimento, mas atacava ativamente estruturas regulatórias desenhadas para proteger os trabalhadores e o público.[2]

Em seu artigo sobre esse fenômeno, Levitz usou o exemplo da WeWork, um caso de destaque em que o modelo fracassou. A WeWork oferecia espaços de *coworking* ao redor do mundo, mas, em vez de se posicionar como uma empresa que alugava espaços comerciais, dizia ser uma empresa de tecnologia, o que resultava em um conjunto diferente de expectativas. Enquanto uma empresa tradicional buscaria crescimento e expansão sustentáveis para conseguir o retorno do investimento após os primeiros anos de operação, espera-se que uma empresa de tecnologia – mesmo que opere em indústrias tradicionais – entregue o tipo de crescimento exponencial característico dos serviços digitais, com redução simultânea nos custos marginais de expansão. Isso funciona bem para produtos de software, plataformas de computação em nuvem e empresas de logística, mas não pode ser transposto para imóveis comerciais, veículos de aluguel e muitos dos outros negócios convencionais que a safra das assim chamadas empresas de tecnologia buscou inovar no período pós-2008.

No caso da WeWork, seu sucesso foi resultado menos da oferta de espaços melhores de *coworking* do que do oferecimento de serviços abaixo do preço de mercado e da concessão de um conjunto de benefícios a seus membros – enquanto a empresa perdia milhões de dólares por dia. Os investidores não se opuseram porque, ao menos por algum tempo, haviam sido convencidos pela visão do CEO Adam Neumann, mesmo que este usasse a empresa para financiar um estilo de vida luxuoso para si e para sua família – por meio da prática de *self-dealing* [autotransação] ao comprar pessoalmente imóveis e, depois, fazer com que a

---

2   Martin Kenney e John Zysman, "Unicorns, Cheshire Cats, and the New Dilemmas of Entrepreneurial Finance". *Venture Capital*, n. 21, v. 1, 2019, p. 39.

WeWork os alugasse – e criasse um ambiente de trabalho permeado pela cultura misógina e machista que é um dos maiores problemas da indústria.

Mesmo que não tenham base na realidade, as afirmações ambiciosas de fundadores como Neumann – ao lado da expectativa de formação de monopólios e da geração de grandes lucros, como a Amazon conseguiu fazer – são fundamentais para as avaliações de mercado infladas que essas empresas recebem. Entretanto, no caso da WeWork, ficou cada vez mais claro que o monopólio nunca chegaria, e então os investidores tentaram preservar a falsa imagem da empresa até a abertura de seu capital. Mas, à medida que a data de sua oferta pública inicial (IPO) se aproximava, histórias escandalosas sobre Neumann e documentos produzidos pela empresa que mostravam a influência quase messiânica exercida pelo CEO foram publicados na imprensa e fizeram com que investidores potenciais perdessem confiança. Em vez de render grandes lucros, a IPO foi cancelada, Neumann foi forçado a renunciar e, conforme os planos de opção de compra de ações caíram para zero, houve demissão em massa.

A WeWork fracassou, mas dificilmente seria a única empresa a seguir um modelo que, na realidade, tem pouquíssimas chances de sucesso. Muitas companhias retratadas neste livro que tentam transformar a mobilidade se encaixam nessa mesma categoria – são empresas que perdem milhões, se não bilhões de dólares por ano, enquanto gastam dinheiro para transformar o sistema de transporte de acordo com a forma como seus fundadores e investidores acreditam que as coisas deveriam funcionar, com pouca ou nenhuma consideração pelo bem público ou, de fato, pelas necessidades do público.

A Uber é o exemplo primordial. Entre 2016 e 2020, a empresa perdeu aproximadamente 25 bilhões de dólares – uma quantia assombrosa quando comparada com a Amazon (a empresa indicada como exemplo a ser seguido), que perdeu 2,8 bilhões de dólares em seus primeiros dezessete trimestres antes de se tornar a força dominante que é hoje. Em 2018, uma década após sua fundação, a Uber ainda perdia uma média de 58 centavos de dólar por corrida realizada,[3] e não houve melhora significativa de perspectivas.

A Uber prometeu transformar a indústria do táxi com a derrubada dos preços, o aumento da conveniência e a melhora do quinhão dos motoristas (como esboçado no capítulo 4). O primeiro desses pontos foi alcançado com o subsídio do custo das corridas com bilhões de dólares provenientes de investidores; o segundo, pela inundação das ruas com carros que levaram à piora do trânsito. Mas ambas foram atingidas à custa dos motoristas, que viram seus rendimentos caírem no mesmo momento em que foram obrigados a assumir mais riscos com o uso de seus próprios carros e a contratação de seguro – e tudo isso sem que tivessem controle sobre o trabalho que exercem.

Depois de ter se tornado uma força significativa, a Uber alternou entre várias visões ousadas para manter o dinheiro dos investidores fluindo enquanto fracassava em entregar um serviço lucrativo de transporte de passageiros por aplicativo. Ela prometeu automatizar os motoristas. Prometeu que a micromobilidade reduziria o uso de carros e que os carros voadores diminuiriam os congestionamentos. Prometeu tornar-se a "Amazon dos transportes" e fazer com que seu aplicativo fosse a primeira opção em mobilidade urbana. Mas todos esses esforços falharam, a ponto de, em 2020, a Uber ter se desfeito de suas divisões de carros autônomos, micromobilidade e carros voadores.

---

3 Megan Cerullo, "Uber Loses an Average of 58 Cents Per Ride: and Says It's Ready to Go Public". CBS News, 6 maio 2019.

No começo de 2021, a empresa prometeu voltar a se concentrar nos serviços de transporte de passageiros e de entrega de comida como caminho para a lucratividade, ainda que o Uber Eats tivesse margens ainda piores do que as corridas com passageiros. A Uber conseguiu perder bilhões de dólares por mais de uma década, e, ainda que tenha chegado ao estágio da IPO, o preço de suas ações desabou após a abertura de capital. Mas isso não significa que a empresa não tenha gerado benefícios para os capitalistas que a financiaram.

No curso de mais de uma década no mercado, a Uber dizimou a indústria do táxi, as leis que a regulavam e as proteções laborais de seus motoristas. Ainda que acabe por morrer, a Uber passou o ano de 2020 lutando para tirar direitos dos trabalhadores por aplicativo da Califórnia e se comprometeu a brigar por leis similares em todos os Estados Unidos, no Canadá e na Europa. Mesmo que não gere lucro, os investidores ainda conseguiram recuperar parte de seu dinheiro após a abertura de capital, e ainda pode ser que a empresa cimente uma terceira categoria de trabalhadores com restrições de proteções laborais e barganhe direitos trabalhistas que poderão ser explorados por outras empresas no futuro. Caso não seja revertida por ações governamentais, essa poderá ser uma vitória muito mais significativa no longo prazo.

Não há como negar que as grandes riquezas capturadas pela indústria de tecnologia estejam sendo empregadas com sucesso para a transformação da sociedade em que vivemos. Mas se alguém conseguirá se beneficiar disso é algo que frequentemente depende de ter tido a sorte de trabalhar no número minguante de indústrias que ainda permitem que seus trabalhadores tenham estabilidade financeira. O futuro imaginado pelas pessoas da indústria de tecnologia é promovido como se beneficiasse a todos, mas a definição desse grupo é tão estreita quanto a visão de mundo que lhe é própria. A verdade é que, quando olhamos para o mundo que está realmente sendo criado pelas intervenções da indústria de tecnologia, percebemos que as promessas ousadas são, na verdade, uma fachada para uma sociedade que ao mesmo tempo é mais desigual e embute a desigualdade de forma ainda mais fundamental na infraestrutura e nos serviços com que interagimos todos os dias.

Depois da ascensão da indústria de tecnologia, seus capitães estão reformulando o ambiente físico – da mesma forma como fizeram com o ambiente digital – em benefício próprio. Suas ideias não são vendidas dessa forma, já que isso geraria reações negativas que atrasariam seus planos; mas, assim como a indústria automotiva e outros setores relacionados promoveram uma visão diferente para a cidade no começo e em meados do século xx que beneficiava imensamente seus próprios interesses, a indústria de tecnologia está fazendo o mesmo. A expansão da automobilidade foi acompanhada de uma linguagem de liberdade, ainda que matasse milhões de pessoas, tornasse quase impossível o deslocamento sem um carro nas comunidades e forçasse motoristas a depender de uma série de produtos e serviços atrelados ao funcionamento do mundo do automóvel. Não há razões para acreditar que a linguagem positiva da indústria de tecnologia não dará lugar a mais um conjunto de resultados não equitativos e até mesmo danosos.

Isso já está bastante claro em muitas das empresas e visões abordadas neste livro. A Uber prometeu reduzir congestionamentos, diminuir o número de carros particulares e beneficiar motoristas; não fez nenhuma dessas coisas, tirou várias pessoas do transporte público e aumentou as emissões de gases do efeito estufa. O Google disse que a esta altura já teria alterado radicalmente o transporte urbano, mas, em vez disso, sua divisão

Waymo oferece um serviço de pequena escala em um subúrbio de Phoenix, no Arizona, e está estabelecendo lentamente serviços limitados em outras cidades. Elon Musk prometeu construir uma rede maciça de túneis subterrâneos para carros com o objetivo de resolver o problema do trânsito, mas, no lugar disso, entregou uma atração decepcionante e continua a divulgar a ficção de que os carros elétricos serão a resposta para as mudanças climáticas – e tudo isso enquanto faz pouco-caso dos danos ambientais causados pela produção desses veículos. Essas ideias não só superestimam as capacidades das tecnologias de que dependem, mas também ignoram as relações políticas e sociais que são fundamentais para nossa mobilidade.

Fundadores de empresas, executivos e capitalistas de risco que apoiam essas iniciativas para o futuro do transporte têm experiências muito limitadas da cidade. As soluções que propõem respondem aos problemas da vida urbana que levam – e não aos que fazem parte da vida da maioria dos moradores. Isso gera planos grandiosos que não só são ingênuos, como também fracassam em enfrentar os desafios reais que as pessoas encontram quando se deslocam em suas comunidades, acessam seu local de trabalho e os serviços de que dependem e visitam familiares e amigos. Mesmo antes dos automóveis, as cidades não eram ambientes ideais para se viver. Havia problemas de saneamento básico, mobilidade, acesso à moradia e relacionados a outros aspectos da vida – e, ainda que a suburbanização e os automóveis tenham resolvido algumas dessas questões para certos residentes, também criaram muitos outros desafios que se consolidaram no curso de várias décadas e que hoje devem ser enfrentados.

Apesar disso, e ao menos fora dos floreios retóricos, não há nenhuma tentativa séria de lidar com problemas profundamente enraizados na visão da cidade "sem fricção" compartilhada por muitos integrantes da indústria de tecnologia – na qual praticamente todo serviço urbano, interação humana e experiência de consumo deve ser mediado por um aplicativo ou serviço digital que não só exclui a necessidade de contato direto com outro humano, mas coloca a tecnologia no centro das interações. As decisões dos capitalistas de risco que financiam as empresas que estão transformando a forma como nos deslocamos, consumimos e conduzimos nosso dia a dia não devem ser vistas como ações neutras. Na verdade, essas pessoas promovem visões de futuro particulares que beneficiam a si mesmas com o financiamento de esforços prolongados para que certas empresas monopolizem setores e façam pressão para alterar estruturas regulatórias a seu favor. Além disso, em vez de desafiar a dominância do automóvel, essas ideias quase sempre procuram ampliá-la.

Depois de sermos inundados por mais de uma década de visões idealizadas de futuros tecnologicamente aprimorados cujos benefícios reais não foram compartilhados de acordo com as formas originalmente prometidas por seus divulgadores, devemos parar para pensar que tipo de sociedade essas ideias são mais propensas a criar. Nas páginas a seguir, esboçarei três cenários futuros muito mais realistas e que ilustram o mundo que está sendo criado: primeiro, um mundo ainda mais segregado com base na renda; segundo, um mundo muito mais hostil aos pedestres; e terceiro, um mundo que quer usar sistemas tecnológicos que não respondem a ninguém para controlar cada vez mais aspectos da nossa vida.

A cidade fechada maquiada de verde

Se formos acreditar em Elon Musk, a visão por ele promovida para um futuro verde servirá ao enfrentamento da crise climática e de muitas outras questões urbanas e de mobilidade. Há, no entanto, outra forma de enxergar o que está sendo feito quando olhamos além de sua projeção típica da elite.

Desconsiderados seus planos de colonização espacial, há três aspectos principais na visão de futuro defendida por Musk. O primeiro são os veículos elétricos de uso pessoal. Musk acredita no "transporte individualizado", o que na prática significa que os automóveis devem continuar a ser o principal meio de mobilidade e que a maioria dos problemas que acompanha um sistema de transporte carro-orientado deve ser ignorada. No entanto, essa visão é mais do que uma simples preferência por automóveis particulares, e, em especial, de luxo. Em 2019, Musk revelou o Cybertruck, um veículo incomum não porque a Tesla nunca tivesse produzido caminhonetes, mas porque seu design se inspirava em ficções científicas distópicas e o carro era projetado para aguentar golpes de força bruta. O veículo tem painéis resistentes a marretadas e janelas supostamente à prova de balas. Ainda que a proteção dos vidros não tenha funcionado em seu evento de divulgação, a decisão de colocar esses atributos em um carro incrivelmente grande parece dizer algo sobre os medos pessoais subjacentes às ideias de Musk para o futuro.

O segundo elemento da visão de Musk está no uso de painéis solares, particularmente os instalados em casas suburbanas. Após comprar a SolarCity, Musk defendeu a ideia de que os donos de imóveis produzam sua própria eletricidade com o uso de placas solares e conjuntos de painéis que poderão ser utilizados para carregar carros elétricos, reabastecer baterias no interior da casa e, potencialmente, até mesmo gerar lucros com a venda de energia para a rede elétrica. A terceira e última peça do quebra-cabeça é o sistema de túneis imaginado pela Boring Company, que acabou por se revelar pouco mais que ruas subterrâneas estreitas para serem usadas por veículos caros equipados com sistemas de direção autônoma – isso se em algum momento vier a ser implementado. Esses dois aspectos também mostram a preferência de Musk pelo espalhamento de subúrbios e de habitações unifamiliares em detrimento de projetos baseados no uso do transporte público.

A reunião desses três elementos e sua consideração em conjunto com a atual trajetória de nossa sociedade capitalista revelam um tipo de futuro urbano diferente daquele que Musk quer que acreditemos que resolverá nossos problemas. Sem alterações nas relações sociais subjacentes, essas tecnologias tendem a reforçar as tendências de crescimento da riqueza dos bilionários da tecnologia e o desejo de isolamento perante o resto da sociedade.

Lembremos que o primeiro dos túneis propostos por Musk havia sido projetado para facilitar o deslocamento entre sua casa e seu trabalho sem que ele precisasse ficar preso no trânsito com o resto das pessoas. No lugar de uma rede de túneis para as massas, esse sistema poderia ser reformulado como um projeto feito por e para os ricos. Os túneis existiriam não para aliviar o trânsito, mas como vias inacessíveis ao público, conectando os lugares frequentados por seus usuários: condomínios fechados, terminais privados de aeroporto e outras áreas exclusivas da cidade.

Para as ocasiões em que estivessem longe dos muros dos condomínios fechados e precisassem dirigir (ou ter alguém que dirigisse para eles) fora dos sistemas de túneis exclusivos, o Cybertruck ofereceria proteção contra a turba desordeira formada pelo público em geral. Com a desigualdade dos Estados Unidos nos níveis mais altos desde a Grande Depressão e a criação potencial de centenas de milhões de refugiados do clima com a aceleração dos efeitos das mudanças climáticas, os ricos estão fazendo preparativos adicionais para o momento em que o público finalmente se virará contra eles – daí os muros, túneis e veículos blindados. De fato, os ricos já começaram a construir

257

bunkers e a comprar imóveis em países como Nova Zelândia para se prepararem contra essa possibilidade.[4]

Enquanto o mundo fora dos condomínios fechados se torna mais hostil e os efeitos das mudanças climáticas alteram a vida de praticamente todas as pessoas, a geração distribuída de energia renovável e as baterias reserva vendidas pela Tesla como solução em massa funcionarão perfeitamente como meios de tornar as comunidades fechadas o mais autossuficientes possível. Esse uso da energia renovável deveria ser visto como uma forma de "separatismo solar baseado no dinheiro para os ricos e os geograficamente sortudos" que podem se retirar para "enclaves opulentos"[5] – e não é tão difícil de imaginar que isso aconteça.

O filme de ficção científica *Elysium*, dirigido por Neill Blomkamp em 2013, retrata um mundo dividido. De um lado, uma Los Angeles assolada pelo clima cujos residentes são pobres, lutam para encontrar trabalho, descobrem ser quase impossível receber cuidados médicos e são mantidos na linha por um sistema tecnológico opressivo e por uma polícia robótica. De outro, a colônia espacial Elysium, que flutua no céu como o mundo para onde os ricos escaparam quando a vida na superfície se voltou contra eles. Ainda que a narrativa seja atraente e a situação seja bastante plausível, a realidade é que os ricos jamais fugirão para o espaço; eles se segregarão em um grau ainda maior do que o já existente.

Não há dúvidas de que veículos elétricos, tecnologias renováveis e túneis (para transporte público, não carros) serão fundamentais para a criação do modo de vida mais sustentável necessário para que evitemos que as mudanças climáticas saiam do

---

4   Mark O'Connell, "Why Silicon Valley Billionaires Are Prepping for the Apocalypse in New Zealand". *Guardian*, 15 fev. 2018.
5   Kate Aronoff et al., *A Planet to Win: Why We Need a Green New Deal*. London: Verso Books, 2019, p. 108.

controle. Mas a forma como esses elementos são concebidos na mente de pessoas como Elon Musk – como parte de um capitalismo verde que existe sobretudo para preservar os privilégios das elites e extrair lucros em benefício delas – exclui seus usos socialmente emancipatórios em favor da continuidade do padrão de desenvolvimento desigual que tem definido a automobilidade. Em suma, as cidades e as redes de transporte do futuro de Elon Musk não são para nós.

Cidades sem pedestres

O Vale do Silício detesta caminhar. Na última década, suas intervenções na mobilidade estiveram obcecadas com a descoberta de uma "solução *last-mile*" que levaria as pessoas diretamente às portas de casa sem terem que andar mais do que alguns poucos passos. Essa é a preocupação de um grupo de pessoas ricas o bastante para que nunca tenham que considerar ir a pé para qualquer lugar e que cada vez menos querem estar em público por medo de serem reconhecidas, questionadas, interpeladas ou pior. Dado que querem se isolar, e sem sombra de dúvida não conseguem se imaginar usando o transporte público, essas pessoas projetam seus desejos em quase todo o resto da sociedade com base no pressuposto de que outras poucas pessoas que vivem em cidades grandes caminharão por alguns minutos para chegar a seus destinos.

Mas essa não é simplesmente uma realidade da vida urbana. As pessoas que usam o transporte público andam todos os dias para ir e voltar de pontos de ônibus ou estações de metrô, enquanto outros moradores também fazem seus trajetos a pé para chegar e sair de estações de compartilhamento de bicicletas. Muitos motoristas precisam estacionar e andar alguma distância para ir aonde querem. E há pessoas que, por escolha ou ocasião, fazem muitas de suas viagens exclusivamente a pé. Caminhar é uma parte normal da vida nas cidades, mesmo para os moradores que usam principalmente automóveis; mas as empresas de tecnologia querem substituir até mesmo essa forma muito rudimentar de mobilidade por serviços de aplicativo.

Em vez de andar, o Vale do Silício preferiria que as pessoas chamassem um Uber ou um Lyft para levá-las direto até a porta de casa; alugassem uma bicicleta ou um patinete elétrico que pudessem largar na frente de seu destino; ou, no futuro, que adotem alguma forma de mobilidade autônoma que atingirá o mesmo resultado. De qualquer modo, espera-se que as pessoas usem serviços mediados por aplicativos que beneficiam uma ou mais empresas de tecnologia não só por intermediarem a transação, mas por criarem dados que podem ser alimentados em sistemas automatizados ou revendidos para outras companhias que extraiam valor deles. Essa visão de mobilidade é hostil aos pedestres de um modo diferente daquele dos primeiros conceitos automotivos, tal como representados pela exposição *Futurama*, da General Motors, e suas grandes vias expressas. Em vez disso, até as calçadas são imaginadas com usos reorientados para outras atividades.

Ao mesmo tempo que vem agressivamente tentando fazer com que as pessoas parem de andar, a indústria de tecnologia também tem criado uma economia de serviços projetada para entregar o que quer que se deseje no menor tempo possível. Essa ideia toma a forma, de um lado, de aplicativos sob demanda em que trabalhadores pessimamente remunerados e sem proteções laborais tentam correr para finalizar o maior número possível de pedidos, de modo que possam sobreviver, e, de outro, de serviços de *e-commerce* – sobretudo pedidos feitos na Amazon – nos quais as expectativas de tempo de entrega caíram para poucos dias, se não horas. Isso também tem consequências para a vida urbana.

Serviços de entrega rápida criam um incentivo maior para que as pessoas fiquem em casa e peçam que tudo venha até elas. Eles foram sem dúvida muito convenientes para alguns usuários durante a pandemia da covid-19 – ainda que certamente não para os trabalhadores que empacotavam e entregavam os pedidos –, mas, no médio e longo prazos, têm potencial para erodir ainda mais as interações sociais e a comunidade. Caso essa transição não seja tratada de forma adequada, a mudança para o *e-commerce* representa uma ameaça à sustentabilidade do varejo tradicional, enquanto o crescimento de aplicativos de entrega de comida se apresenta como uma ameaça a restaurantes ao cobrar taxas altas ao mesmo tempo que cria redes de "cozinhas fantasma" que não podem ser visitadas e só preparam comida para delivery.

Além disso, todas essas entregas ocupam espaço na rua. Nos últimos anos, o aumento de furgões e de caminhões de entrega nas vias urbanas vem sendo um componente importante dos congestionamentos, além de bloquear ciclofaixas e calçadas. Como estão sob pressão para bater metas inatingíveis, alguns motoristas de entrega dirigem rápido e tomam atalhos, o que os coloca em risco, assim como as pessoas ao redor. Como discutido no capítulo 7, uma das soluções propostas para esse problema é a tomada das calçadas por robôs de entrega dirigidos em parte por softwares autônomos e em parte por motoristas virtuais localizados em países em que se pagam salários baixos.

Essa visão de entregas convenientes pareadas a uma mobilidade ubíqua é parte de uma noção mais ampla de sociedade sem fricções – onde a tecnologia medeia transações e interações para remover tudo o que possa sufocar a conveniência. Mas a falta de fricção funciona melhor quando os humanos são retirados da equação: seja com a exclusão das interações humanas dos processos de compra, seja com o afastamento das pessoas do processo de concretização de entregas. Os automóveis empurraram os pedestres para fora das vias no século XX porque essas pessoas criavam uma fricção que desacelerava os carros, e então tiveram que ser limitadas às calçadas. Mas, conforme as pessoas atrapalham as entregas, há um novo desejo de tirar do caminho tudo e todos que diminuam a velocidade – seja na rua, seja na calçada.

Em um artigo para a revista *Real Life* sobre como o *e-commerce* está transformando a logística e o processo de entrega de pedidos no Reino Unido, Charles Jarvis fez uma observação importante:

> Apesar de toda sua complexidade, a logística contemporânea aspira a expurgar do comércio todos os tipos de conexão que revelem nossa interdependência, que possibilitem uma compreensão política de nossa situação no mundo. Nos lugares em que as mercadorias circulam livremente, os espaços em que podemos nos deslocar sem fricção encolhem.[6]

Da mesma forma como a paisagem urbana foi higienizada para abrir espaço para os carros, um processo similar será necessário para o mundo sem fricção de consumo tecnologicamente mediado que as empresas de tecnologia pretendem introduzir. Há benefícios em algumas formas de serviços sob demanda e de *e-commerce*, mas o modo como eles são projetados e implementados no capitalismo não enriquece as comunidades, tampouco faz com que elas sejam mais igualitárias. Em vez disso, esses serviços retiram os elementos humanos, que são percebidos como fricção, e esvaziam nossa existência social.

---

[6] Charlie Jarvis, "A Shopper's Heaven". *Real Life*, 29 mar. 2021.

A cidade do controle algorítmico

Houve um esforço concentrado ao longo da década de 2010 para que conduzíssemos uma parte maior de nossa vida por smartphone. As pessoas faziam viagens de Uber, e não de táxi ou de transporte público. Reservavam hospedagens pelo Airbnb, e não em redes de hotéis. Encontravam pessoas para passear com seus cachorros, limpar suas casas, arrumar seus encanamentos e cuidar de outras necessidades com a ajuda de um novo conjunto de serviços por aplicativo, e depois encontraram novas formas de consumir por meio de serviços por assinatura e sites de *e-commerce* com frete grátis. Mesmo que sejam piores no que fazem, há preferência por serviços digitais em detrimento de seus equivalentes tradicionais – e isso tem consequências.

Como discutido no cenário anterior, a ideia da conveniência do consumo e da comunicação digitais nos é vendida com base nas virtudes da falta de fricção. As empresas de tecnologia nos prometem que a tecnologia tirará todas as preocupações e obstáculos da nossa frente, e, então, tudo o que teremos que fazer será apertar um botão ou usar um aplicativo para que elas cuidem de todo o resto. Essa promessa ignora como a própria tecnologia cria novas formas de fricção – uma fricção, no entanto, que, porque criada pela tecnologia, não é considerada fricção. Ela é normalizada, enquanto as interações humanas ou o envolvimento com sistemas analógicos devem ser expurgados.

Consideremos os supermercados. Primeiro vieram os caixas de autoatendimento. Em vez de ter que lidar com um funcionário humano, o cliente poderia registrar suas próprias compras; mas qualquer pessoa que tenha usado uma dessas máquinas sabe que elas são famosas por cometer erros ou por não conseguir detectar corretamente o peso dos produtos. Os usuários estão acostumados a ter que esperar pela chegada de um atendente humano para resolver algum problema – e isso se não forem instruídos a usar outra máquina. Em vez de desistir da ideia, a Amazon introduziu as lojas Amazon Go e Amazon Fresh com a promessa de que os clientes entrariam, pegariam o que quisessem e iriam embora – tudo isso sem ter que passar pelo caixa. Mas a contrapartida é que cada canto da loja é vigiado para garantir que o sistema saiba quais itens são retirados pelos clientes.

Ainda que seja apresentada como o contrário, a experiência das lojas da Amazon é cheia de fricção – há tanta fricção que muitas pessoas não conseguem nem entrar. Além do sistema complexo de vigilância, todo cliente precisa ter um smartphone, baixar o aplicativo da Amazon, logar em sua conta e selecionar alguma forma de pagamento. Quando uma Amazon Fresh abriu em West London, em março de 2021, um jornalista observou um homem mais velho que tentava visitar a loja para pegar alguns produtos, mas que acabou desistindo depois de ouvir todos os passos necessários só para entrar no estabelecimento. "Ah, vá à m*, não, não, de jeito nenhum – tenho mais o que fazer", disse ele, e então continuou andando até um mercado normal.[7] Mas no futuro esse homem pode se ver diante de situações similares em cada vez mais lojas, conforme países como a Suécia introduzam uma economia sem dinheiro e o modelo da Amazon inevitavelmente se espalhe.

A expansão das desigualdades, e mesmo a criação de novas formas de disparidade, é uma parte fundamental da sociedade sem fricção que é escondida pelos serviços digitais que afirmam aumentar a conveniência e reduzir as barreiras ao consumo. O pesquisador Chris Gilliard cunhou o termo *"redlining* digital"

---

7   Adam Forrest, "'It's Scary': Shoppers Give Verdict on Amazon's Futuristic Till-Free Supermarket". *Independent*, 4 mar. 2021.

para descrever a série de tecnologias, decisões regulatórias que permitem que elas existam e investimentos que fazem com que ganhem escala como ações que "reforçam fronteiras de classe e criam discriminações contra grupos específicos".[8] Da mesma forma como os vieses dos sistemas de inteligência artificial foram por muito tempo ignorados – se é que não escondidos de propósito para proteger os interesses de várias empresas –, essas ferramentas sem fricção também afirmam eliminar injustiças, ainda que Gilliard argumente que "os ciclos de retroalimentação dos sistemas algorítmicos levarão ao reforço de suposições frequentemente falhas e discriminatórias. O 'problema da diferença' pressuposto ficará ainda mais incrustado, o fosso entre pessoas se aprofundará".[9]

É difícil acreditar em algo diferente disso quando consideramos o contexto social mais amplo, tal como discutido no primeiro cenário. Já há um alargamento do cisma econômico que produz e reforça clivagens sociais e geográficas. Isso não é uma suposição; trata-se de um fato observável no desenvolvimento da economia baseada em aplicativos até agora, assim como das propostas relativas ao modo como esses sistemas sem fricção funcionarão.

Em 2015, a jornalista Lauren Smiley descreveu a crescente economia sob demanda baseada em aplicativos como uma economia de enclausuramento, na qual "ou você faz parte de uma realeza mimada e isolada, ou você é um servo do século XXI".[10] Smiley observou que São Francisco estava cada vez mais dividida em dois grupos. De um lado estavam os trabalhadores da indústria de tecnologia e um grupo mais amplo de trabalhadores "do conhecimento" que recebiam altos salários, tinham longas

---

8   Chris Gilliard, "Pedagogy and the Logic of Platforms". *Educause Review*, n. 52, v. 4, 3 jul. 2017.
9   Id., "Friction-Free Racism". *Real Life*, 15 out. 2018.
10 Lauren Smiley, "The Shut-In Economy". *Matter*, 25 mar. 2015.

jornadas de trabalho e usavam aplicativos para tudo, desde pedir comida até contratar serviços de lavanderia, limpeza de casa, passeios com cachorros e cuidado de crianças. Do outro estava a força de trabalho terceirizada que prestava esses serviços com pouca proteção trabalhista, sem benefícios empregatícios e com salários precariamente baixos. Mas os aplicativos permitiam que os servidos ignorassem as condições desses servos por aplicativo. Havia até mesmo como evitar ter que vê-los.

Esses serviços digitais sem fricção oferecem uma cortina tecnológica que esconde a exploração dos trabalhadores que está por trás da conveniência vendida pelas empresas e comprada pelos usuários. Ao mesmo tempo que a Amazon promete entregas cada vez mais rápidas, seus depósitos são ambientes distópicos com salários mais baixos que a média da indústria e com taxas de acidentes de trabalho duas vezes maiores do que o padrão, enquanto seus entregadores são submetidos a uma pressão tão alta que precisam recorrer a urinar em garrafas e até mesmo a defecar em sacolas. Há relatos de motoristas de Uber que dormem em seus carros, e muitos dos sistemas de mobilidade supostamente autônomos dependem de motoristas humanos virtuais localizados no Sul global que assumem a direção dos veículos nos casos frequentes em que a tecnologia é incapaz de navegar por seus arredores. E isso se estende até mesmo para as cidades inteligentes, que, com suas promessas constantes de sistemas urbanos mais eficientes, ocultam os humanos necessários para conservá-las.

A economia de enclausuramento é mais um exemplo do desejo de manter as pessoas em casa e no trabalho, onde poderão receber tudo de que precisarem sem ter que sair elas mesmas – mantendo, assim, as ruas livres para robôs de entrega, carros autônomos e outras formas de mobilidade, como esboçado no segundo cenário. Mas as implicações potenciais dessa sociedade sem fricção sobre a vida urbana e sobre o desenho das cidades vão muito além do encorajamento a ficar em casa. A mediação de uma parte tão significativa de nossa sociedade por aplicativos e sistemas digitais também pode criar barreiras tecnológicas ao acesso a lugares físicos.

O pesquisador David A. Banks descreveu o tipo de sociedade que esses serviços estão criando como "a cidade por assinatura". Parecida com o *redlining* digital, ela é composta de "um conjunto de técnicas eletrônicas, jurídicas, financeiras e de marketing que administra a segregação de acordo com os propósitos da acumulação de capital e do gerenciamento de recursos".[11] Por muitos anos, o poder das empresas de tecnologia esteve em grande medida limitado àquilo que fazíamos na internet. Nossas interações on-line eram capturadas por um pequeno número de plataformas dominantes; depois da adoção em massa dos smartphones e da conexão de mais elementos do espaço físico à internet, no entanto, essas plataformas, movidas pelo mesmo impulso de maximização do controle que exercem, estão entrando cada vez mais em nossas cidades e em nossas casas.

Conforme se expandem para o espaço físico, essas empresas também trazem a tiracolo um desejo por modelos de negócio baseados na extração de dados e no rentismo. Os monopólios de tecnologia existentes não só estão tentando controlar os sistemas digitais que mediarão as formas como interagimos com nossas casas e comunidades, mas também querem garantir o controle sobre os dados que produzimos enquanto vivemos nossa vida e lucrar com toda transação que fizermos.

O crítico da tecnologia Jathan Sadowski descreveu esse modelo como "a internet dos senhorios", na qual, em vez de abarcar apenas o aluguel de casas, o relacionamento entre inquilino

---

11   David A. Banks, "Subscriber City". *Real Life*, 26 out. 2020.

e senhorio é expandido para muito mais áreas da sociedade, de modo a criar uma barreira tecnológica mais explícita ao acesso que é projetada para servir às empresas e a seus acionistas, e não aos usuários, aos inquilinos ou aos residentes de cidades em que esses sistemas sejam implementados. Como descreve Sadowski:

> A proliferação de plataformas enche a sociedade de intermediários digitais que estão por toda parte e disseminam relações de inquilinato para todos os cantos, em escalas e intensidades diferentes, ao mesmo tempo que concentra o controle sobre as infraestruturas e o valor econômico em um pequeno número de mãos bastante grandes.[12]

O papel de intermediárias confere às empresas uma capacidade inédita de barrar o acesso a partes da cidade, caso os usuários não disponham de dinheiro suficiente ou tenham algum tipo de infração em suas contas – e, se as experiências de motoristas da Uber expulsos do aplicativo sem direito de defesa após avaliações negativas nos mostram alguma coisa, é que a falta de fricção do mundo baseado em aplicativos também concede poucos meios de reação às pessoas desempoderadas que são maltratadas ou desconsideradas no processo. Banks explica que, conforme essas tecnologias sejam embutidas em mais aspectos de nosso dia a dia, "os indivíduos serão incapazes de prever o comportamento de portas, filas e preços, que estarão sujeitos aos caprichos dos donos das plataformas. Poderíamos estar em qualquer lugar e, de repente, nos vermos trancados do lado de fora, olhando para dentro".[13]

---

12   Jathan Sadowski, "The Internet of Landlords Makes Renters of Us All". *Reboot*, 8 mar. 2021.
13   D. Banks, "Subscriber City", op. cit.

Há na cidade baseada em aplicativos uma transferência direta de poder dos moradores para as empresas de tecnologia, e, conforme o controle sobre interações e transações seja passado para vastos sistemas tecnológicos, também haverá perda de responsabilização. Em troca de falta de fricção para as pessoas que já colheram os benefícios da economia moderna, há barreiras crescentes para aqueles que não o fizeram – barreiras que podem rapidamente aparecer onde antes não existiam e que, por serem controladas por algoritmos, e não por seres humanos, não são facilmente elimináveis.

Não é nenhuma surpresa que, independentemente das consequências sociais, a indústria de tecnologia esteja flexionando seu poder com o objetivo de aumentar o controle que exerce sobre a sociedade em prol da extração de lucros maiores com os resultados dessa transformação. Isso aconteceu muitas vezes no passado, seja com a construção de novas comunidades ao redor das linhas de bonde, seja, mais tarde, com esforços muito mais abrangentes voltados à reformulação das cidades em torno dos automóveis e dos subúrbios para beneficiar os interesses automotivos, as incorporadoras imobiliárias e os fabricantes cada vez maiores de bens de consumo.

Ainda que tenhamos discutido o papel dos capitalistas de risco e de outras figuras poderosas da indústria de tecnologia na condução dessa transformação de nossos ambientes que ainda está em curso, eles não são os únicos a realizar esses esforços. Da mesma forma como a indústria de tecnologia estadunidense foi produto de décadas de investimentos públicos em instituições educacionais, em departamentos de pesquisa e no próprio setor, governos de vários níveis são essenciais para ajudar os agentes mais poderosos da indústria a concretizar sua visão para as cidades, para o transporte e para o acesso a um amplo leque de serviços.

Os capítulos anteriores ilustraram o ambiente regulatório frouxo que permitiu que serviços sob demanda – como o transporte por aplicativo – florescessem, enquanto em outros casos as cidades e os governos estaduais ofereceram incentivos financeiros ou regulatórios para atrair fábricas da Tesla, divisões de veículos autônomos da Uber ou projetos da Boring Company. Porém, esforços como esses são apenas a ponta de um iceberg muito maior que vem se formando há décadas e que ajudou a assegurar que as cidades orientem suas agendas políticas e a si mesmas em torno da indústria de tecnologia.

Começando nos anos 1970, as práticas de governança das cidades passaram a se realinhar para refletir mudanças nas condições econômicas. Motivado pela desindustrialização, por menos restrições aos fluxos internacionais de dinheiro e pela recessão de 1973, o geógrafo David Harvey explicou que as cidades adotaram um "empreendedorismo urbano" em que deviam competir por novas indústrias e investimentos. As áreas urbanas tiveram que se vender de formas mais eficientes, oferecer pacotes de subsídios para estimular as empresas a se realocarem e abraçar a gentrificação e o crescimento orientado pelo consumo. Mas, dadas as novas pressões sobre as finanças urbanas, os serviços públicos e os programas de bem-estar social foram cortados ao mesmo tempo que o apoio às corporações cresceu, "criando maior polarização na distribuição social da renda real".[14] Naturalmente, esses desenvolvimentos serviram para aumentar a desigualdade e redirecionar ainda mais a atenção antes dada pelas prefeituras às populações marginalizadas para pessoas com poder e riqueza.

---

14   David Harvey, *A produção capitalista do espaço*, trad. Carlos Szlak. São Paulo: Annablume, 2005, p. 182.

Com o passar do tempo, as tendências de empreendedorismo descritas por Harvey só se aprofundaram. Enquanto a economia *tech* adentrava um novo estágio após o estouro da Bolha da Internet, as cidades tentavam atrair uma classe específica de trabalhadores na esperança de que as indústrias que quisessem empregá-los os acompanhassem. A teoria da "classe criativa", como esboçada pelo urbanista e consultor Richard Florida, afirmava que os governos precisavam criar amenidades urbanas e aprovar leis atraentes especificamente para esse segmento de trabalhadores "do conhecimento" em alta demanda e com salários acima da média, desprezando aqueles residentes que já haviam sido atingidos pela adoção do empreendedorismo urbano. No processo de importação de trabalhadores abastados, as cidades abraçaram ainda mais a gentrificação e fizeram com que os preços disparassem e as desigualdades urbanas se aprofundassem.

Em linha com o modelo de Florida, a socióloga Sharon Zukin explicou que, antes da recessão de 2008, as cidades pressupunham que "o oferecimento de espaços verdes, rotas de bicicleta e estabelecimentos culturais – todos eles mais baratos do que moradias a preço acessível e mais politicamente palatáveis do que subsídios a empresas – as ajudaria a vencer na economia global".[15] Mas, com o crescimento pós-recessão da indústria de tecnologia, as cidades foram posicionadas como "o *locus* social e cultural da inovação tecnológica que faz com que negócios e países sejam vencedores na economia global".[16] Guiadas por essa estratégia, uma ênfase maior foi dada ao oferecimento de apoio público para o crescimento do setor de tecnologia e para a garantia de que as universidades produziriam tanto o talento quanto a propriedade intelectual necessários para formar startups e atrair gigantes da indústria.

---

15 Sharon Zukin, "Seeing Like a City: How Tech Became Urban". *Theory and Society*, n. 49, 2020, p. 948.
16 Ibid, p. 942.

Esse modelo de governança empreendedora que estende o tapete vermelho para corporações e oferece o que quer que seja necessário para atraí-las, enquanto ignora as necessidades dos residentes, pode ter chegado à sua apoteose em 2017, quando a Amazon lançou uma competição para definir onde ficaria sua segunda sede e criou um frenesi em que mais de duzentas cidades de toda a América do Norte brigaram para se venderem à monopolista com grandes pacotes de subsídios e ações publicitárias constrangedoras. Depois de uma década e meia vendendo essa estratégia de desenvolvimento, Richard Florida reconheceu as falhas de sua teoria naquele mesmo ano, enquanto sugeriu um novo conjunto de ideias que prometia corrigi-las – e, como podemos supor, atrair mais trabalhos de consultoria.

Dado que no capitalismo os governos precisam priorizar o crescimento econômico constante, o poder público deve estar em constante adaptação para facilitar novas estratégias de acumulação de capital. Conforme foi se movendo para além da rede e rumo ao mundo físico, a indústria de tecnologia buscou moldar ainda mais nossas formas de vida em prol da intensificação de seus resultados financeiros e do nível de controle social que exerce. Os sistemas urbanos precisam evoluir mais uma vez, mas isso está acontecendo para que os interesses de empresas como Amazon e Google sejam acomodados, e não para favorecer a classe crescente de trabalhadores urbanos precarizados que sofrem as consequências. Qualquer tentativa eficaz de contestação dos futuros vendidos pela indústria de tecnologia capitalista dependerá de um movimento que consiga se valer do poder de moradores organizados contra essas ideias, assim como de uma visão alternativa esperançosa e emancipatória em torno da qual as pessoas possam se reunir.

9. RUMO A UM FUTURO MELHOR PARA OS TRANSPORTES

Ursula K. Le Guin tinha um jeito único de contar uma boa história que nos forçava a confrontar as contradições na forma como nossa sociedade se organiza. Ela acreditava que empoderar as pessoas para que usassem sua imaginação e pensassem um mundo melhor era "perigoso para quem lucra com o modo como as coisas estão, já que tem o poder de mostrar que esse modo das coisas não é permanente, não é universal, não é inevitável"[1] – e suas obras mostram que isso é verdade.

Em 1976, Le Guin publicou um livro sobre amadurecimento chamado *Very Far Away from Anywhere Else* [Muito longe de qualquer outro lugar] que enfrentava explicitamente a questão da mobilidade e do lugar do automóvel na sociedade estadunidense. O protagonista da história, um adolescente que vive nos subúrbios, está descobrindo sua própria identidade e percebendo que ela conflita com a forma predominante de pensamento de sua comunidade. Em um monólogo interno, o personagem explica: "eu não sabia quem eu era, mas uma coisa era certa: eu não era um acessório para o banco de um carro". Ele se vê como alguém que prefere pegar ônibus e andar, porque "eu realmente gosto das ruas da cidade. As calçadas, os prédios, as pessoas com que cruzamos. Não as luzes de freio na traseira do carro na frente do seu".[2] Mas uma identidade completamente diferente estava sendo imposta a ele.

No dia de seu aniversário, seu pai lhe dá um carro de presente, e o personagem fica profundamente ofendido:

> Veja, ao me dar aquele carro, meu pai estava dizendo: "É isto que eu quero que você seja. Um adolescente estadunidense normal que

---

[1] Ursula K. Le Guin, "A War Without End" [2004]. *Verso Books* (blog), 24 jan. 2018.
[2] Id., *Very Far Away from Anywhere Else* [1976]. New York: Harcourt, 2004, p. 14.

adora carros". E, ao me dar esse presente, meu pai fez com que fosse impossível que eu dissesse o que queria dizer, que dissesse que finalmente havia percebido que aquilo era algo que eu não era e jamais seria, e que o que eu precisava mesmo era de ajuda para descobrir o que eu era. Mas agora, para dizer isso, eu teria que dizer: "Pegue seu presente de volta, eu não quero!". E não consegui.[3]

De seu ponto de vista, a imposição de um carro também era parte de um padrão mais amplo de promoção de uma ideia particular de masculinidade que não o definia. Seus pais estavam participando de um processo inconsciente que acontece dia após dia quando, diante de seus filhos, as pessoas normalizam as condições sociais existentes e minimizam a importância dos danos que as acompanham. Mas, nesse caso, não estava funcionando, e talvez isso seja reflexo de uma dinâmica social mais geral que se desenrolava em meados dos anos 1970.

Três anos antes, o mundo havia vivido a primeira crise do petróleo daquela década. Em outubro de 1973, a Organização dos Países Árabes Exportadores de Petróleo (OPAEP) declarou um embargo petrolífero contra os países que haviam apoiado Israel na Guerra do Yom Kippur, incluindo Estados Unidos, Reino Unido e Canadá, mas que também fez com que os preços do petróleo disparassem mesmo em países não embargados. O alto preço e o estoque limitado de petróleo produziram impactos generalizados, e isso incluiu a forma como os automóveis eram usados – se é que eram usados.

Em 2 de janeiro de 1974, o presidente Richard Nixon assinou a Emergency Highway Energy Conservation Act [Lei Emergencial de Conservação de Energia em Estradas], que estabeleceu

---

[3] Ibid., pp. 28-29.

limites de velocidade de 90 km/h nas estradas – uma lei que só foi revogada em 1995. Mas, devido ao alto preço da energia resultante do embargo, muitas outras coisas mudaram. Ao lado de outros cidadãos de países ocidentais, os estadunidenses passaram a se preocupar mais com o uso da energia, e isso se refletiu em como as pessoas viviam. No lugar de veículos grandes e beberrões, os motoristas dos Estados Unidos começaram a adotar carros japoneses mais eficientes, e, com a introdução de padrões de economia de combustíveis em 1975, houve pressão para o aumento da eficiência dos motores.

Já em 1983, o *New York Times* relatou que as pessoas estavam usando bicicletas no lugar de carros e que, em vez de dirigir por longos percursos, faziam caminhadas para aliviar o estresse. Elas também queriam economizar com os custos do aquecimento de suas casas, o que fez com que as residências ficassem mais frias no inverno e mais quentes no verão, e o tamanho das casas novas em construção chegou mesmo a encolher.[4] As crises do petróleo dos anos 1970 apresentaram uma rara oportunidade para que os Estados Unidos repensassem a forma como usavam a energia e planejavam comunidades. O presidente Jimmy Carter, que tomou posse em janeiro de 1977, instalou painéis solares na Casa Branca e investiu recursos federais no desenvolvimento de energias renováveis. Mas a mudança não durou, como podemos observar nas cidades e metrópoles estadunidenses de hoje, nas quais a maioria das pessoas continua a depender de carros, caminhonetes e caminhões menos por escolha que por necessidade.

Em vez de aprender com as mudanças que aconteceram nos anos 1970, os interesses corporativos dos Estados Unidos rejeitaram essas ideias e dobraram a aposta nos automóveis e nos

---

4   N. R. Kleinfield, "American Way of Life Altered by Fuel Crisis". *New York Times*, 26 set. 1983.

combustíveis fósseis. O país passou a extrair mais petróleo e gás natural em seu próprio território e iniciou novas guerras para garantir que o fornecimento internacional não fosse interrompido. Já na década de 1990, algumas pessoas começaram mais uma vez a trocar os carros mais eficientes por veículos utilitários esportivos – em parte porque esses veículos estavam sujeitos a padrões de economia de combustível menos rigorosos. No rescaldo das crises do petróleo, houve grande pressão no Texas para que se investisse no carvão, e não em energias renováveis, e essa campanha teve o apoio até mesmo do presidente Carter.

Os Estados Unidos poderiam ter seguido outro caminho – o caminho adotado por parte da Europa. Nos anos 1970, o automóvel dominava a Europa ocidental. A reconstrução e a expansão econômica do pós-guerra deram início a um processo de reformulação das cidades europeias para o automóvel, com a conversão de espaços públicos em estacionamentos, a concessão de espaço nas ruas para carros e até mesmo a demolição de quarteirões para que fossem adaptados para os veículos. A Europa não havia adotado os carros particulares na mesma extensão que os Estados Unidos, mas o período pós-guerra deu a vários interesses corporativos a oportunidade de ensaiar um processo similar àquele que estava em curso nos Estados Unidos – e com o qual teriam lucros enormes. Mas esses interesses deram de cara com um problema.

De modo parecido ao que havia acontecido nos Estados Unidos algumas décadas mais cedo, as mortes em acidentes de trânsito, sobretudo de crianças e de mulheres jovens, dispararam conforme a adoção dos automóveis cresceu na Europa. Amsterdã, hoje conhecida como a meca das bicicletas, não foi poupada do desejo de se transformar e de se modernizar com a abertura de espaço para veículos, e, já em 1971, tinha 3.300 vítimas fatais em acidentes de carro por ano, das quais 400 eram crianças.[5] Em 1975, a taxa de mortes em acidentes de trânsito dos Países Baixos era 20% maior do que nos Estados Unidos.[6] Naturalmente, os moradores exigiram uma tomada de atitude.

Em meio aos grupos que se formaram para contestar a reformulação das cidades em benefício dos automóveis estava o Stop de Kindermoord, que pode ser traduzido como "parem o assassinato de crianças". O nome do grupo lembrava a linguagem evocativa vista nas ruas dos Estados Unidos nas décadas de 1910 e 1920. Seus membros faziam manifestações a favor de bicicletas, fechavam vias para que crianças brincassem e até mesmo ocupavam locais de acidentes de trânsito. Ao ganharem a atenção das pessoas no poder, receberam recursos públicos e ajudaram a desenvolver políticas para reduzir a ênfase dada aos automóveis nas políticas de transporte holandesas. A taxa de mortalidade crescente foi um dos motivos para a mudança, mas as crises do petróleo também desempenharam papel importante para que ganhasse tração.

Depois da disparada dos preços do petróleo em 1973, o primeiro-ministro holandês pediu aos cidadãos que mudassem seus modos de vida a fim de economizar energia, e os domingos foram transformados em dias sem carro. Essas experiências afetaram as decisões de políticas públicas, e, já nos anos 1980, as cidades e metrópoles holandesas incentivavam o uso de bicicletas com o oferecimento de faixas exclusivas e com a reformulação das vias para reduzir a velocidade dos carros. Enquanto isso, governos de todo o continente promoviam a eficiência energética, e as montadoras europeias estavam cons-

---

5   Renate van der Zee, "How Amsterdam Became the Bicycle Capital of the World". *Guardian*, 5 maio 2015.
6   Ben Fried, "The Origins of Holland's 'Stop Murdering Children' Street Safety Movement". *Streetsblog USA*, 20 fev. 2013.

truindo veículos menores e mais eficientes. Décadas mais tarde, o uso de energia *per capita* na Europa é mais baixo do que nos Estados Unidos, veículos e residências são menores, as pessoas usam mais o transporte público e os automóveis não foram adotados com o mesmo fervor da América do Norte. Os Estados Unidos poderiam ter tirado o pé do acelerador do desenvolvimento carro-orientado nos anos 1970. Em novembro de 1972, o governador do Texas chegou a criticar o "desperdício de energia em todos os segmentos de nossa sociedade".[7] Mas, em vez disso, o país subiu de marcha assim que a crise chegou ao fim, com enorme expansão suburbana nos anos 1980 e 1990 que resultou em grande custo ambiental e humano.

Em um ensaio de 1986 sobre a "teoria da bolsa da ficção", Le Guin criticou narrativas comuns na história e na ficção que destacam o herói masculino com seus "paus e lanças e espadas, [suas] coisas para esmagar e espetar e bater, as longas coisas duras", mas ignoram o papel feminino essencial da cuidadora ou da coletora que, com sua bolsa, é essencial para a evolução humana.[8] A autora escreveu que "a redução da narrativa ao conflito é absurda" e explicou que há mais do que apenas lutas e competição na função da sociedade e na melhora da condição humana. Mas essas narrativas se infiltram na sociedade mais ampla e distorcem a compreensão que temos do mundo que nos cerca.

Le Guin era particularmente crítica daquilo que essas narrativas fazem com a forma como entendemos a tecnologia e a ciência, associando estreitamente esses termos a áreas *high-tech* e às ciências "duras", apresentadas como "um empreendimento

---

[7] Jim Malewitz, "1 Energy Crisis, 2 Futures: How Denmark and Texas Answered a Challenge". *Texas Tribune*, 21 nov. 2016.
[8] U. K. Le Guin, *A teoria da bolsa da ficção* [1986], trad. Luciana Chieregati e Vivian Chieregati Costa. São Paulo: n-1 edições, 2021, p. 19.

heroico, hercúleo, prometeico, concebido como um triunfo".[9] Em um ensaio posterior, Le Guin argumentou que esse tipo de representação da tecnologia faz com que acreditemos que ela só se refere "às tecnologias enormemente complexas e especializadas das últimas décadas, sustentadas pela exploração em massa de recursos tanto naturais como humanos".[10] Em vez disso, a autora preferia uma definição mais abrangente, em que a tecnologia fosse entendida como "a interface humana ativa com o mundo material". Nas palavras dela:

> a tecnologia é a forma como a sociedade aguenta a realidade física: como as pessoas conseguem, conservam e cozinham comida, como elas se vestem, quais são suas fontes de energia (animal? humana? hídrica? eólica? elétrica? outra?), com o que e para que constroem, seus remédios – e assim por diante. Talvez pessoas muito etéreas não estejam interessadas nessas questões mundanas e corpóreas, mas sou fascinada por elas, e penso que a maioria dos meus leitores também é.[11]

Em um momento em que o Vale do Silício restringe as formas com que podemos pensar a tecnologia em benefício de seus próprios interesses comerciais, Le Guin nos oferece uma alternativa libertadora. Em vez de fetichizar a digitização, o conceito mais abrangente defendido por ela permite que nos valhamos de mais tecnologias mundanas que passaram pelo teste do tempo – a bicicleta, o ônibus e o trem, por exemplo – e vejamos como elas podem melhorar materialmente nossa vida de forma muito mais igualitária do que a visão apolítica da elite que é vendida pelos assim chamados visionários da indústria de tecnologia.

9   Ibid, p. 23.
10 Id., "A Rant about 'Technology'". *Ursula K. Le Guin* (blog), 2004.
11 Ibid.

O mesmo problema narrativo que Le Guin criticou no ensaio sobre a "bolsa" assume a forma da obsessão com a velocidade e a dominação na esfera dos transportes. Mimi Sheller argumentou que um dos problemas das cidades carro-orientadas do Ocidente está no fato de que elas foram projetadas por e para homens influentes em posições de poder sem que se considerassem as necessidades dos usuários vulneráveis nas ruas. Nas palavras de Sheller, "especialistas e técnicos brancos, sem deficiências, de classe média e do sexo masculino dominam as políticas de transporte e as agências de trânsito urbano, de modo que as políticas públicas, o planejamento e os projetos frequentemente ou ignoram as perspectivas, as experiências e as necessidades de mulheres, crianças, pessoas com deficiência e mais pobres ou as considera irrelevantes para o setor".[12] Os usuários mais vulneráveis são desdenhados nos esforços por maior velocidade para os carros e SUVs dos mais poderosos, da mesma forma como, fora dos departamentos de marketing, essas pessoas mais frágeis recebem de fato pouca consideração das soluções de tecnologia.

Em vez de defender ajustes tecnológicos simples, como a instalação de limitadores de velocidade em cada automóvel – o que em 2022 se tornou obrigatório para todos os novos veículos da Europa –, ou implementar amplas melhorias no transporte público para fazer com que mais pessoas deixem de usar carros, as soluções da indústria de tecnologia não só pretendem que as pessoas continuem com seus automóveis, como encorajam a ampliação no uso maior dos veículos com um conjunto de propostas cada vez mais ridículas que evitam confrontar o fato de que a automobilidade em massa e o desejo por carros que andem

---

[12] Mimi Sheller, *Mobility Justice: The Politics of Movement in an Age of Extremes*. London: Verso Books, 2018, p. 46.

o mais rápido possível são partes centrais do problema. Ainda que isso seja frustrante e esteja muito longe de nos ajudar, não é surpreendente.

Em 1978, o então anarquista Murray Bookchin fez um discurso em que descreveu a linguagem do futurismo e da eletrônica como "a linguagem da manipulação".[13] Bookchin argumentou que essas figuras poderosas que sonhavam grandes ideias para o futuro da humanidade não pensavam criticamente sobre como a sociedade havia chegado a seu estado atual e não se perguntavam se as relações sociais da época funcionavam para todas as pessoas. Para elas, o futuro não é nada mais que "o presente que existe hoje, mas projetado para daqui a cem anos". Ele aprofundou esse assunto com um exemplo:

> A maioria dos futuristas parte da ideia "temos um shopping center, o que podemos fazer com ele?". Bem, a primeira questão a ser feita é "por que diabos temos um shopping center?". Essa é a verdadeira pergunta que precisamos fazer. Não "e se tivéssemos um shopping center, o que faríamos com ele?".[14]

O exemplo de Bookchin pode ser facilmente ampliado para os sistemas urbanos de modo geral que fazem com que o shopping seja possível para começo de conversa – ou seja, o automóvel e os padrões de desenvolvimento de comunidades que foram necessários para que os carros se tornassem a forma maciça de transporte. Devemos ir além da simples aceitação do presente como algo normal e do pressuposto de que ele definirá nossa existência. Como disse Bookchin, "eu simplesmente não acredito que

---

13 Murray Bookchin, "Utopia, Not Futurism: Why Doing the Impossible Is the Most Rational Thing We Can Do" [24 ago. 1978], palestra na Toward Tomorrow Fair de Amherst apud *Uneven Earth*, 2 out. 2019.
14 Ibid.

devamos estender o presente para o futuro. Precisamos mudar o presente para que o futuro pareça muito, muito diferente do que temos hoje".[15]

Mais de quarenta anos depois, os argumentos de Bookchin ainda soam verdadeiros. Precisamos de muito mais do que a extensão da dominância dos automóveis para o futuro – mesmo que eles sejam transformados em veículos elétricos, sob demanda ou autônomos e usem novas vias subterrâneas para chegar ao destino. Diante da crise climática, a que se somam as crises de mobilidade, de moradia, de saúde, comunitária e muitas outras, há uma necessidade premente por tipos radicalmente diferentes de sistema de transporte e de formação urbana, e dar ouvidos à elite tecnológica do Vale do Silício não permitirá que os alcancemos – ou mesmo que tentemos alcançá-los.

Na sequência das eleições locais de 2015, uma coalizão de esquerda tomou as rédeas do poder em Oslo, capital da Noruega. O Partido de Esquerda Socialista, o Partido Trabalhista e o Partido Verde formaram uma frente única com o apoio do Partido Vermelho, anticapitalista, e uma de suas principais metas consistia na redução das emissões de gases de efeito estufa da cidade, das quais 39% provinham só de carros particulares. Apesar da posição da Noruega como líder mundial em vendas de carros elétricos, o novo governo de Oslo não se contentou em apenas ver mais veículos convertidos para o uso de baterias. Em vez disso, um plano bastante simples, mas radical, foi colocado em ação: os automóveis particulares seriam completamente banidos do centro da cidade.

Ainda que o índice de proprietários de veículos na zona livre de carros proposta fosse inferior a 12%, a resposta dos conserva-

---

15 Ibid.

dores e dos motoristas foi rápida. Um político de direita chamou o projeto de "um Muro de Berlim contra donos de carros" e os motoristas afirmaram estar sofrendo bullying da nova gestão da cidade. Depois de anos de negociação e ataques na imprensa, a coalizão de esquerda cedeu: em vez do banimento de veículos particulares, 650 vagas de estacionamento seriam removidas.

Conforme foram retiradas do centro de Oslo, as vagas foram substituídas por ciclofaixas, vagas para bicicletas, áreas para descanso de pedestres, lugares para crianças brincarem e mais espaços sociais. Em vez de filas de caixas de metal em todas as ruas, havia uma infraestrutura que promovia uma forma diferente de vida. Mesmo sem o banimento, as mudanças físicas produziam o efeito de desincentivar o uso de carros, enquanto promoviam interações sociais e meios de mobilidade que permitiam que as pessoas se exercitassem e vissem umas às outras no curso de suas jornadas. O conselho municipal criou incentivos para que as pessoas comprassem bicicletas e fez novos investimentos no sistema de transporte público para estimular as pessoas a saírem de seus carros. As autoridades municipais até mesmo trabalharam em conjunto com o órgão de administração das vias públicas e a DHL para que as entregas não fossem feitas por caminhões, e sim por bicicletas de carga. O plano certamente não era perfeito, mas foi uma tentativa séria de mudar a forma como as pessoas se deslocavam pela cidade que recebeu o apoio da maioria da população. Oslo não foi a única cidade a fazer algo do tipo.

Em setembro de 2016, Paris anunciou a intenção de converter uma via expressa que corria ao lado da Rive Droite (a margem direita do Sena) em um espaço para pedestres. A via já havia sido fechada antes por períodos limitados, mas desta vez seria pedestrizada de forma permanente como parte da estratégia da prefeita socialista Anne Hidalgo para fazer com que as pessoas abandonassem seus carros. Como em Oslo, grupos de direita e de motoristas reagiram ao fechamento da via, que transportava 43 mil veículos por dia – mesmo que uma pesquisa tivesse mostrado que 55% dos parisienses eram favoráveis à ideia. O projeto passou a ser discutido pelo Judiciário em uma tentativa de seus oponentes de derrubá-lo e, ainda que esses grupos tenham obtido uma vitória judicial em fevereiro de 2018, a decisão foi revertida em outubro daquele mesmo ano por um tribunal que determinou que a circulação de carros no local continuaria proibida.

A pedestrização de um segmento da Rive Droite foi uma ação que recebeu bastante atenção, mas era apenas parte de um plano muito mais amplo de reformulação de Paris em prol de seus residentes, e não de pessoas que dirigiam até lá vindo de outros lugares. Essa mudança nas políticas urbanas não começou com Hidalgo, mas sim com seu antecessor socialista Bertrand Delanoë, eleito prefeito em 2001. Delanoë rejeitou a cobrança de pedágios urbanos que nos últimos anos havia capturado a atenção de urbanistas dos Estados Unidos e, em vez disso, se dedicou a alterar o ambiente físico. O então prefeito fez com que parte das vias destinadas a carros fosse usada para ônibus, bicicletas e calçadas; introduziu o sistema de compartilhamento de bicicletas Vélib'; concedeu aos ônibus faixas exclusivas e prioridade nos semáforos; e, no processo, cortou o uso de automóveis em 20% em apenas alguns anos.[16] Desde então, esses números têm melhorado ainda mais com a continuidade das transformações do ambiente urbano.

Depois de vinte anos de trabalho e à medida que outras cidades ao redor do mundo começaram a olhar para Paris como um exemplo a ser seguido, a prefeita Hidalgo introduziu a etapa seguinte do plano em sua campanha eleitoral de 2020: a cidade

---

16   Ben Fried, "How Paris Is Beating Traffic without Congestion Pricing." *Streetsblog USA*, 22 abr. 2008.

de quinze minutos. Em seu âmago, essa era uma iniciativa que pretendia transformar a capital francesa em uma série de bairros propícios à caminhada nos quais praticamente tudo o que as pessoas precisassem em seu dia a dia estaria a uma distância de até quinze minutos de suas casas. O objetivo não era apenas incentivar formas de mobilidade não automotivas, mas reviver uma atmosfera mais social e comunal que muitos residentes (não só de Paris) sentiam ter sido perdida.

Os exemplos de Oslo e de Paris são compartilhados aqui não com a intenção de tomar parte em um urbanismo eurofílico de visão estreita que acredita que basta replicar algumas ações altamente publicizadas tomadas por um ou outro governo europeu para que os problemas de cidades da América do Norte e de outras partes do mundo sejam solucionados. Mesmo enquanto Paris adotava essas ações com o objetivo de se tornar um lugar melhor para se viver, os preços de moradia dispararam e o centro da cidade começou a se transformar cada vez mais em uma zona para turistas, sobretudo depois que o conselho municipal fracassou em impedir de maneira efetiva a conversão de unidades de habitação em hospedagens de curto prazo em plataformas como a Airbnb. Isso teve como efeito empurrar os residentes mais pobres e de classe trabalhadora para fora da cidade – a despeito do aumento do ritmo de construção de moradias populares nos mandatos de Delanoë e de Hidalgo, que, espera-se, serão responsáveis por 25% de todas as unidades até 2025. Alguns críticos sugeriram que a cidade de quinze minutos poderia ter como efeitos um aprofundamento da gentrificação e a concessão de benefícios apenas aos mais ricos.

A fim de reformular as cidades para o automóvel, o poder do Estado teve de ser exercido para, de forma bastante literal, pavimentar o caminho para que interesses corporativos ligados aos automóveis, ao mercado imobiliário suburbano e ao consumo em massa colhessem seus lucros e expandissem seu controle sobre a população. Mesmo que imperfeitas, Paris e Oslo – entre muitas outras cidades – estão usando seu poder para revidar e para reverter um programa de décadas de encorajamento do uso de automóveis, mas ainda não é o bastante. Conforme essas cidades implementam políticas voltadas à melhoria urbana, as forças do capital ainda estão se colocando no caminho para se assegurar de que continuarão a extrair valor à medida que as coisas mudem, entravando a consecução do objetivo de uma cidade mais igualitária e, assim, garantindo que os benefícios sejam colhidos sobretudo por aqueles que podem pagar por ingressos cada vez mais caros. Quanto mais aspectos da vida urbana forem deixados para o setor privado, mais difícil será fazer as mudanças necessárias e garantir que elas sejam isonômicas.

Provavelmente, não há cidade mais conhecida pela proeminência dos automóveis do que Los Angeles. Os carros dominaram suas vias muito antes das de outras cidades importantes dos Estados Unidos, e os efeitos disso foram particularmente visíveis no período pós-guerra, quando a névoa tóxica tomou a região e acabou forçando o governo a implementar novas regulamentações para controlar a poluição do ar. Mas, nas últimas décadas, o condado de Los Angeles tem feito tentativas concertadas de aprimoramento de seu sistema de transporte público e de introdução de alternativas confiáveis ao automóvel – e os eleitores têm apoiado esses esforços.

Em 2016, 72% dos eleitores de Los Angeles aprovaram a Medida M, que aumentou a alíquota do imposto sobre vendas para proporcionar a quantia adicional de 120 bilhões de dólares ao longo de quatro anos para serem usados em expansões do transporte público, das redes de trilhos e da infraestrutura para bicicletas. Medidas adicionais no condado e por todo o país foram aprovadas nos anos seguintes para aprofundar esses esforços. Porém, além de não serem suficientes, as mudanças que estão sendo promovidas nem sempre são recebidas de forma positiva pelas mesmíssimas pessoas em favor das quais elas foram concebidas.

Los Angeles vem sofrendo com a tendência generalizada de aumento dos preços de moradia em cidades grandes causada por uma série de fatores, que incluem a financeirização do mercado imobiliário, a compra em massa de imóveis por empresas de *private equity* depois da crise financeira de 2008 e a falta de investimento na construção de moradias, particularmente de habitação popular e de unidades com preços acessíveis para a classe trabalhadora. Mas os preços subiram mais nas áreas com maior acesso ao transporte público do que em outras, o que levou a uma forma de gentrificação pelo transporte público que dificultou a permanência de residentes de baixa renda, sobretudo pessoas racializadas, nas vizinhanças que receberam melhorias no serviço de transporte.[17] Como resultado, alguns desses residentes se opuseram aos projetos de aprimoramento de acesso ao transporte público ou de instalação de infraestrutura para bicicletas em suas comunidades, já que passaram a ser vistos como símbolos de gentrificação – um sinal de que os moradores serão expulsos de suas vizinhanças à medida que novas opções de mobilidade promovam a subida dos preços e atraiam pessoas com mais dinheiro para que se mudem para lá.

Se formos realmente reorientar nossas comunidades, nossos sistemas de transporte e nosso modo de vida a fim de confrontar os problemas que surgiram com a mudança de prioridades que ocorreu no último século e resultou na passagem de um modelo

---

17   Laura Bliss, "Los Angeles Passed a Historic Transit Tax. Why Isn't It Working?". *CityLab*, 17 jan. 2019.

de expansão isonômica do bem-estar público para um projeto de expansão do automóvel, o Estado terá que desempenhar um papel significativo – e não só no nível das cidades, mas também em nível nacional. Contudo, se sentirem que essas mudanças vão aumentar os preços de moradia e de outras necessidades vitais, as pessoas se oporão a elas. Isso significa que o manejo da transição não pode ser deixado aos caprichos do mercado e de entidades poderosas do setor privado, que colocam a capacidade de lucrar e de aumentar o poder corporativo acima dos objetivos sociais.

Uma transformação urbana isonômica exige a contestação das ideias sobre tecnologia que emanam do alto escalão do Vale do Silício e que, ao incrustar seus sistemas na infraestrutura urbana da cidade, estão a serviço dos monopólios de tecnologia. Mas também requer que nos oponhamos às tentativas dos capitalistas que controlam essa infraestrutura – e, por extensão, os aspectos fundamentais da vida – e a usam para a maximização do valor que extraem da sociedade. Se já houve uma época em que as companhias estavam atentas ao bem-estar das comunidades, ela acabou há muito tempo. A cultura corporativa moderna é uma força parasitária que só se intensifica conforme serviços digitais rentistas são implementados em mais aspectos de nossa vida. A construção de cidades melhores exige a retirada completa da habitação, do transporte e de outros serviços essenciais das mãos do mercado e sua administração como serviços públicos democraticamente auditáveis.

Como apresentado no capítulo 1, uma das mudanças carro-orientadas que aconteceu nas cidades estadunidenses nas primeiras décadas do século XX foi a alteração da abordagem dos planejadores urbanos para as ruas. Antes que os automóveis começassem a dominar, os planejadores acreditavam que o espaço das vias deveria ser gerido para múltiplos tipos de usuário e tomavam decisões para moldar o uso das ruas. Eles poderiam ter recuado e deixado os automóveis fazer o que queriam, mas, inicialmente, tentaram manter os carros na linha para que pedestres, ciclistas e bondes conservassem o acesso às vias e continuassem a ser meios seguros de deslocamento.

Conforme o poder do lobby automotivo foi aumentando, as perspectivas dos planejadores mudaram. Eles começaram a ver a rua como um mercado em que deveriam atuar em resposta à demanda – e o que aparecia como demanda era mais espaço para carros, e foi isso que essas pessoas resolveram facilitar. No curso de muitas décadas, os outros usuários foram expulsos das ruas e novas infraestruturas foram projetadas para servir aos motoristas, o que teve como efeito a criação de um ciclo de retroalimentação que agiu até que dirigir fosse a única opção realista para a maioria dos moradores de áreas suburbanas e mesmo urbanas. Mas isso precisa mudar, e planejadores e legisladores devem voltar a reconhecer a força da demanda induzida e a aceitar que suas decisões moldam a forma como as pessoas se deslocam. De modo similar às ações tomadas em Oslo e em Paris, esses agentes precisam usar o poder de que dispõem para induzir uma mudança que nos afaste dos veículos particulares. Mas, para que alcancemos a igualdade, a acessibilidade e a sustentabilidade, também devemos ir além e imaginar uma forma de organizar o sistema de transporte que esteja coordenada em vários níveis e que seja planejada com participação democrática.

No nível da cidade, a mercantilização e a mercadorização do transporte precisam ser interrompidas – incluindo os mecanismos de pedágio urbano. Em vez disso, a ênfase deve estar na alteração do ambiente físico e no fornecimento dos serviços necessários para encorajar os residentes a trocar a direção de veículos particulares pelo uso do transporte público, de bicicletas ou de caminhadas para chegar a seu destino. A facilitação dessa transição exige o aprimoramento considerável dos serviços de transporte público, com substituição significativa dos subsídios maciços que são atualmente dedicados ao automóvel e às infraestruturas a ele relacionadas pelo fortalecimento da mobilidade coletiva e pela construção de comunidades densas ao redor dela.

Os moradores precisam ser parte desse processo para garantir que as mudanças atendam a suas demandas. Serão necessários serviços mais frequentes que se estendam aos bairros com menor cobertura, de modo que o transporte público seja confiável e as pessoas não fiquem presas em esperas de vinte ou trinta minutos caso percam o ônibus ou o trem. Em algumas cidades, isso significará a ampliação de sistemas de metrô, como na expansão significativa ocorrida ao longo das últimas décadas na China, que equipou 25 cidades com linhas de metrô; em outros centros urbanos, sistemas de ônibus de trânsito rápido de baixo custo serão mais apropriados, como os que vêm tomando a América Latina desde que a cidade de Curitiba, no Brasil, construiu sua primeira linha em 1974. Mas mesmo o oferecimento de faixas exclusivas em rotas de ônibus já existentes pode fazer grande diferença, como Nova York descobriu quando o corredor da 14th Street aumentou o número de passageiros em 30% e cortou o tempo de viagem em até 47%.

Pensando em como os pedestres foram tachados de *"jaywalkers"* no começo dos anos 1900 para permitir que os carros tomassem as ruas, também será necessário dar nova cara ao sistema de transporte público na mente de grande parte da população a fim de colocá-lo no centro do transporte urbano. Em muitas cidades, o transporte público tem sido tratado como um plano B, um último recurso para grupos marginalizados, e isso foi usado para justificar sua má qualidade. Mas não só esses moradores merecem coisa melhor, como a mobilidade coletiva também terá que ser aprimorada além do fornecimento de serviços para levar um contingente maior a embarcar nessa viagem. As agências de transporte precisam garantir que os pontos de ônibus tenham abrigos que protejam adequadamente os passageiros contra as condições meteorológicas e se assegurar de que as estações sejam verdadeiramente acessíveis para todos que queiram usá-las. O ônibus e o metrô devem ser vistos como serviços essenciais, e isso inclui a isenção de tarifas para garantir a igualdade de acesso.

A concretização de uma transição como essa também exigirá um esforço ativo para ensinar as pessoas a usar e a navegar sistemas com os quais não estão familiarizadas. A NBCUniversal, por exemplo, lançou em 2018 um programa para incentivar trabalhadores de Los Angeles a trocar o carro pelo transporte público. A empresa ofereceu cartões com passagens subsidiadas e outros incentivos para o uso de modais de transporte sem carro e, depois, pareou empregados interessados com mentores que já usavam o transporte público de modo regular. Depois de seis meses de programa, a empresa descobriu que o número de empregados que dirigiam sozinhos para o trabalho havia caído de 59% para 14%, e aqueles que usavam o transporte público haviam pulado de 19% para 59%.[18] A combinação de incentivos e apoio pessoal fez grande diferença para facilitar a capacidade das pessoas de reduzir o uso de carros.

Para ajudar a atingir essa meta, as estações de transporte público também precisam ser centrais de mobilidade, e não só lugares para pegar um ônibus ou o metrô. Deve haver amplos estacionamentos de bicicleta, de modo que as pessoas não pre-

---

18   Alissa Walker, "We Don't Need More Dedicated Places Where Cars Can Go Fast". *Curbed*, 20 dez. 2018.

cisem se preocupar em carregar suas bicicletas consigo ou em achar um lugar seguro para guardá-las. Dentro da cidade, as estações são pontos ideais para sistemas públicos de estações de compartilhamento de bicicletas. Em alguns casos, o acesso a automóveis até pode ser facilitado com um serviço público de aluguel ou com um serviço de táxi rigorosamente regulamentado que reconheça que os carros ainda serão necessários para algumas viagens no futuro imediato. Contudo, mesmo que esses serviços estejam disponíveis, o espaço dedicado a automóveis nas ruas precisa ser progressivamente reduzido, e outras formas de mobilidade devem ser priorizadas sempre que possível.

A forma como a tecnologia será implementada nesse tipo de sistema também precisará ser bem diferente daquilo que é proposto pelos interesses corporativos do Vale do Silício. A mobilidade deve ser vista não apenas como um serviço, mas também como um direito de todos os residentes. Isso pode ser facilitado por um aplicativo público de mobilidade que reúna os serviços de transporte da cidade e forneça cronogramas atualizados, informações de rotas e funcionalidades de planejamento de viagens para incentivar a mobilidade coletiva e sustentável e a eficiência do sistema como um todo, e não de forma centrada no indivíduo. O aplicativo também poderia recolher informações nos casos em que ajudassem a melhorar o serviço, e, como o sistema de transporte seria administrado de maneira pública, os dados e suas vendas jamais seriam tratados como um modelo de negócios.

Ao mesmo tempo, a tecnologia não deve ser usada para a automação de postos de trabalho de empregados humanos simplesmente com o objetivo de impressionar utopistas da tecnologia que são incapazes de considerar os impactos mais amplos desses avanços. Motoristas de ônibus, por exemplo, desempenham um papel que vai além da simples navegação de uma rota;

eles cumprem uma função social, mantêm os passageiros a salvo, dão informações de caminhos e são olhos na rua que podem ajudar quem precise. Talvez haja espaço para sistemas de direção autônoma em determinados casos, como em trens de metrô, em que os trabalhadores poderiam ser redirecionados para o oferecimento de atenção e apoio em estações ou dentro dos próprios veículos, mas, em geral, um sistema abrangente de transporte público não deveria tratar trabalhadores como custos a serem reduzidos. O papel fundamental que essas pessoas exercem no fornecimento de mobilidade e de atenção a suas comunidades deverá ser preservado e aprimorado.

Em *Do Androids Dream of Electric Cars?* [Será que androides sonham com carros elétricos?], James Wilt detalhou uma visão expansiva para um sistema reorientado ao redor do transporte público e enfatizou seu potencial para o desempenho de um papel transformativo na reconstrução das relações sociais erodidas pelo capitalismo. Wilt explicou que o "direito universal ao transporte serve como fundação para uma luta mais ampla contra a mercadorização e a exploração capitalistas" e que o "princípio fundacional de uma política pública de transportes radical é o estar junto – o que, por sua vez, significa uma oposição coerente à supremacia branca, à xenofobia anti-imigratória, ao capacitismo e a medidas antissindicalização".[19] Os valores inseridos em um sistema como esse são diametralmente opostos à política individualista encarnada no status quo carro-orientado, e são eles que devem constituir o âmago do sistema de mobilidade e da sociedade futuros que buscamos construir.

Um sistema expandido de transporte público não deve ser tecnologicamente planejado por um grupo de especialistas ilu-

---

[19] James Wilt, *Do Androids Dream of Electric Cars?: Public Transit in the Age of* Google, *Uber, and Elon Musk*. Toronto/Ontario: Between the Lines Books, 2020, pp. 193-205.

minados; em vez disso, ele deve ser alimentado pelas próprias pessoas cuja vida deveria estar sendo melhorada, de modo a garantir que cronogramas, serviços e instalações reflitam as necessidades delas. Como o coletivo Untokening já ressaltou, uma abordagem para a mobilidade que seja pautada pela isonomia deve:

> escavar, reconhecer e reconciliar de modo completo as injustiças históricas e atuais vividas pelas comunidades – com a concessão de espaço e recursos para que as comunidades impactadas vislumbrem e implementem um modelo de planejamento e uma advocacia política para as ruas e a mobilidade que funcionem ativamente para o enfrentamento das injustiças históricas e atuais vividas pelas comunidades.[20]

Se atualmente nossas comunidades e sistemas de transporte são projetados em torno dos padrões de mobilidade e dos estilos de vida de homens poderosos, uma alternativa igualitária e sustentável deve, em vez disso, priorizar as pessoas que foram marginalizadas por esses indivíduos. Mas o planejamento de um sistema como esse não pode terminar nos limites da cidade; ele deve ser conectado a uma rede de transporte interurbano construída com base nesses mesmos princípios.

Para os libertários da tecnologia, sobretudo os que são donos de jatos particulares e que procuram se unir à coalizão dos interesses automotivos, os trens parecem uma tecnologia ultrapassada e há muito superada – mas nada pode estar mais longe da verdade. Com o crescimento da pegada ambiental da indústria da aviação

---

[20] Untokening, "Untokening 1.0: Principles of Mobility Justice". *The Untokening* (blog), 11 nov. 2017.

a cada ano que passa, a mobilidade interurbana precisa parar de ser o cada um por si de empresas privadas. Precisa ser planejada como parte de um sistema coordenado que priorize os trilhos onde eles forem viáveis.

Nos últimos anos, a China construiu o maior sistema de trens-bala do mundo, enquanto a União Europeia continua a expandir suas conexões de alta velocidade e a reviver trens noturnos para viabilizar jornadas mais longas. Mas o sistema de transporte ferroviário da América do Norte continua preso no século XX, então não é de espantar que, lá, algumas pessoas pensem que os trens são coisa do passado.

A resolução desse problema não leva a apostar em delírios de transporte como a visão de Elon Musk para o Hyperloop, pois os trens de alta velocidade são uma tecnologia que já existe e que está passando por melhorias constantes desde os anos 1970. Em vez de se distraírem com ficções científicas, os governos nacionais devem desenvolver planos para sistemas de transporte público interurbano que tratem as redes de trem como uma espinha dorsal, com sistemas de ônibus e de viagens aéreas para suprir suas lacunas.

A rede de trilhos poderia consistir em segmentos de alta velocidade em rotas com tráfego mais pesado e entre grandes centros urbanos. Há várias propostas para a extensão de um sistema do tipo na América do Norte, mas o objetivo deveria ser inicialmente conectar agrupamentos de cidades maiores em uma única região e, depois, ligar esses agrupamentos uns aos outros onde isso for possível. Mas, mesmo com expansões de alta velocidade como essas, a rede de trilhos tradicional continuaria a desempenhar um papel importante no fornecimento de cobertura nacional e alcance para cidades menores em que não há passageiros suficientes para justificar linhas de alta velocidade. A rede, no entanto, não deveria parar por aí.

Ônibus interurbanos são tábuas de salvação para muitas pessoas, sobretudo para aquelas de renda mais baixa e sem veículos particulares. No Canadá, a rede de ônibus entre cidades foi dizimada depois que serviços públicos como a Companhia de Transporte de Saskatchewan foram fechados e a companhia de ônibus Greyhound deixou a parte ocidental do país em 2018, antes de encerrar todos os serviços em 2021. O fechamento das rotas de ônibus não só excluiu as pessoas que vivem nas áreas rurais dos serviços de saúde e de outros tipos e do contato com familiares, como também criou uma crise de segurança pública para as mulheres indígenas, que precisaram começar a pedir carona nos locais em que não há alternativas confiáveis. Os serviços de ônibus interurbanos deveriam conectar as pessoas a outras comunidades e aos serviços de que dependem – incluindo, onde possível, a rede de trilhos –, de modo que possam continuar suas viagens. Ainda que provavelmente devam manter algum grau de uso de automóveis no futuro, as áreas rurais precisariam estar servidas de modais de transporte público confiáveis dentro de suas comunidades para se conectar às cidades próximas.

Mesmo com a expansão de redes de trilhos e de linhas de ônibus interurbanos, ainda haverá pessoas que precisarão viajar longas distâncias e para as quais esses serviços não serão suficientes. Os trens de alta velocidade e mesmo os serviços convencionais mais comuns podem substituir algumas pontes aéreas de pequeno e mesmo médio alcance, e a opção pelo transporte aéreo deverá, com o tempo, ser removida nos lugares em que for possível. Em 2021, a França começou a fazer exatamente isso em rotas com conexões de trem de até duas horas e meia de duração. Antes da desregulamentação do setor e do início da privatização das companhias aéreas públicas na década de 1970, os governos exerciam grande poder sobre as rotas de aviões e os preços das passagens, e maior regulação, se é que não uma renacionalização, será essencial para fazer com que as companhias aéreas sirvam ao público como parte de uma rede de transportes planejada para priorizar a equidade e a sustentabilidade.

Os serviços de aviação ainda serão necessários para rotas nacionais de grande distância e para rotas internacionais, assim como para algumas comunidades remotas. Onde possível, esses voos devem ser feitos por aviões elétricos e de forma mais eficiente à medida que novas tecnologias fiquem disponíveis. Mas, ainda que voos de curta distância já tenham sido realizados com aviões pequenos movidos a bateria, a eletrificação de aviões maiores ou sua conversão para combustíveis consideravelmente mais limpos dificilmente acontecerá nas próximas décadas. Isso significa que a redução das emissões produzidas pelas viagens aéreas dependerá da substituição dessas viagens pelo uso de trens e, em última instância, da redução do número de viagens realizadas.

Um sistema de transporte público abrangente que opere dentro das cidades e entre elas e que coloque o direito das pessoas à mobilidade à frente das necessidades dos lucros corporativos não pode existir sem que o Estado assuma um papel ativo em seu planejamento e execução. Governos de todos os níveis criaram agências, ofereceram subsídios maciços, reescreveram códigos tributários, mudaram leis, elaboraram novos sistemas regulatórios e gastaram trilhões de dólares na infraestrutura necessária para facilitar o uso em massa de automóveis. A reorientação de nosso sistema de transporte e de nossas comunidades para longe dos carros – e a resolução dos problemas que foram criados por eles – exigirá um compromisso similar.

O mesmo esforço empregado para a construção do Sistema Interestadual de Autoestradas e das redes de vias locais deve ser canalizado para a disseminação de uma infraestrutura nacional de trilhos e de sistemas de transporte público em comunidades urbanas, suburbanas e rurais. Os subsídios e os esforços regulatórios empregados para que a grande expansão suburbana fosse possível devem ser redirecionados não só para desestimular o crescimento suburbano, mas também para construir habitações populares enraizadas em comunidades servidas pelo transporte público e nas quais as pessoas possam caminhar e chegar com facilidade aos serviços de que dependem sem precisar de automóveis. Como parte desse esforço, nossas comunidades e os serviços públicos que as ancoram devem ser reformulados para um modo de vida mais sustentável.

 A adoção da vida suburbana no período pós-guerra e o consumo em massa que a acompanhou também contribuíram para a erosão dos espaços comunitários. Conforme as distâncias aumentaram e as pessoas foram levadas a acumular patrimônios particulares, houve menos incentivo para a conservação da esfera pública. Residentes ricos e mesmo de classe média tinham seus próprios gramados e jardins, de modo que já não precisavam de parques públicos, e construíram suas próprias piscinas para evitar as de uso comunitário. Montaram academias em suas casas para evitar os ginásios públicos, e até mesmo cinemas particulares estão se tornando uma alternativa popular aos cinemas comuns.

 Conforme os espaços compartilhados foram erodidos pelas alternativas particulares, somente as pessoas que podiam se dar ao luxo de comprar suas próprias comodidades passaram a ter acesso a seus benefícios. A esfera pública foi diminuída, assim como as comunidades e os laços sociais. Como explicou o ativista ambiental George Monbiot, "a expansão da riqueza pública cria mais espaços para todos; a expansão da riqueza particular os reduz, e, com o tempo, prejudica a qualidade de vida da maioria das pessoas".[21] As comunidades do futuro deverão expandir parques e piscinas públicos; construir bibliotecas maravilhosas que emprestem livros e atendam a muitas outras necessidades; e, em um esforço para reverter a tendência aos luxos privados, tirar um leque de serviços básicos das mãos do mercado para oferecê-los em prol do bem comum. O ativista do decrescimento Aaron Vansintjan chamou esse movimento de uma campanha a favor da "abundância pública", e essa é uma visão que devemos lutar para alcançar.[22]

A reconstrução da sociedade nesse sentido também proporcionará uma oportunidade para que repensemos como os serviços são prestados de modo a atender melhor as necessidades do público e para que não deixemos que grandes corporações lucrem com sua exploração. Em vez dos aplicativos extrativistas de entrega de comida com suas cozinhas fantasmas, poderia haver uma nova rede comunitária de comida que abarcasse cozinhas locais que também funcionassem como espaços comunitários, além de um serviço de entregas que levasse alimento e outros itens essenciais para idosos, pais de filhos recém-nascidos e pessoas com mobilidade reduzida, para dar apenas alguns exemplos. Até os correios poderiam se envolver e participar de serviços coordenados de entrega com o uso de trabalhadores sindicalizados para manipular pacotes, compras de mercado e outras transferências de mercadorias para transportadoras. Além de tudo isso, não é difícil imaginar o uso dos correios como nódulos centrais para a implementação de outros serviços públicos, como atividades bancárias, telecomunicações e mesmo o desenvolvimento de tecnologias e softwares cooperativos pro-

---

[21] George Monbiot, "Public Luxury for All or Private Luxury for Some: This Is the Choice We Face". *Guardian*, 31 maio 2017.
[22] Aaron Vansintjan, "Public Abundance Is the Secret to the Green New Deal". *Green European Journal*, 27 maio 2020.

jetados para as necessidades comunitárias e compartilhados por todo o país, senão por todo o mundo.[23]

O papel a ser desempenhado pela tecnologia nesse futuro não deverá ser a substituição de trabalhadores ou a precarização ainda maior de sua vida, mas o empoderamento dessas pessoas e a facilitação de soluções coletivas para problemas sociais. Isso implicará uma mudança na forma como os dados são produzidos e geridos,[24] mas também resultará na reversão da transferência de poder dos trabalhadores para os algoritmos. Precisamos evitar o cenário descrito por Tim Maughan em que sistemas algorítmicos complexos efetivamente excluem o controle humano de certos aspectos da cadeia de suprimentos, dos mercados financeiros e de outras redes que afetam nosso dia a dia de modos que frequentemente nem sequer nos damos conta. Em vez disso, precisamos utilizar a tecnologia nos lugares em que ela possa nos servir, enquanto continuamos a garantir que o poder permaneça firme nas mãos de um público democrático.

O historiador econômico Aaron Benanav defendeu uma forma de planejamento que equilibre eficiência e metas qualitativas como justiça e sustentabilidade, de modo que o impulso capitalista em direção ao crescimento infinito a qualquer custo não seja replicado em uma sociedade socialista. O objetivo não deve ser a criação de máquinas que operem sem participação humana; em vez disso, devemos utilizá-las para reduzir o trabalho que os humanos precisam fazer e, ao mesmo tempo, preservar o controle democrático sobre a produção, mesmo que isso deva ser

---

23   Para propostas específicas, cf. Callum Cant, *Riding for Deliveroo: Resistance in the New Economy*. Cambridge: Polity Press, 2019; Dan Hind, "The British Digital Cooperative: A New Model Public Sector Institution". *Common Wealth*, 20 set. 2019; "Our Plan". *Delivering Community Power*, s/d; Paris Marx, "Build Socialism Through the Post Office". *Jacobin*, 15 abr. 2020.
24   Cf. Salomé Viljoen, "Data as Property?". *Phenomenal World*, 16 out. 2020.

objeto de deliberação à medida que as comunidades comparem os vários resultados possíveis. Como explicou Benanav:

> Caso seja puramente algorítmico, o planejamento socialista executará decisões de um modo similar ao das empresas capitalistas. Ele reiterará a lógica do capitalismo em um registro diferente: o que importará será a extração de quantidades relevantes de informação a partir da bagunça da vida qualitativa. Mas será apenas nessa bagunça que o conteúdo do socialismo poderá ser encontrado.[25]

Benanav rejeita a despolitização da tecnologia e dos algoritmos que é tão comum nos discursos tecnoutópicos e, no lugar dela, reconhece a importância da preservação do controle humano sobre a determinação de como a tecnologia funciona, como os benefícios produzidos são distribuídos e como os prejuízos podem ser amenizados e mediados.

Não é difícil imaginar como isso poderia se aplicar ao sistema de transporte planejado que concebemos anteriormente. Ainda que necessariamente haja um papel a ser desempenhado pelos algoritmos no planejamento do sistema, decisões sobre como ele será construído e sobre como devem ser os cronogramas seriam em última instância tomadas de forma democrática por comunidades que pesem as vantagens e as desvantagens das diferentes formas de organização e garantam não só que o sistema atenda a suas necessidades, mas, ao mesmo tempo, funcione como um todo unificado, facilite as conexões humanas e reduza a pegada ambiental da mobilidade. Mas também é possível imaginar a aplicação dessa forma de planejamento em outras áreas.

Consideremos, por exemplo, os problemas dos veículos elétricos esboçados no capítulo 3. Se a produção dos veículos e

---

25 Aaron Benanav, "How to Make a Pencil". *Logic Magazine*, 20 dez. 2020.

a aquisição dos materiais exigidos para sua fabricação fossem planejadas de maneira democrática, será que companhias e governos conseguiriam ignorar com tanta facilidade os danos ambientais causados pela extração mineral nas áreas do Sul global e nas regiões remotas do Norte global, onde frequentemente afeta comunidades indígenas? Muito provavelmente, não. Em vez disso, teria que haver um diálogo sobre as metas dos processos de produção, sobre a quantidade de extração necessária para planos que priorizem diferentes modais de transporte e sobre a atribuição de tanta ênfase na eletrificação de veículos particulares ser mesmo uma forma eficaz de alcançar esses objetivos.

O resultado provável desse processo não só seria muito diferente do que está atualmente sendo proposto por governos ocidentais, mas também exigiria a anuência prévia das pessoas que seriam afetadas pela extração, o que poderia ter vários desfechos: entre outros, a rejeição, a compensação ou uma mediação ambiental adequada. A deliberação democrática garantiria que a necessidade de crescimento econômico (centrado no Norte global) não desprezaria certas populações e não produziria efeitos destrutivos, mas, no lugar disso, conferiria a essas pessoas poder no planejamento de como a produção seria realizada.

Fomos falsamente levados a acreditar que a tecnologia se refere apenas à implementação de novos e vastos sistemas computadorizados voltados à tomada de controle de uma parte cada vez mais significativa de nossa vida em troca de maior conveniência no consumo, da redução de fricções na vida humana e do empoderamento do indivíduo, frequentemente à custa da comunidade. Esses sistemas tentam esconder os danos e a exploração que os torna possíveis, mas a tecnologia não precisa funcionar assim.

Em 2004, Le Guin descreveu como "'tecnologia' e '*hi-tech*' não são sinônimos, e uma tecnologia que não seja '*hi*' [alta] não necessariamente é '*lo*' [baixa] em nenhum sentido significativo".[26] Precisamos parar de ser distraídos por Hyperloops e Boring Companies projetados para sufocar investimentos em trens e no transporte público; por serviços sob demanda que dizimam os direitos dos trabalhadores a serviço da conveniência, e por carros esportivos e SUVs elétricos que prometem um futuro verde ao mesmo tempo que estão à frente de uma nova onda de exploração neocolonial.

Futuros melhores são possíveis, mas não serão alcançados apenas com o avanço da tecnologia. Para isso, devemos confrontar os problemas de nosso tempo e reconhecer que essas questões não existem apenas porque ainda não dispomos dos requisitos tecnológicos para resolvê-las. O enfrentamento das injustiças e dos danos causados ao nosso mundo não exige a invenção de novas tecnologias; exige uma nova política que reconheça que crescimento econômico e inovação tecnológica não são garantias de progresso social.

Ainda que o papel do Estado na coordenação e na facilitação desse futuro seja essencial, ações nesse sentido não serão tomadas sem um público organizado que exerça seu poder coletivo para exigir mudanças. Já é possível ver inúmeros exemplos disso acontecendo ao redor do mundo. No nível local, ativistas do transporte público estão lutando pela isenção de tarifas e por melhores serviços para suas comunidades, enquanto ativistas da habitação estão fazendo pressão contra a gentrificação e exigindo moradias populares para que os residentes possam ter condições de permanecer em suas comunidades. Nos Estados Unidos, o Green New Deal galvanizou ativistas climáticos para a luta por

---

[26] U. K. Le Guin, "A Rant About 'Technology.'", op. cit.

um programa ambicioso de enfrentamento da crise climática e, ao mesmo tempo, os empoderou para imaginar coletivamente como será um futuro equânime e sustentável. Esse é um desafio que vem sendo aceito ao redor do mundo sob o pavilhão do Green New Deal, mas também por ativistas ligados à Extinction Rebellion, à School Strike for Climate e a iniciativas regionais como o Pacto Ecosocial del Sur, na América Latina.

Enquanto isso, moradores de áreas de extração de recursos exercem seu poder para proteger suas comunidades e mudar as políticas nacionais. No Sul global, comunidades indígenas vêm se engajando em lutas de cada vez maior destaque contra projetos extrativistas, e não estão sozinhas. Em Portugal, por exemplo, residentes locais derrotaram uma mina de lítio planejada para o norte da região de Montalegre, e uma campanha similar está acontecendo em Nevada contra o projeto de uma mina em Thacker Pass. Essas lutas se estendem ao Sul global não só por meio da resistência à extração, mas também com a imaginação de como deverão ser as políticas públicas pós-extrativistas e com o que a prosperidade se parecerá em sociedades como aquelas que, na América Latina, dependem há tanto tempo de indústrias de extração.[27]

Enquanto os preços do petróleo disparavam em novembro de 1973, Le Guin publicou um conto sobre uma comunidade utópica chamada Omelas, cujo bem-estar e abundância tinham como base o sofrimento de criancinhas trancadas em um pequeno armário de vassouras dentro de um porão. Enquanto cantavam, dançavam e comiam até se fartar no festival de verão, os moradores sabiam que crianças malnutridas e com frio estavam embaixo de seus pés, mas continuavam com suas

---

[27] Thea Riofrancos, *Resource Radicals: From Petro-Nationalism to Post-Extractivism in Ecuador*. Durham: Duke University Press, 2020.

celebrações. Quando chegavam à idade de aprender o segredo terrível daquela sociedade e eram levados ao porão para espiar pela porta, os jovens normalmente iam "para casa aos prantos ou em uma raiva sem lágrimas".[28]

Le Guin explicou que, assim como seus pais, com o tempo essas crianças passavam a criar justificativas para o que haviam visto – como tantas vezes fazemos com os malefícios e as injustiças inerentes à nossa sociedade. Algumas delas, no entanto, não conseguiam conciliar a própria alegria com o sofrimento das crianças. "Essas pessoas saem à rua e andam por ela sozinhas", escreveu Le Guin. "Continuam caminhando e abandonam a cidade de Omelas, atravessando seus belos portões" para nunca mais voltar.[29] Mas não temos essa opção.

Não podemos nos distanciar do sofrimento criado pelos sistemas tecnológicos de mobilidade urbana que deixaram tantas pessoas desprovidas de meios de deslocamento confiáveis, de teto e de outras necessidades vitais. Precisamos contestar o determinismo tecnológico e o impulso de acumulação de capital que têm como objetivo refazer o mundo em benefício da indústria de tecnologia. Isso exige que construamos a solidariedade local, nacional e internacionalmente e afirmemos nosso poder coletivo – não apenas para redesenhar esses sistemas, mas para mudar a lógica fundamental que conduz seu desenvolvimento. Um mundo melhor não é só possível, é essencial.

---

[28] U. K. Le Guin, *Aqueles que abandonam Omelas* [1973], trad. Heci Regina Candiani. São Paulo: Morro Branco, 2019, p. 12.
[29] Ibid., p. 13.

CONCLUSÃO

Em Toronto, 17 de outubro de 2017 foi um dia importante. O primeiro-ministro canadense, Justin Trudeau, e o diretor-executivo da Alphabet, Eric Schmidt, apareceram ao lado do prefeito da cidade, do premiê de Ontário e dos CEOs da Sidewalk Labs e da Waterfront Toronto para anunciar um projeto que, eles prometiam, mudaria a cidade para melhor de forma definitiva.

A Sidewalk Labs, uma das empresas-irmãs do Google, havia sido escolhida para construir uma cidade "do zero, a partir da internet" na orla do centro de Toronto. Trudeau disse aos presentes que ele e Schmidt vinham conversando sobre a ideia havia alguns anos – o que coloca em dúvida a imparcialidade do processo de contratação pública – e afirmou que o projeto renderia "cidades mais inteligentes, verdes e inclusivas"[1] graças ao uso da tecnologia em prol do bem público. Como não gostar?

Na época do anúncio, ainda era comum que as cidades estendessem o tapete vermelho para empresas de tecnologia. As preocupações com suas práticas monopolistas estavam só começando a ganhar tração nos ambientes mais convencionais, e as empresas dedicadas às cidades inteligentes que estavam surgindo davam declarações ousadas sobre como seus produtos melhorariam os sistemas urbanos. Os políticos ainda pensavam que abraçar a "inovação" era uma boa estratégia, sobretudo depois de décadas de privatização dos serviços da cidade. Era assim que as coisas eram feitas na cidade neoliberal – mas o brilho do projeto começou a desaparecer rápido.

O processo de consulta pública do qual a empresa havia concordado em participar acabou se revelando pouco mais do que

---

[1] "Announcing Sidewalk Toronto: Press Conference Live Stream". Sidewalk Labs, 17 out. 2017.

uma propaganda de seus serviços. Menos de um ano depois do anúncio do Sidewalk Toronto, funcionários de destaque começaram a pedir demissão. Saadia Muzaffar, fundadora da TechGirls Canada que estivera no conselho consultivo da Waterfront Toronto, criticou o órgão quase público por não realizar reuniões públicas adequadas e por não proteger os interesses da população. "Não há nada de inovador em um processo de construção urbana que exclui residentes de modos insidiosos e rouba somas valiosas dos orçamentos públicos", como ela escreveu em sua carta de demissão.[2] Duas semanas depois, Ann Cavoukian, ex-comissária de privacidade de Ontário que servira como conselheira na Sidewalk Labs, se demitiu após expressar preocupações significativas com a forma como a empresa planejava tratar os dados que seriam coletados.

Ainda que o projeto tenha sido vendido como uma grande vitória para Toronto e seus moradores, logo ficou claro que a Sidewalk Labs planejava integrar uma gama de suas próprias tecnologias à infraestrutura da maior cidade do Canadá e que usaria os 12 acres de terra que havia sido contratada para transformar em cabeça de praia a fim de fazer com que o governo e os moradores dependessem dela para sempre.

No documento em que apresentou sua visão expansionista, a Sidewalk Labs esboçou as muitas formas com que pretendia controlar os sistemas urbanos. Planejava construir uma "camada digital" que funcionaria como interface de acesso aos serviços públicos, a espaços comunitários e a "uma ferramenta de assistência de bairro que facilitará a cooperação social e a participação cívica".[3] Tudo isso seria controlado pela empresa, e não pelo governo local, e os terminais de acesso seriam os

[2] Saadia Muzaffar, "My Full Resignation Letter from Waterfront Toronto's Digital Strategy Advisory Panel". *Medium*, 8 out. 2018.
[3] "Vision Sections of RFP Submission". *Sidewalk Labs*, 17 out. 2017.

únicos receptáculos para as tecnologias sem fio. Isso significava que empresas de telecomunicação que pretendessem oferecer serviços de rede nesses bairros inteligentes precisariam de autorização da Sidewalk Labs.

Quayside, como o lugar foi chamado, também excluiria o trânsito de carros particulares. Em vez deles, haveria um sistema de transporte e ciclofaixas, ao lado de serviços de traslado autônomo via Waymo – uma das empresas-irmãs da Sidewalk Labs – e de transporte de passageiros por Uber e Lyft. Vale ressaltar que o Google investira em ambas as empresas. Além disso, a Sidewalk Labs pretendia entrar na área da saúde com seu Care Lab, controlar o trânsito com suas tecnologias Flow e instalar sensores por toda a paisagem urbana para realizar experimentos com seu Model Lab.

Não havia indicação de que os moradores de Toronto teriam participação nas decisões que a Sidewalk Labs e seus líderes tecnocráticos – muitos dos quais trabalharam para Michael Bloomberg na época em que fora prefeito de Nova York – estavam impondo a eles. Considerando o desejo do Google de coletar tantos dados quanto possível para fornecer a seus sistemas de anúncios personalizados, que geravam a parte do leão de suas receitas, vieram à tona preocupações de que a empresa estaria movendo sua infraestrutura sofisticada de coleta de dados para dentro da esfera urbana – e, mais uma vez, com pouca supervisão pública. Os moradores de Toronto sabiam que teriam de resistir.

Em fevereiro de 2019, cidadãos alarmados lançaram um grupo chamado Block Sidewalk. Exigiram que a cidade interrompesse o projeto depois que a Sidewalk Labs "orquestrou um processo de contratação enganoso e antidemocrático que prejudic[ou] o interesse público", e documentos vazados confirmaram que a empresa queria controlar uma área muito mais ampla da orla.[4] Bianca Wylie, cujas críticas ao projeto lhe renderam o título de "a Jane Jacobs das cidades inteligentes", chamou o processo de "completamente antidemocrático".[5] Em vez de identificar as necessidades dos moradores e, depois, desenvolver ou terceirizar tecnologias que atendessem a elas (caso isso fosse apropriado), a cidade e a Waterfront Toronto estavam fazendo todos os esforços para permitir que a Sidewalk Labs impusesse sua visão e suas prioridades aos cidadãos de Toronto. Wylie, seus colegas e uma coalizão crescente de grupos e cidadãos consideravam isso inaceitável.

Em 7 de maio de 2020, a Sidewalk Labs finalmente cedeu e cancelou o projeto. Os residentes de Toronto venceram – mas não foram os únicos a se voltar contra a invasão do espaço público por empresas de tecnologia. A Apple teve que cancelar lojas proeminentes planejadas para Estocolmo e Melbourne depois que os moradores se opuseram à sua instalação em espaços públicos importantes. O Google desistiu de um campus que planejara abrir em Berlim depois de ativistas terem ficado receosos de que isso aceleraria a gentrificação do bairro de Kreuzberg. Até a Amazon teve que interromper seus planos de estabelecer uma segunda sede em Nova York após a indignação pública e política com os 3 bilhões de dólares em subsídios que haviam sido oferecidos à empresa. Claramente, os ativistas de Toronto não foram os únicos a exigir uma visão diferente para suas comunidades.

Depois da primeira onda da pandemia da covid-19, na primavera de 2020, os residentes de cidades de todo o mundo tiveram um gostinho de como uma vida urbana diferente poderia ser. O trânsito de veículos foi limitado, com a abertura de ruas para que as pessoas caminhassem ou pedalassem. Restaurantes e cafés

---

4   "Concerned Torontonians Launch #BlockSidewalk Campaign". *Block Sidewalk*, 25 fev. 2019.
5   L. Bliss, "Meet the Jane Jacobs of the Smart Cities Age". *CityLab*, 21 dez. 2018.

instalaram mesas em alguns dos espaços liberados nas vias. Os estoques de bicicletas ficaram baixos em todo o mundo conforme a demanda aumentou, e alguns governos ofereceram subsídios para estimular sua compra. A poluição do ar despencou em todo o planeta, o que permitiu que moradores de muitas metrópoles contemplassem o céu mais limpo que jamais haviam visto.

Essas medidas se consolidaram em algumas áreas urbanas, mas, em outras, houve uma pressão forte para o retorno ao normal: para que as ruas fossem mais uma vez fechadas aos pedestres e para a restauração do domínio dos carros, caminhões e SUVs. Como nos anos 1970, houve uma oportunidade clara de mudança, de reorientação das prioridades de planejamento – mas a questão maior era se as cidades a aproveitariam.

Em março de 2021, a Waterfront Toronto revelou uma nova visão para o espaço que a Sidewalks Lab havia abandonado. Em vez de uma cidade inteligente, sua proposta se centrava em grandes espaços públicos, no desenvolvimento sustentável e em moradias sociais – ainda que não estivesse claro até que ponto. O tom da nova visão era muito diferente do da proposta tecnológica que a precedera, mas ainda havia espaço para preocupações. A agência disse que pretendia criar uma atração turística de nível mundial e que seria "um catalisador importante para a inovação e o crescimento", o que sugere que o ímpeto por acumulação de capital ainda ocupava uma parte central do projeto.[6] O plano para a orla era melhor, mas a luta ainda não havia acabado.

Ao longo do século XX, as cidades foram reconstruídas para facilitar a expansão econômica com incentivos para que as pessoas

---

[6] Dave Yasvinski, "Waterfront Toronto Releases New Vision for 12 Acres Abandoned by Sidewalk Labs". *National Post*, 10 mar. 2021.

dirigissem carros, se mudassem para os subúrbios e participassem do consumo em massa. Os esforços das primeiras duas décadas do século XXI que têm como objetivo rastrear tudo o que acontece nas cidades, substituir os humanos pela inteligência artificial e intermediar nossas experiências com uma série de aplicativos e serviços digitais são parte desse mesmo impulso. Mas, como as taxas de lucratividade de vários setores mudaram, desta vez esse impulso serve a um conjunto diferente de interesses comerciais. O dinheiro está na indústria de tecnologia, e, agora, foi ela que assumiu o volante.

Mais uma vez, estamos à beira de mudanças do ambiente físico que servem ao capital, e não às pessoas. A indústria de tecnologia pode estar fazendo hora extra para nos convencer do contrário, mas isso não muda o fato de que as propostas para essas tecnologias urbanas – no transporte e além – têm como meta facilitar sua integração a tantas facetas da vida quanto possível. Os benefícios públicos são, na melhor das hipóteses, algo pensado *a posteriori*, se é que em algum momento chegam a ser seriamente considerados fora dos departamentos de marketing.

Ao contestar essa realidade, não podemos nos concentrar simplesmente na tecnologia – ainda que, enquanto buscamos impedir sua implementação, devamos ter críticas bem fundamentadas sobre como ela opera e a quem serve. Também precisamos considerar como a necessidade de acumulação de capital está conduzindo a mudança e como – mesmo que regulemos algumas tecnologias e impeçamos o uso de outras – nossa viagem continuará a seguir no mesmo sentido da visão que a indústria de tecnologia tem para as cidades.

Pensemos mais uma vez em Jane Jacobs e em Ralph Nader. Jacobs e aqueles que se inspiraram em seu trabalho impediram a construção de algumas vias expressas, enquanto Nader e seus aliados sem dúvida fizeram com que os carros fossem mais seguros – e, no processo, salvaram muitas vidas. Apesar disso, a expansão dos subúrbios e o aumento da dependência de automóveis prosseguiram e tiveram consequências nocivas.

Precisamos de cidades construídas para seus habitantes, que melhorem a qualidade de vida e considerem as necessidades das pessoas, em vez de abrir as comportas para tecnologias e engenhocas pensadas por bilionários cuja vivência da cidade é muito diferente daquela da maioria de sua população. A tecnologia deve servir ao público, e não moldar como ele vive nem aumentar o poder e os lucros das grandes corporações.

Em última instância, a construção de cidades aprimoradas e a melhora da vida das pessoas exigem a contestação das estruturas do capitalismo em si mesmas – estruturas que são projetadas para servir ao lucro em detrimento das pessoas. Somos capazes de construir sistemas de transporte que empoderem as pessoas, facilitem as conexões sociais e reduzam a pegada ambiental da mobilidade. Mas isso exigirá que alteremos as relações sociais e econômicas de modo a garantir que o planejamento desses sistemas se baseie nas necessidades da comunidade, e não na obtenção de lucros financeiros.

Esse é um futuro que eu gostaria de ver.

AGRADECIMENTOS

O conteúdo deste livro é produto de anos de artigos sobre cidades e tecnologia redigidos como freelancer para uma grande variedade de publicações, além de pesquisas nesses mesmos tópicos em minhas jornadas acadêmicas. Tenho uma dívida de gratidão com os editores com quem trabalhei ao longo desse tempo, sobretudo aqueles que me deram uma chance quando eu estava começando e ofereceram críticas construtivas que melhoraram a qualidade de meus argumentos e de minha escrita. Isso também vale para os professores com quem trabalhei nos departamentos de Ciência Política e de Geografia na Universidade de Newfoundland e no departamento de Geografia na Universidade McGill, em particular Yolande Pottie-Sherman, Russell Williams, Sarah Moser, Sarah Turner e, acima de todos, Kevin Manaugh, meu orientador de mestrado.

Este livro não seria possível sem o trabalho da ótima equipe da Verso dos dois lados do Atlântico, especialmente de Leo Hollis, meu editor, que embarcou no projeto desde o início, ofereceu conselhos e comentários inestimáveis e ajudou a me guiar pelo processo de publicação. Trabalhar com ele tem sido um grande prazer.

Também quero agradecer àqueles que ofereceram conselhos e comentários. Lizzie O'Shea deu o impulso de que eu precisava, e Gemma Milne respondeu minhas questões editoriais. Jathan Sadowski, Luke Goode, Steve Matthewman, Thea Riofrancos e Brian Merchant revisaram os rascunhos e ofereceram observações valiosas.

E um agradecimento especial para minha família e meus amigos, que escutaram enquanto eu falava sobre aspectos do livro; para os convidados que participaram de meu podcast e propiciaram discussões profundas com pessoas que eu não conhecia, apesar de estar no isolamento relativo de uma ilha do Atlântico, e para os camaradas do mundo todo que encontrei no Twitter.

SOBRE O AUTOR

Paris Marx nasceu no Canadá em 1991. Em 2017, concluiu a dupla graduação em Ciências Políticas e Francês na Memorial University e, em 2020, o mestrado em Geografia na McGill University, ambas no Canadá. Entre 2015 e 2020, manteve o blog Radical Urbanist, onde publicou textos críticos na interseção entre urbanismo, tecnologia e ecologia. Mantém, desde 2020, o podcast semanal *Tech Won't Save Us* [A tecnologia não vai nos salvar], que entrevista jornalistas, acadêmicos e outros especialistas para oferecer perspectivas críticas sobre a indústria de tecnologia, cultura digital e o futuro do urbanismo e recebeu, em 2021, o prêmio de destaque em tecnologia do Canadian Podcast Awards. Tem também uma série de artigos e entrevistas publicados em plataformas como *Time Magazine*, *Business Insider*, *Tribune*, *Jacobin*, *The Nation*, *The Washington Post*, *New York Magazine*, *Vox*, *Al Jazeera*, *Euronews*, *Toronto Star*, *Literary Hub*, *The Architectural Review*, NBC *News*, MIT *Technology Review*, *Wired*, entre outras.

Obras selecionadas

"Technology Is Not a Cure". *Tribune*, 3 jul. 2023. Disponível online.
"Os EUA querem banir o TikTok para manter o domínio global da tecnologia", trad. Sofia Schurig. *Jacobin Brasil*, 17 abr. 2023.
"Tech Giants Are Building an Anti-Social Dystopia". *Tribune*, 3 jan. 2023.
"Precisamos parar o 'metaverso'", trad. Sofia Schurig. *Jacobin Brasil*, 16 mar. 2022.
"Deixemos os bilionários no espaço!", trad. Vitor Costa. *Outras Palavras*, 30 jul. 2021.
"Uma solução para a crise habitacional? Transformar o Airbnb em moradia popular", trad. Felipe Kusnitzki. *Jacobin Brasil*, 18 fev. 2021.

Coleção Exit Como pensar as questões do século XXI? A coleção Exit é um espaço editorial que busca identificar e analisar criticamente vários temas do mundo contemporâneo. Novas ferramentas das ciências humanas, da arte e da tecnologia são convocadas para reflexões de ponta sobre fenômenos ainda pouco nomeados, com o objetivo de pensar saídas para a complexidade da vida hoje.

leia também

*24/7 – capitalismo tardio
e os fins do sono*
Jonathan Crary

*Reinvenção da intimidade –
políticas do sofrimento cotidiano*
Christian Dunker

Esperando Foucault, ainda
Marshall Sahlins

*Big Tech – a ascensão dos
dados e a morte da política*
Evgeny Morozov

Depois do futuro
Franco Berardi

*Diante de Gaia – oito conferências
sobre a natureza no Antropoceno*
Bruno Latour

Tecnodiversidade
Yuk Hui

*Genética neoliberal –
uma crítica antropológica
da psicologia evolucionista*
Susan McKinnon

*Políticas da imagem – vigilância
e resistência na dadosfera*
Giselle Beiguelman

*Happycracia – fabricando
cidadãos felizes*
Edgar Cabanas e Eva Illouz

*O mundo do avesso – Verdade
e política na era digital*
Letícia Cesarino

*Terra arrasada – além da era
digital, rumo a um mundo
pós-capitalista.*
Jonathan Crary

Ética na inteligência artificial
Mark Coeckelbergh

Título original: *Road to Nowhere: What Silicon Valley Gets Wrong about the Future of Transportation*
© Verso Books, London / New York, 2022
© Ubu Editora, 2024

Preparação HUGO MACIEL
Revisão CLÁUDIA CANTARIN
Projeto gráfico ELAINE RAMOS e FLÁVIA CASTANHEIRA
Composição NIKOLAS SUGUIYAMA
Produção gráfica MARINA AMBRASAS

equipe ubu

Direção FLORENCIA FERRARI
Direção de arte ELAINE RAMOS; JÚLIA PACCOLA
    E NIKOLAS SUGUIYAMA (ASSISTENTES)
Coordenação ISABELA SANCHES
Coordenação de produção LIVIA CAMPOS
Editorial BIBIANA LEME e GABRIELA RIPPER NAIGEBORIN
Comercial LUCIANA MAZOLINI e ANNA FOURNIER
Comunicação / circuito ubu MARIA CHIARETTI,
    WALMIR LACERDA e SEHAM FURLAN
Design de comunicação MARCO CHRISTINI
Gestão circuito ubu / site CINTHYA MOREIRA e VIVIAN T.

UBU EDITORA
Largo do Arouche 161 sobreloja 2
01219 011 São Paulo SP
professor@ubueditora.com.br
ubueditora.com.br
/ubueditora

Dados Internacionais de Catalogação na Publicação (CIP)
Bibliotecário Odilio Hilario Moreira Junior – CRB 8/9949

M392e   Marx, Paris [1991-]
         Estrada para lugar nenhum: O que o Vale do Silício não entende sobre o futuro dos transportes / Paris Marx; título original: *Road to Nowhere: What Silicon Valley Gets Wrong about the Future of Transportation*; traduzido por Humberto do Amaral.
São Paulo: Ubu Editora, 2024 / 320 pp./ Coleção Exit
ISBN 978 85 7126 165 5

1. Urbanismo. 2. Tecnologia. 3. Meio Ambiente. 4. Mobilidade urbana. 5. Cidades. 6. Transporte. I. Amaral, Humberto do. II. Título. III. Série.

2024-1992   CDD 711 CDU 911.375.5

Índice para catálogo sistemático:
1. Urbanismo 711
2. Urbanismo 911.375.5

fonte   Edita e Anzeigen Grotesk
papel   Alta alvura 90 g/m²
impressão   Margraf